幸福茶道

江书华 著

江苏大学出版社
JIANGSU UNIVERSITY PRESS
镇江

图书在版编目(CIP)数据

幸福茶道 / 江书华著. -- 镇江 : 江苏大学出版社,
2023.9
ISBN 978-7-5684-2026-6

Ⅰ. ①幸… Ⅱ. ①江… Ⅲ. ①武夷山 – 茶文化 Ⅳ.
①TS971.21

中国国家版本馆 CIP 数据核字(2023)第 160264 号

幸福茶道

Xingfu Chadao

著　　者/江书华
责任编辑/米小鸽
出版发行/江苏大学出版社
地　　址/江苏省镇江市京口区学府路 301 号(邮编: 212013)
电　　话/0511-84446464(传真)
网　　址/http://press. ujs. edu. cn
排　　版/镇江文苑制版印刷有限责任公司
印　　刷/南京互腾纸制品有限公司
开　　本/710 mm×1 000 mm　1/16
印　　张/17.5
字　　数/280 千字
版　　次/2023 年 9 月第 1 版
印　　次/2023 年 9 月第 1 次印刷
书　　号/ISBN 978-7-5684-2026-6
定　　价/78.00 元

序

中国是茶叶的故乡。美丽丰饶的神州大地出产了诸多享誉世界的顶级茶品。这些名茶的诞生无不与其得天独厚的生长环境密不可分。常言道“名山出名茶”，福建的武夷山应该是其中最具代表性的地区之一。那里，不仅是世界文化与自然双重遗产，所出产的正山小种与武夷岩茶等也蜚声海内外。

因为工作的原因，这些年，到访武夷山的次数已经记不清有多少了；也因为工作的原因，认识了那里的山、那里的水，结缘了那里的茶、那里的人。

近日，非常高兴受到武夷山市原副市长江书华同志的邀约，为其所著的《幸福茶道》一书作序。这本书是书华同志的回忆录，记录的是他在武夷山从事茶业发展管理工作十余年来的经历，取“茶是农民谋生之道，也是致富梦想；茶能带给人愉悦之情和幸福之感”之意而名之。读罢其中的“进军北京马连道”“斗茶，斗出一片新天地”“茶博会终于‘脱拐’前行”三章，我由衷地感到：本书谋篇布局合理，选材周到用心，文笔从容流畅，叙事轻重得当。全书真实地再现了书华同志在地方茶产业领导岗位上，在党委、政府的正确领导及基层工作人员的支持和帮助下，在社会各界的关心和参与下，兢兢业业、甘于奉献、努力作为的工作历程与心路历程，体现了武夷山公务人员和茶人的无悔情怀与责任担当。同时，他还将自己多年来对茶的热爱、对茶的了解、对茶企和茶产业发展及市场化变迁的见证与感悟一并写进书中，让读者从全新的视角去看待、以全新的思维去思考那些看似平凡的故事。看来，“腹有诗书气自华”一说，所言非虚。

本书的出版恰逢全面贯彻落实党的二十大精神的开局之年，恰逢我国全面建设社会主义现代化国家新征程起步之年，这一年也是世界百年大变局加速演进的一年。值此重要历史节点，对正在从巩固脱贫攻坚成果与乡村振兴两方面进行有效衔接的中国茶产业来说，需要更多更有力的政策支撑，更多更有担当的政府领导，他们要能够跟产业密切结合、跟茶企良好协调、跟茶农深入沟通，真心实意地带领本地茶农因茶致富、因茶兴业，切实把茶产业做好，让茶农真正走上幸福茶道。

习总书记说：“世界上最大的幸福莫过于为人民幸福而奋斗。”作为党领导下的中国茶叶行业的引领者与服务者，中国茶叶流通协会也应当有自己的幸福茶道。这个茶道应当是一种博大的、忘我的、奋斗的、求实的幸福观。它不只在于物质和精神的满足，还在于劳动和创造；它既可能有“干惊天动地事，做隐姓埋名人”的伟业，也会有“苔花如米小，也学牡丹开”的平凡；但它无疑应该是实言、实行、实心的。我想：这个幸福茶道就是为全体茶人的幸福而努力奋斗吧！

是为序。

中国茶叶流通协会会长
全国茶叶标准化技术委员会主任委员
王庆

2023年6月，于北京

目录

上篇　茶品牌

下篇　茶文化

上篇

茶品牌

品牌是一种标识，一种价值理念，是品质优异的核心体现。正如20世纪世界著名哲学家维特根斯坦说："品牌的意义是它的用途和价值的综合体。"拥有品牌，就拥有市场。武夷山多年来在茶品牌的培育与创建过程中，不断与时俱进，创新发展，从而迅速提高了武夷茶品牌的知名度、美誉度和忠诚度。

第一章

茶和天下

茶是农民谋生之道，也是致富梦想。茶能带给人愉悦之情和幸福之感，茶和天下。

（梁天雄摄）

夜已深，闽北大酒店早已笼罩在一片宁静的黑幕之中。窗外，喧哗了一天的滨江大道，拖着疲惫的身躯，裹着浓重的夜被，静静地躺着。寂静的黑夜仿佛只有让人揪心难挨，才能显示出它的威力无边。

姜华躺在酒店宽大松软的床上，辗转反侧，一直无法入眠。遥望夜空中悬挂的闪烁的星星，他思绪万千，兴奋地回忆着下午在市委小礼堂舞台一隅上级市委领导与他的谈话。

下午市委小礼堂，全市政法工作会刚结束，姜华正要起身离座，忽听主席台上传来一声温和的招呼："你过来下。"只见主席台正中一位市委领导正向他这个方向招手示意。他左顾右望，身边的人都已离开会场，只剩下他自己。

"难道市领导是叫我？"姜华心里咯噔一下，"不会吧！那么大的领导怎么会找我，别自作多情了。"

主席台上，市委领导见姜华似乎无动于衷，毫无反应，就笑着招手直接点了名："小姜，就叫你呀！"

激动紧张、心慌意乱的他，不容多想，急忙快步走到主席台上。

市领导引他到主席台一隅，微笑的脸上透出一丝威严："武夷山是全市一个重要展示窗口，组织上想调整你过去任职，主抓农业农村工作，你有什么想法？"

出乎意料的消息像炸雷一样，瞬间让姜华头脑发蒙，好似十字路口摔跟头——摸不清东南西北，茫然不知所措。他知道领导工作岗位的调整是很正常的事，但事情来得太突然，一下让他有点蒙，手足无措，也没时间去仔细琢磨。他诚惶诚恐地站在市领导面前，认真听着领导的叮嘱与交代："你到武夷山后要好好工作，不要管别人怎么议论，不要辜负组织上的期望。"他时不时点点头，嘴里只知道蹦出一个字"嗯"。

寂静的夜晚，抹去了白天的喧哗与浮躁。姜华躺在酒店的床上，翻来覆去地思索着下午市委领导谈话的含义。难道是自己工作没做好？不应该呀！光泽县政法工作两次季度考评都名列全市前茅，今年还有可能争取到第一名。那组织为什么要把自己调离故土，调去一个陌生的地方工作呢？

一想到要离开生他、养他、培育他成长的故土，姜华的心里顿感无限惆怅与难受，他对自己的故乡有着深深的眷恋。

光泽县地处闽赣两省交界处，俗有省“委”（尾）所在地之称。山城不大，方圆2000多平方公里，有15万多人口，空气清新，山绿水秀，民风淳朴。

姜华出生在这座小山城，已在此生活了四十七年。从牙牙学语、村陌蹒跚，到课堂求学、知青农耕、机关上班，他把孩童的欢笑、青春的梦想、人生的追求都洒落在了这座山城的田园山涧、大街小巷。

1981年9月，姜华从建阳地区农校毕业。作为“文革”后恢复高考后的第一届毕业生，他激情澎湃，春风得意，婉拒了校长留校的邀请，毅然决然返回家乡。在家乡，他一干就是二十多年，始终勤奋努力、踏实敬业地工作，为建设家乡、实现人生价值努力拼搏，丝毫不敢松懈。

姜华深深懂得，人生价值不是靠守株待兔、坐享其成就能实现的，而是要用勤劳、智慧、汗水和拼搏去实现，人生价值的大小与辛苦努力多少是成正比的。

“一个人的生命应当这样度过，当他回首往事的时候，不会因虚度年华而悔恨，也不会因碌碌无为而羞愧！”保尔·柯察金的这句名言，姜华在中学时代就非常喜欢，他把这句名言摘抄到日记本里，一直用它激励自己，永记不忘。

2006年6月初，姜华被上级组织提拔为光泽县副处级领导。人生又一次实现转折跨越，这一新的起点使他更加激情满怀，意气风发。他想在这新的平台上大展宏图，施展抱负，为家乡山城的美景增添一抹亮丽的色彩。

可如今，上级组织忽然要调他去一座陌生的城市——武夷山市工作，离开的惆怅与未知的将来，使他一下感觉空落落的，还有些焦虑、烦躁、苦闷，好似千缕盘丝紧紧缠绕着全身，紧绷窒息得难受。

看来今晚不找个人聊聊是不行了，姜华寻思了一下，给县里一位能谈得来的县领导打了电话。他知道组织纪律的严肃性，因此没提组织有调动意图，只是和领导闲聊工作生活中的困惑，电话那头，领导高深莫测地说了几个字："人挪活，树挪死。"

唉！还是不能解惑。他又给武夷山市的一位同学桂旺打去了电话。

桂旺是姜华在建阳地区农校学习时的同班同学。1980 年，农校牧班安排半年的外地实习，姜华选择了去武夷山市（当时叫崇安县）。闲暇之余，桂旺带同学们饱览了武夷山的碧水丹山。姜华第一次看到这么秀美的景色：峭石壁立，云雾缥缈，九曲泛筏，一篙浪花溅，山水画中游。天游峰耸峙，一线上青天。临峰远眺，一览众山小，波涛千峰顷，腾云进天宫。真是让人心旷神怡！二十多年过去了，对于那些美丽画面，姜华至今记忆犹新。

深夜，突如其来的电话铃声着实把桂旺同学惊吓了一番。姜华在电话里也不敢把意图说明，只能旁敲侧击，东拉西扯地聊了一些当下武夷山市的情况。聊天末尾，桂旺意味深长地叨了一句："武夷山是一座像大红袍茶叶那样很有包容性的城市。"

桂旺同学的话或许是对的，然而姜华还是一时难以接受，故土难离呀！

2006 年年底的最后一天下午，姜华正在办公室批阅文件，"叮、叮"，桌上的手机忽然响了。

电话那头，县委林书记着急地要姜华马上到他办公室。

"明天就是元旦假期了，书记这时急忙叫我过去会有什么事？"姜华放下手中工作，心里嘀咕着，匆忙赶到书记办公室。

县委书记办公室位于县委大院后楼，西南角二层转角处。

办公室里一个身材匀称结实、头发乌黑发亮、浑身透着中年男人的成熟与稳重的领导正焦急地等待姜华，他一双明亮有神的眼睛犀利又透着智慧，三言两语就能洞穿人的心思，威严红润的脸上时常会泛起慈爱关怀的神情。他见姜华走进办公室，示意坐下，简单几句寒暄后就急忙转入正题："受上级市委委托，我现在找你谈话。经市委研究决定，调你去武夷山市拟任副市长。元旦假期过后，你就去报到。"

县委林书记话音落地，姜华半天没有回应。令人惆怅、揪心了半个月的事情还是来了，他一时不知道怎么和书记开口。

“说实话，我和县委都舍不得你调走。刚听说这事，我还找了市主要领导想挽留你，可他们说要服从大局。那你就安心去工作吧！这两天做好工作交接，元旦节假过后，县委欢送你去。”书记言语不多，却让人心里涌上一股亲切的暖流。

光泽县人口少，经济总量不大，那几年常排在全市十个县（市、区）的倒数二三名。历年来县处级领导交流，好似有一个不成文的规矩，一般都是在经济总量位列后几名的县交流，而且那些调出去的领导，最后大都又转回光泽。他们说落叶要归根，还是家乡好。老百姓私底下都说：“县城外富屯溪有一个回龙潭，潜龙搅腾，你就是出去了也要被转回来。”

传说归传说，但光泽县那几年，真正在外县长期待下去的处级干部确实极少。

2007 年 1 月 4 日上午 8:30，一向庄严肃静的县委大院门口忽然热闹起来。

半小时后，县委、县政府的主要领导干部及一些科局长都聚集在县委大院内，大家与姜华和另一位调往其他县的副县长争相握手，寒暄道别。面对此情此景，姜华虽脸上洋溢着笑容，内心却抑制不住地涌出一点酸楚。马上就要离开生他养他、生活工作四十多年的家乡了，真是：人是岭头云，聚散天谁管；君似孤云何处归，我似离群雁。

短暂的告别后，轿车在一阵噼里啪啦的鞭炮声中缓缓驶出县委大院，姜华和随行的同事坐在车内，摇下车窗向相送的同事挥手致意。渐渐地，县委大院的大门和那些熟悉的笑脸慢慢模糊、消失，他缓缓地摇起车窗，偷偷地抹了下潮湿的眼角，再见了，我的故乡！

第二天上午，武夷山市领导干部大会在市政府四楼会议室召开。宽敞的会议室明亮洁净，简约的中式吊顶，分列着几排白炽灯杆，台下三百多把活动折叠椅上整齐地坐着全市副科级以上单位的干部。最后面，一幅巨大的九曲玉女大王峰风景屏风显得格外亮丽。

主席台上除原有的武夷山市委常委外，今天新增了姜华和另两位从其他县市同期新调到武夷山市任职的市领导。

会议依照领导干部任职程序，按部就班地进行。姜华坐在主席台上，环顾着陌生的四周，扫视着台下一张张陌生的脸庞，似乎感觉缺少点什么。家乡的感觉，亲人的目光，自信和自豪感？自己也说不清是哪种。孤身一人在这陌生环境，能打开局面，不辜负组织的期望吗？

就在他心怀忐忑时，没多久，一项未曾接触过的全新工作紧随而来。

3月下旬，武夷山市政府计划组团参加上海第十四届国际茶文化节。

上海国际茶文化节是由上海市闸北区政府牵头，联合上海市旅游管委会、茶叶学会、农业委员会、侨务办等十三个部门共同主办的大型文化节庆活动。自1994年以来，该项活动每年举办一届，已成为上海市著名的文化品牌和节庆活动。

自从市长办公会决定组团参加上海国际茶文化节活动后，姜华就没睡过一个好觉。来武夷山工作才三个来月，基层领导的面孔还有许多没熟悉，他就要独自率团赴外地，而且是去上海这么个国际大都市，组织参加大型茶旅营销活动，一点经验也没有。

据了解，从2006年3月开始，武夷山市委、市政府主要领导就亲自率团赴华北、西北片区，跨陕、晋、京、津、蒙五省市七个重点城市开展“百座城市靓武夷”茶旅营销活动。所到之处，皆是人头攒动，美誉满天，成果丰硕。大红袍、玉女峰，一时间成为当地百姓的关注点、媒体追捧的热点，武夷山品牌效应显现。

在工作上，姜华是个好强的人，他想把来武夷山工作的这第一炮打响，紧张、焦虑、忐忑的心情一直伴随着他的工作和生活。有几次半夜，他从睡梦中惊醒，头脑中闪现的，一会儿是茶旅营销活动支离破碎、模糊不清的创意构思，一会儿又是活动突发事端的幻觉，以及一堆质问、嘲笑、冷言冷语、嘀嘀咕咕的声音。

半个月来，姜华先后召开了多场座谈会、专题会，研究组团参加上海第十四届国际茶文化节活动方案。

这天上午，召开的是最后一次活动领导小组成员单位会议，会议对已拟定的活动方案再做一次推敲，然后上报市长办公会确定。

第二会议室位于政府办公楼西侧办公室走廊的顶端，办公室人员习惯简称其为二西会议室。会议室陈设较简陋，能容纳四十多人开会。

姜华走进会议室，只见政府办、茶管办、宣传部、旅游局、文体局、广电局、艺术团等成员单位领导已到齐。他整理了一下会议桌上零乱的文件，叫活动策划协调组组长、茶管办陈主任简单汇报一下拟定的活动方案。

“吭、吭”，陈主任清了两声嗓子，开始发言。这是一个中等身材、五十来岁的中年男子，圆亮的脸庞上，深邃乌黑的双眼透着精明、灵活，头顶透亮，遮搭着几缕稀疏的黑发，满脸的笑容显得很有亲和力，同事们都很喜欢和他耍笑。

姜华发觉陈主任每次开会发言都有个习惯，要“吭、吭”两声作为开场白，似乎这样就能引起人们关注。昨晚，姜华特地打电话叮嘱他，今天会上汇报就照文稿念。

“本次茶旅活动主题是‘浪漫武夷，风雅茶韵’。活动主要内容有五项：茶旅推介、茶歌舞表演、品鉴大红袍、优质名茶评选、授茶企业诚信店牌匾。”陈主任照本宣科地念着。

“茶管办是临时机构，人员少、经费少。我们很多工作没法协调……”不知什么时候，陈主任老毛病又犯了，会上又扯到单位机构编制的事。

茶管办，全称是茶产业生产管理发展领导小组办公室，是一个临时性的综合协调机构。市政协肖主席任领导小组组长，姜华任副组长，成员单位包括农业局、林业局、水利局、文化局等十多个部门，办公室设在原茶业总站。

市里有计划将茶管办改设为茶业局，一个正科级正式机构。但此事没明确，就一直没列入议事日程。

“咚、咚、咚”，姜华轻轻敲了三下桌子提醒道：“陈主任，机构编制的事不是我们上午会议研究的事，现在还是先听听大家对活动方案有什么修改意见吧！”

“姜副市长，我们想增加一个《武夷品茶歌》的歌舞节目。这节

目既有武夷山特色，又有江南韵味，很符合上海市民的喜好。”说话的人是艺术团李团长，她轻声慢语，余音绵柔。

旅游局林副局长建议，可增加茶旅答题竞猜游戏，不仅能宣传武夷山茶旅，还能活跃气氛。

宣传部参会人员说，他们可以联系当地电视台来合作，制作几期茶旅节目在茶博会期间播放。

接着，其他人员你一言我一语，又对赴沪参加活动的内容等细节先后做了补充完善，姜华感觉颇有收获。这是近期专题讨论最活跃的一次会。看来武夷山的中层领导干部的确见过世面，肯思考行动，视野比较宽广，理念都比较新颖，站位都比较高，做事也比较大气。

三天后，市长办公会在二西会议室召开。胡市长听了活动筹备组关于上海国际茶文化节活动的工作汇报后，脸上露出满意的微笑。

胡市长是一个 20 世纪 60 年代初出生的中年男人，个子不高，短平头，国字脸，脸庞棱角分明，两眼炯炯有神。姜华来武夷山市政府工作这几个月，对他很是佩服，他精明能干，处事果敢大气，思维前瞻性强，口才又好。

会上胡市长专门强调，上海是长江三角洲的重要城市，这次组团参加上海国际茶文化节，就是要借助这一平台，宣传武夷山茶旅品牌，让武夷山的大红袍、玉女峰品牌在上海乃至整个长江三角洲打响。

最让姜华没想到的是，胡市长对茶管办报来的上海活动经费 35 万元全额批准，一分折扣都没打。

“只有一个要求，就是要把活动办好。”胡市长爽快地嘱咐了一句。

说实话，上会前，姜华最担心的就是这件事。事前审阅茶管办呈送来的活动经费预算报告时，他确实感到有点惊讶，或许他是在一个地方财政困难的县城工作久了，当看到一个活动就要 35 万元经费时，他的直觉是金额太大，心想可能是公鸡下蛋——没指望。

姜华想起还在光泽县任政法委书记时，一批危险化学品应转交上级公安部门统一管理，需转送经费 3 万元，相关部门请示报告打了几次，县财政却一直安排不出经费，最后，还是拿到县委常委会上研究才得到解决。

武夷山一个茶旅营销活动就要 35 万元经费，而胡市长眉头都没皱就爽快同意了，差别之大，让姜华一下还没适应过来。

春季的上海，晨雾朦胧，空气湿润，习习微风中透着一阵阵寒气。渐渐地，黄浦江上旭日东升，和煦的阳光慢慢驱散了湿润的雾气。此时船鸣车笛声、行人私语声、环卫工人清扫声，又在晨曦中交织，合奏出都市晨鸣的交响曲，苏醒的大都市又焕发出盎然生机。

2007 年 4 月 18 日上午 10 点，第十四届国际茶文化节开幕式在上海大宁国际茶城一楼广场举行。

上海大宁国际茶城坐落在静安区共和新路，闸北公园附近，地处城市闹市区，交通便利，人来人往。

茶城建筑共四层半，总建筑面积近 5 万平方米，拥有茶叶店、仓储区、商务办公区、停车场及茶叶质量检测室、评审室、拍卖厅、文化博览厅、书法展示厅等，是一个综合性大型茶城，被业界称为茶业航母。

今天是茶城正式开业的日子，也是第十四届上海国际茶文化节开幕的日子。

上午，茶城广场彩旗飘扬，人声鼎沸。几十幅蓝、红、黄色的巨大长条幅从茶城顶楼垂挂而下，黑黄交替的楷书、隶书写道：“祝贺第十四届上海国际茶文化节隆重开幕！”“祝贺大宁国际茶城开业大吉！”分外醒目，五彩斑斓。铺着大红色地毯的舞台，悦耳的暖场音乐，熙熙攘攘的人群，都在告诉过往行人，今天是个喜庆的重要日子。

10 点 08 分，上海市人大一位副主任宣布：“第十四届上海国际茶文化节开幕。”霎时，礼炮齐鸣，彩带腾空飞舞，绚丽夺目。本届国际茶文化节正式拉开序幕。与会嘉宾、客商鱼贯拥进茶城巡馆参观。

姜华没有随人流去巡馆参观，而是兴冲冲地赶到二楼武夷山展馆。

武夷山展馆位处茶城二楼正当中，面积 500 多平方米。宋代建筑风格，绛红色横梁，蓝绿色武夷山水茶画匾环绕四周，彰显高贵秀美。入口处上方，映入眼帘的金黄色长形牌匾“武夷山展馆”醒目大气。

馆内北侧50多平方米的舞台，大红色地毯与天蓝色的九曲游筏的背景板相映生辉。“2007年第十四届上海国际茶文化节”“浪漫武夷，风雅茶韵”“（上海）茶旅推广活动”三行字色泽艳丽，错落有致。

舞台正下方和左右侧三个茶席分别排开。

馆内两个头戴橘黄色茶叶形状头饰，绿圆眼、黑眼珠、鸭子嘴，身着大红袍肚兜，肩披红色斗篷，步态蹒跚，憨态可掬的卡通人——康康和休休，正穿梭于人群中，嬉耍逗乐，摆姿拍照，散发宣传单，引得不少人驻足观看。

展馆东西两侧是茶旅宣传展示橱窗和茶企业布置的茶席。宾客川流不息，品茶交谈。

姜华满心欢喜，像欣赏自己刚完成的一幅山水画作品，坐在舞台前的茶桌旁，静心品茶观看。

近百平方米的表演区早已人头攒动，5米多长的海南花梨茶案已是宾客满座，三位身着紫罗兰色旗袍的茶艺小姐端庄恬静，技艺娴熟，玉指灵动，悬壶高冲，为宾客表演着武夷山十八道茶艺。

舞台上，随着一声悠长悦耳的“品茶、品茶、品茶——嘿、嘿——”，《武夷品茶歌》响起，十几位身穿蓝色对襟衫、蓝色宽裤裙的美丽姑娘登台亮相，轻歌曼舞。婀娜的柳腰，灵动的玉臂，迷人的眼神，曼妙的舞姿，江南韵味的山歌小调，引得台下观众不停喝彩鼓掌。

“这舞蹈有水平，有档次！”有几位宾客赞不绝口。

曲终舞散，一位身材高挑匀称、皮肤白皙水润、双眸清澈温柔的姑娘，穿着玫红色长摆裙，款款移步到舞台中央麦克风前。

“各位嘉宾、朋友们，大家上午好！”艺术团主持人小冯黄鹂般的声音让台下观众的目光一下聚集到了她的身上。

“刚才的舞蹈好看吗？”

“好看！”

“精彩吗?”

“精彩!”

台下观众一片欢呼叫好声。

“等下还有更加精彩的节目展现给大家。现在，我先请大家参与一个茶旅知识竞猜抢答小活动。答对的，奖励大红袍茶叶一泡。”小冯悦耳优美的声音，把台下观众一下子激发得热情高涨、兴致勃勃。

“武夷山是世界‘双遗产’地，请问‘双遗产’是指哪‘双遗’?”小冯微笑着扫视台下。

片刻安静后，一位身材高大魁梧、穿着灰色夹克的男子挥手抢答道:“历史文化遗产、茶文化遗产。”

“不对。”小冯摇了摇头。

“红色文化遗产。”

“闽越文化遗产。”

……

“不对、不对。”

“错、错。”

人群中你一言我一语，有人抢答，马上有人否定，抢答声、喝彩声此起彼伏。

“世界自然遗产与文化遗产。”忽然，坐在姜华身旁的闸北区文体委陈主任挥挥手，自信满满地大声抢答。

“恭喜那位嘉宾，您答对了，奖励您一泡大红袍茶。”

陈主任曾两次到武夷山考察学习，看来还是颇有收获的。

“现在继续竞猜抢答下一题，中国首个茶文化艺术之乡是哪里?”主持人小冯话音刚落，就有十几位观众举手抢答。

小冯手指一位头上扎着小马尾辫的小姑娘:“你说。”

“武夷山是中国首个茶文化艺术之乡。”小姑娘流利地回答。

茶管办陈主任满脸疑惑地问:“这题怎么这么多人懂得，连一个小姑娘都答得这么好?”

姜华朝舞台西侧一根高大圆柱挤挤眼、努努嘴。陈主任抬头顺着望去，只见高大圆柱外包裹着墨绿色彩纸，从上到下十五个金黄色大字“武夷山是中国首个茶文化艺术之乡”，格外醒目。

陈主任恍然大悟，笑得合不拢嘴。

整个上午，武夷山展馆内宾客熙熙攘攘，络绎不绝，现场热闹非凡。

第二天上午9点，姜华和陈主任按计划来到位于上海市长宁区虹桥路的广播大厦交通广播电台。

电台工作人员小欧热情开朗，落落大方，早已在广播大厦楼外等候。

他们拿着小欧给的通行证，经过由武警战士站岗的安检门，来到一个宽敞豪华的大厅——威严高大的圆柱，大红色地毯铺在主通道上。第一次来到大城市的广播电台，不由让人心存敬畏，步履自然而然变得轻缓。

三人乘电梯到达大厦十七层，来到“食有味道”栏目组直播间。

小欧食指轻按双唇，示意不要说话，然后轻推房门。只见一扇巨大玻璃窗把房间分成采编室和播音室。采编室里两个人正在调试设备，红、黄、绿灯交替闪烁，台案上排键忽上忽下地跳跃。播音室内奶白色扇形播音台上立着三个悬挂的麦克风，摆放着几个圆大的耳麦。

一位长发披肩、文静秀气的姑娘从播音室走出来。

“欢迎！欢迎！我是节目主持人罗玉琼，叫我小罗就好。”姑娘风度优雅、落落大方地自我介绍道。

小罗不仅漂亮，而且待人接物十分热情，大方得体。姜华和陈主任刚进直播间那种紧张忐忑的情绪顿时得到舒缓。

“亲爱的听众朋友们，大家上午好！”坐在播音台前，小罗就用她那婉转曼妙的嗓音开始播音了。

“福建省武夷山碧水丹山，风景秀丽，美不胜收，素有奇秀甲东南之美称。今天上午，我们‘食有味道’栏目组，很荣幸邀请到武夷山市姜副市长和武夷山市茶管办陈主任做客直播间。他们要和广大听众朋友聊聊武夷山水一壶茶。在此，我代表栏目组和听众朋友们感谢他们的到来。”

“姜副市长，武夷山是著名的风景旅游胜地，这很多人都知道。但武夷山还是著名的茶乡，是全国首个茶文化艺术之乡。了解这点的人就不多了，你能给广大听众说说吗？”

“武夷山茶历史悠久，文化厚重。汉代有传说，唐代载史册，宋代称鼎盛，元代定为贡品，明代畅销海外，清代创制乌龙。每个朝代武夷山都以茶为载体进行生产、创造、演绎，积淀了深厚的文化底蕴。”

“据不完全统计，古代文人墨客、茶人雅士为武夷山茶作诗赋词达 300 篇以上，现今还流传着不少脍炙人口的佳篇美句。近现代留下的佳篇美句更是不计其数。2003 年 2 月，文化部授予武夷山‘中国茶文化艺术之乡’称号。”

近期为参加上海国际茶文化节，姜华加班加点，恶补了一些武夷山茶文化知识，今天总算有了一个展示机会。

“都说大红袍茶是十分珍贵的茶，产量稀少，那么市面上经销商大量售卖的大红袍又是什么茶呢？请武夷山茶管办陈主任跟听众聊聊这个话题。”小罗机敏的提问，道出了许多消费者的疑问。

陈主任对着麦克风，刚要习惯性地“吭、吭”两声，忽然意识到不适合，急忙收住了嘴。

他把母树大红袍茶和商品大红袍茶的区别，很细致地跟听众做了一番讲解。

“20 世纪 90 年代，福建省科委组织许多专家科研攻关，终于成功对九龙窠石壁上的六棵母树大红袍进行了无性繁殖，也就是现在普遍采用的茶叶枝条扦插育苗。经茶叶专家鉴定，由经无性繁殖的大红袍茶树采制加工而成的茶叶保留了母树大红袍茶的优良特性，从而确保了大红袍茶叶的规模和产量。”

“市面上销售的大多是商品大红袍茶，也称拼配大红袍茶。它是制茶师傅根据市场上不同消费者的口感需求，把不同的岩茶按照一定比例加以组合制作而成的商品茶。商品大红袍茶同样具有大红袍茶的品质特点，滋味醇厚，喉底回甘，香气幽雅，很受消费者喜爱。”

姜华还是很佩服陈主任的这段精彩专业讲解的，它正本清源，理清了现今市场上有关武夷山大红袍岩茶的各种错误或混淆的说法和认识。

“听众朋友们，刚才武夷山两位领导给大家做了一个武夷岩茶的精彩讲解。我相信大家听后都有许多话要说，接下来是听众互动环节，直播间电话884×××××。现在先播放一段广告。”

“嘟、嘟……”广告刚结束，直播间外线电话就响个不停。

“冲泡武夷岩茶要注意什么吗?”听声音是一位大爷在问。

“冲泡武夷岩茶特别要注意沸水即开即泡，”陈主任乘兴就接上话茬，“沸水浸泡茶叶时间要短，一般控制在五到十秒就要出汤，水浸泡时间太长，茶汤会有苦涩感，以后随着冲泡次数增加，浸泡时间相应适当增加。”

“哦，知道了，谢谢!”

“嘟、嘟……”电话又响起来。

“请问大红袍茶叶能长时间贮藏吗?”一个北方口音的中年男子问。

主持人小罗含笑示意姜华来解答。

“嘟、嘟……”外线电话紧接着又响个不停。

二十多分钟的听众互动时间，直播间外线电话铃声不断。姜华和陈主任开心愉悦地给听众逐一解答。

电台直播节目结束，他们乘出租车返回酒店。汽车行驶在宽敞的街道，穿梭于鳞次栉比的大厦间、川流不息的人海中，姜华静静地把头枕在后背垫上，闭目休息。

“武夷山茶历史悠久，文化厚重……”忽然，驾驶台上收音机里传出熟悉的声音。

“姜副市长，这不是刚才我们做的节目吗?”陈主任有点惊讶和兴奋。

司机小伙子笑笑，说：“今天上午交通广播电台都在不停滚动播放，节目不错，武夷山两位嘉宾也讲解得好。”

姜华和陈主任相视抿嘴会心一笑。“小师傅，上海有多少出租车呀?”姜华亲切地问道。

“具体我不知道，大概有一两万辆吧！”

姜华听后，心中窃喜。如果有两万辆出租车，每天至少就有一百多万人能听到交通台广播，他们只花了几千元钱就做了面向上百万人的广告宣传，花小钱办大事，太合算了，以后茶旅营销的媒体宣传不能忽视。

4 月 20 日，第十四届上海国际茶文化节在一片赞叹声中落下帷幕。

姜华刚回到武夷山，就听说《福建日报》、福建省电视台纷纷报道了该项活动，《闽北日报》这几天更是连续密集报道武夷山这次组织参加上海茶旅营销活动的情况，还用醒目标题“武夷山大红袍唱响上海大都市”放在头版头条上。

从上海回来没多久，紧接着是广州文博会、福州大红袍摇青活动、北京大红袍宣传周、北京申奥茶旅营销、泉州首届海峡两岸茶博会、晋江山海情活动，活动一个接着一个。同事们都戏说姜华他们是大篷车营销团，姜华也感觉自己好像是马戏团团长，驾驶着大篷车连轴转，辗转于全国各地，开展“浪漫武夷，风雅茶韵”茶旅营销活动，几年下来他们几乎走遍全国各大城市。这些活动不仅拓展了武夷岩茶市场，也让姜华对茶叶有了全新的认识。小茶叶，大世界；小茶叶，大舞台。当年离开故乡的惆怅与伤感，不知不觉在新的工作环境中慢慢淡去。

2007 年秋，国家质检总局在北京钓鱼台国宾馆隆重举办“中国地理标志名优产品首次巡展仪式暨中国名牌自主创新论坛”。姜华与武夷山市质量监督管理局周局长代表武夷山市政府一同参会。

钓鱼台国宾馆位于北京海淀区古钓鱼台风景区，是党和国家领导人进行外事活动的重要场所。过去，姜华也只是在电视上见过、广播里听过，知道那里是一个令人向往的地方。如今，自己有幸身临其境，心里那个美呀，难以言表。好像谈了几年马拉松式恋爱，忽然有一天女朋友说同意嫁给他了，并送来一个深情的吻，幸福得让人眩晕，美得让人沉醉。

第一次走在钓鱼台国宾馆宁静幽雅的林荫道上，只见楼台亭阁错

落有致，松柏葱郁，鲜花浪漫，姜华感觉自己的脚步特别轻盈欢快，幸福与自豪感袭遍全身。

进入八号楼，宏伟辉煌、高大宽敞的会议厅让人眩目惊叹。姜华习惯性地在台下寻找到座位。刚落座，一位漂亮的女服务员走上前来，邀请他上主席台就座。姜华愣了一下：“全国性的会议怎么会叫我去坐主席台，搞错了吧？”

“是叫我吗？”姜华小心翼翼问了一句。

女服务员很有礼貌地笑着点了点头，并做了个优美的引导手势。姜华抬头一瞧，主席台上，国家质检总局一位领导正亲切地向姜华招手，示意他上台。果然领导身旁的席卡上清晰地写着姜华的姓名。

武夷山茶叶产品质量连续几年被国家质检抽查都合格，而且原产地地理标志产品保护工作有创新、有成效。此次会议，武夷山将代表全国700多个地理标志产品原产地做典型经验发言。

会上为“中国质量万里行”出征团举行授旗仪式时，姜华随主席台上的领导一同站起来，给九支出征队伍的领队郑重授旗。突如其来的使命感、责任感令姜华有点手足无措，双手特别使劲地握住旗杆，生怕自己手没拿稳，把旗杆弄掉，他感觉手心都出汗了。

但姜华知道，这种荣誉感和责任感不是来自他个人，而是来自“双世遗”武夷山的美誉，来自大红袍茶叶的魅力，来自茶和天下文化传承与弘扬的感染力。

有一次，姜华在武夷山接待原农业部一位老部长。年过八旬的老部长听完姜华介绍的武夷山茶业发展情况，十分高兴，欣然泼墨挥毫，题了一幅横披“茶和天下，富我中华”赠予姜华。八个遒劲有力、笔酣墨饱的大字，方寸之间寄寓了老部长的深情嘱托。

在武夷山多年的茶旅营销中，姜华深深感悟到这片小小茶叶的神奇魅力。

茶是普通的消费品。百姓生活开门七件事：柴米油盐酱醋茶。茶是人们日常生活中解渴的消费饮品，但同时又是高雅的文化商品，“琴棋书画诗酒茶”，从古到今，有多少达官显贵、文人墨客，以茶助兴，吟诗作赋，流芳百世；茶更是包容的交友品，以茶结缘，以茶会友，茶和天下。无论你是部长、省长、将军还是工人、农民、学生，无论你是董事长、富豪还是平民百姓，茶不会因身份高低、地位不同而厚此薄彼、嫌贫爱富。它有容乃大，平等待人。众人皆因茶结缘，而有了共同的交集，细品慢啜，饮茶论道，开心愉悦，体味人生。

斗转星移，转眼间姜华在武夷山与茶结缘已有十多个春秋，有幸

梁天雄摄

参与和见证了茶产业从低到高、从弱到强的发展历程。2020年，武夷山市茶叶产量2万多吨，小小一片茶叶带动了全市一半人口增收。

有一次，姜华在省城遇到了当年他在闽北宾馆夜不能寐时打电话聊天的老领导。老领导已调省农业厅任处长，两人坐下品茶聊天，重叙往事。老领导了解到这十多年来武夷山茶产业发展的巨大变化，意味深长地问了一句："怎么样，我当年说的'人挪活'没错吧？"

人挪活，不同的人有不同的理解。商人把生意兴隆、财源广进认为是活；从政者认为为民做事谋福祉、施展理想抱负是活；老百姓把生活舒适、家庭幸福美满认为是活。

姜华却更多地把工作顺心、事业有成就感、生活有幸福感认为是活。武夷山这个人杰地灵之地，承载了这个"活"的环境，是这片神奇的茶叶蕴含了"活"的灵气，绽放了生命的活力。茶是茶农谋生之道，也是致富的梦想。茶能带给人愉悦之情和幸福之感。姜华因茶而深深爱上了武夷山这个第二故乡。

此时，姜华也才真真切切体会到了当年桂旺同学说的武夷山很有包容性的真实内涵。《论语》说："礼之用，和为贵。""和"是中国文化的优秀传统与重要特征。茶道的核心内涵就是茶和天下。茶从种植、生产加工到品饮，始终贯穿天地人和的理念。人与人的和谐，人与自然的和谐，人与社会的和谐，这些都是茶文化的精髓，也是中华文化的精髓。

姜华把已收藏起来的当年老部长赠送的字幅拿到装裱店里精心装裱，并悬挂在书房。他要用"茶和天下，富我中华"这八个大字来一直激励自己。

2021年3月22日，习近平总书记到武夷山燕子窠生态茶园视察时说："茶之道，也是人民群众的幸福之道。"

第二章

进军北京马连道

2007 年 10 月 1 日，武夷山市委、市政府在北京马连道茶城开展“浪漫武夷，风雅茶韵”茶旅营销活动。

（武夷山新闻视频截图）

北京紫禁城高大雄伟，在天安门和午门之间东侧有一排低矮平房，那就是国旗护卫队战士的营房。

2007 年 9 月 28 日上午，在国旗护卫队营房区里，一块以巨大五星红旗为背景的国旗护卫队升旗图像宣传牌，耸立在营房的空坪上，图像中红旗招展，护卫队战士军姿飒爽，宣传牌下三簇锦绣鲜花艳丽芬芳，点缀军营，多姿多彩。

国旗护卫队战士在空坪中排成三列纵队，在护旗手率领下手握钢枪，迈着仪仗队特有的军人步伐，“唰……唰……”，整齐划一、矫健有力地进行升国旗模拟表演。

二十多年前姜华首次进京，凌晨 4 点多就起床来到天安门广场，观看国旗护卫队升旗仪式，由于观看人数太多，只能踮足翘望，远远看到一些模糊的场景。而如今，这么近距离地观看每个战士高大挺拔的身形、威严刚毅的脸庞、炯炯有神的目光，他倍感亲切自豪。

“今天紫禁城里来了什么贵宾，国旗护卫队都举行升旗仪式了？”栅栏外一群驻足观看表演的游客中，一个中年男子问着身边的同伴。

“应该不是外国贵宾，我刚才听说好像是武夷山的客人。”同伴犹犹豫豫不能肯定地回答。

“是吗？那武夷山真牛！”中年男子竖起大拇指，羡慕点赞道。

望着冉冉升起的五星红旗，姜华似乎忘记了今天来紫禁城的主题，更像是专程来这里接受一次爱国主义教育和洗礼。

人们常说：盛世饮茶，乱世喝酒。如果没有眼前这些威武不屈的钢铁长城守护，何来盛世？茶业盛事更无从谈起。

正是为了表达对这些钢铁长城守护者的尊敬与爱戴，武夷山市委、市政府精心策划了这场来之不易的国茶大红袍敬献国旗护卫队战士的慰问活动。

2007 年初秋，姜华带着茶管办陈主任和办公室一位同事，为举办北京大红袍茶旅宣传周活动一事进京做前期策划。

这是姜华时隔二十多年第二次进京。可这次进京，已没有首次进京时的那种兴奋与新鲜、欣喜与冲动的感觉，有的只是思考与压力、责任与激情。

航班于 17 点 30 分准时抵达北京首都机场。姜华和陈主任、刘会长走出机舱。站在舷梯上，姜华用劲伸展了下有点酸麻僵硬的腰背，长长地吐了一口气。两个多小时的航程，憋在狭小的机舱里还着实让人有些难受。

日近黄昏，夕阳低垂。极目远眺，鱼鳞般的彩霞抹红了天空，色彩泼洒得那样豪放大气、无拘无束，就像一幅天山派山水画卷，红得迷眼，美得醉人。凡尘荡尽，真是令人心旷神怡。

三人坐上来接机的车驰往市区。汽车行驶在宽大笔直的高速公路上，这让姜华想起二十多年前首次进京的情景。

1983 年秋，光泽县组织农业口相关科局干部赴京参观中国农业博物馆，一行十七八人乘着绿皮火车“吭哧、吭哧”走了两天两夜才到北京。首次进京，大伙儿那个新鲜兴奋劲儿，就像孩童过年，一路上聊天耍笑，参观拍照，两天基本没睡。

没想到，当他们拖着疲惫的身子来到北京火车站，在全市旅馆招待所住宿调配中心窗口排队时，却被告知全市已没有空余床位。当年如果没拿到调配中心的住宿安排通知单，是住不到旅馆的。旅途的疲倦、夜幕降临的忧愁与烦躁一同袭来，已容不得多想。无奈之下，他们十七八个人只好迅速返回火车站候车厅，挨挤在那杂乱喧闹、臭气烘烘的候车厅里待了一宿。临行前，有经验的人告诉过他们，如果没找到住宿的地方，就要赶紧回到火车站候车厅。否则，深夜候车厅大门一关，那可就要露宿街头了。

第二天，他们才住进崇文门旅馆的大房间，房间当中摆放着一个老式火炉用于取暖烧水，四周是一排十多个铺位的通铺。黄土沙尘随着北风穿过门帘缝隙洒落在铺位上，夜里翻身都经常会硌疼腰背。

清晨起床，用手一摸，脸上都是粗糙的尘土。嗓子冒烟，干裂得疼，想吃口米粥，走了两里多地，才在一个小胡同背静处见到一个小粥摊。三分钱一碗的小米粥，姜华一口气干了三碗。

有一次，他乘地铁到公主坟站游玩。刚走出站口，只见站外荒草丛生，北风呼啸，满天风沙吹得人都睁不开眼睛，他被吓得立马打道回府。

光阴荏苒，二十多年过去了，脑海中的北京还是定格在那沙尘飞扬、天空灰蒙的场景中。

车窗外，高大挺拔的杨树、槐树，碧绿成行，齐刷刷地向后倒去，渐渐地变成一个个绿洲、绿园、绿点。逶迤连绵的草坪好似柔软的绿毯，遮盖着沟坎、斜坡，与蜿蜒起伏的翠绿山峦相接，一片绿意盎然、生机勃勃。那一丛丛、一簇簇菊花张开金灿灿的笑脸随风摇曳，翩翩起舞；那一团团、一串串艳丽的紫薇更是花团锦簇、姹紫嫣红。真是“早秋绿遮眼，红花映满堂”。姜华忍不住按下车窗，深深吸了几口这充满生机、清甜、芳香的空气，拍下这美丽至极的街景。

夜幕降临，宽敞的街道已被川流不息、流光溢彩的车灯拥塞，宛如几条火龙在爬行。华灯初上，五彩缤纷的灯饰绚丽夺目，把高低相错、鳞次栉比的高楼大厦装扮得分外妖娆、美丽动人。

进京两天，他们已经考察过马连道茶缘茶城，并与相关人员做了对接。第三天，他们三人和北京茶业同业公会邵会长如约来到宣武区政府，拜访一位分管副区长和经信商务局局长。副区长个子不高，没有北方人的高大威猛，满脸秀气，戴着一副金丝眼镜，显得温文尔雅。他一开腔说话，两颊的小酒窝格外迷人，显得和蔼可亲，使人没有拘谨感。进京之前，陈主任已和宣武区经信商务局局长做了较为充分的对接沟通。姜华今天过来主要是当面敲定一些具体事项。

宣武区政府将在马连道茶城，组织十多个重点产茶区政府联合签署《产销两地战略合作协议》。武夷山是签署产地之一，并将与十多个重点产茶区政府共同发布《马连道宣言》。

最后，副区长兴高采烈地做了总结性讲话，同时还欣喜地说：“10 月 1 日，区长将率领区政府、区人大一些领导干部参加武夷山茶旅营销专场推介会。”

回程路上，北京茶业同业公会邵会长掩饰不住内心的兴奋，乌黑的双眼闪烁着喜悦的光芒。他钦佩羡慕地对姜华一行人说：“看来宣武区政府很重视这次武夷山大红袍宣传周活动，挺给面子的。”

“是吗？”姜华有点不解。

听了邵会长一番解释，姜华才知道，马连道是全国茶叶集散中心，每年各产茶省、市、县政府都会在这里举办不少营销推介活动，但宣武区政府很少参与，区长率队参加此类活动的更是屈指可数。这里可是北京市区要地，人家事多了去，哪有那么多时间。可见武夷山茶品牌的影响力还是很大的。

然而，姜华心里并不觉得轻松，想到刚才座谈会上与宣武区经信商务局局长的一段闲聊，心里有种说不出来的滋味。

刚才座谈会上，姜华赠送了一本《武夷山资讯》刊物给经信商务局局长。他看了刊物后，对姜华悄悄耳语："我现在才知道武夷岩茶的岩是山石岩。刚开始，我还以为是盐巴的盐，所以心里一直纳闷，大红袍茶怎么能用盐巴来制作，这盐茶又怎么能喝？"

局长的一番话，让姜华啼笑皆非，十分尴尬。岩茶与盐茶，一字之差，却是截然不同、大相径庭的两个实物，相差十万八千里，可这误解偏偏就出自北京城茶叶第一街的主管部门经信商务局的局长口中。

姜华对局长解释了一番，自己却陷入沉思，武夷山大红袍是全国十大名茶之一，怎么在北京茶城会出现这么个乌龙笑话？去讥笑别人没文化，没水平，孤陋寡闻？显然不对。去责怪一个管经济的局长，怎么连这个常识都不懂？那更是不行。这又让姜华想起昨天北京马连道茶城的晚餐。

昨晚，姜华一行人在马连道茶城附近的餐馆吃饭。当餐馆女服务员双手端着一盘热气腾腾的松鼠鱼上来时，姜华问："美女，请问店里有泡茶吗？"

"有呀！"

"姜副市长，要喝茶吗？我包里有。"同来的刘会长说着就要起身离席去拿茶。

姜华微笑着对刘会长摆摆手示意不用，继而又问："店里都有些什么茶？"

"有花茶、红茶、绿茶，还有铁观音。"美女服务员熟练地报着茶名。

"有大红袍茶吗？"

"现在好像没有那茶了。"

“为什么？”

“北京这地方，上世纪六七十年代以前老百姓多喝花茶，八九十年代开始喝绿茶、红茶。这几年生活水平提高了，也时兴喝些其他茶，例如铁观音茶。喝大红袍茶的人很少，主要是对大红袍茶不怎么了解，喝不太懂。”美女服务员很流畅地做了解释。

通过进一步了解，姜华明白了其中的原因。原来北京消费者认为大红袍茶叶价格偏高，口感又重，喝不习惯，来酒店时点大红袍茶的人很少，酒店老板自然就不进大红袍茶了。

姜华又转了个话题问：“美女，你知道大红袍茶吗？”

“听我们餐馆经理说过，大红袍是武夷山著名茶叶，可真正的大红袍茶产量很少，就那六棵茶树一年能有多少产量？现在市面上卖的大红袍茶叶基本是假冒的。”女服务员仿佛知道内情似的，脸上露出推心置腹的诚恳表情，小声告诉桌上客人。说完，女服务员端着倒腾出来的碗碟，微笑着轻盈地转身离开。

饭桌上出现短暂的沉默。女服务员的一席话，使在场的主宾一下子都不知道说什么好，尽管大家都知道女服务员的说法失之偏颇，但这能怪她吗？肯定不能。要怪就只能怪我们自己，消费者对我们生产的大红袍茶连真假都搞不清楚，如何谈做大市场？如何谈创建品牌？更不要说产业带动了。

而今天在宣武区遇到的事更是奇闻，如不是亲耳听到，姜华怎么也不相信，北京这么一个全国经济文化中心，马连道这个全国茶叶集散地，京城茶叶第一街，一个主管经济的局长，竟然会把武夷岩茶误认为是盐茶。这和昨晚饭桌上女服务员对大红袍的误解，不是如出一辙吗？

虽然这只是偶然现象，但偶然的背后一定有着必然的联系。那就是说明我们武夷岩茶的品牌宣传工作做得很不到位，以至于武夷山大红袍茶这一中国十大名茶之一，在马连道的知名度、普及率这么低，酒香不怕巷子深的思想还是根深蒂固地束缚着我们。姜华不由得感慨起来，我们这些人的责任重大，使命艰巨呀！

由此可见，武夷山市委、市政府决定持续开展“浪漫武夷，风雅茶韵”茶旅营销推介活动是非常正确的，也是非常及时的。否则，酒香也会卖不出去，皇帝女儿也要愁嫁了。

姜华寻思要利用好这次市场调研机会，好好策划出一个有的放矢的北京茶旅营销宣传周活动方案。

午饭后，他们一行人来到马连道一座商业大厦二楼邵会长的茶店喝茶。

两天的忙碌，使他们没有时间好好坐下来品品家乡的岩茶，那种萦回千绕的岩韵已使他们急不可待了。随着茶店泡茶小妹悬壶冲泡，一股久违的、熟悉的、思念已久的岩茶韵香扑鼻而来，姜华立马拿起杯盖轻轻抹了两下茶汤，把杯盖放在鼻下慢慢品闻着，用心去感受那幽幽的香气；然后轻轻啜了一口茶汤，一股幽香、甘甜、醇厚的滋味冲撞着舌上味蕾，游弋在两颊唇齿之间，宛如分别后相逢恋人的吻，美妙得不忍让人分开。茶气顺着喉口流入身体后汇聚于胸，整个人顿时觉得神清气爽，两天的烦闷与辛劳早已飞到了九霄云外。

品茶聊天中，当姜华得知邵会长和国旗护卫队领导很熟悉时，一个茶旅营销创意灵光一闪。国茶慰问国旗护卫队，肯定会聚焦媒体目光，产生品牌叠加轰动效应。他按捺不住产生创意的喜悦，问邵会长：“你看下能否和国旗护卫队的领导沟通一下，月底武夷山市委、市政府来北京开展大红袍茶旅营销推介活动。届时，我们市委、市政府领导能否到国旗护卫队走访慰问一下？国茶慰问‘国刀’，珠联璧合，应该很有意义的。”

“这个创意好！我马上电话联系一下。”邵会长爽快地答应了。

四十多分钟后，邵会长喜洋洋、兴冲冲地回来，一见面就开心地说：“基本搞定，国旗护卫队那边领导认可你的想法，到时候支队领导会陪同武夷山市领导慰问，并带你们参观国旗护卫队荣誉室，召开座谈会，进行模拟升国旗仪式表演。”

真是一个好消息，姜华顿时心花怒放，又多了一个含金量高的活动。

北京三天紧张又忙碌，回到酒店，他们几个人理了下思路，北京大红袍宣传周茶旅营销系列活动方案渐渐明朗清晰起来。此时，姜华心里才略略松了口气，愉快地返回武夷山。

“宿雨朝来歇，空山秋气清。”武夷山的秋天是清爽怡人、赏心悦目的。可姜华这半个月却没有一点闲情逸致来欣赏这美丽的秋景。

从北京回来后，姜华一天到晚都在忙着月底即将举行的北京大红袍宣传周活动筹备工作。上午，他刚进办公室，文体局林副局长就追来了，一进门就焦急地说：“姜副市长，现遇到个难题，您看下能帮忙解决吗？”

林副局长参加过市里组织的几次茶旅营销推介活动，姜华知道她是一位办事稳妥、组织协调能力较强的女领导，今天这么焦急，想必是碰到难事了。

经了解，原来文体局负责承担了一个很有意义的活动，就是母树大红袍茶入藏国家博物馆，大红袍茶叶的内包装罐已经过领导审核同意，可外包装礼盒没有通过审核，领导说太俗气，和茶罐不相匹配，要他们重新定制。可过几天就要进京了，专门定制时间肯定来不及，这才把具体负责这项工作的林副局长急坏了。

是呀，这入藏国家博物馆的茶叶礼盒，不仅要高端大气，华贵又不庸俗，而且材质要好，能长期保存，不变形发霉。专门定制，时间上肯定不允许，现在只能从现有茶企业那里想办法了。想到这儿，姜华拨通了某茶业公司李总经理的电话。

上周姜华刚到该茶业公司调研，听李总经理提过，公司计划为国庆节推出一款高端礼茶，特地到香港定制了一百套用钢琴外壳材质工艺制作的高端茶包装礼盒。该茶业公司李总经理听完姜华说的事情后，爽快地答应：“香港定制的高端茶礼盒前天刚到一部分，我现在就叫人给您送去一套看看能用吗。”

二十分钟后，该茶业公司就派人把高端茶礼盒送到了姜华的办公室。只见紫红色长方形茶盒色泽幽亮，手感细腻柔滑，外表高贵典雅，打开盒盖，一股香气丝丝扑鼻。林副局长把已定制好的茶罐放进去，恰好严丝合缝。她喜出望外：“这么巧，真是缘分。这个包装盒领导肯定满意，太感谢了！”真是踏破铁鞋无觅处，得来全不费工夫。

姜华盖上盒盖，端详了半晌，没吱声。

“怎么啦，还有什么不妥吗？”刚刚还喜上眉梢的林副局长此刻又眉头紧蹙起来。

姜华手指茶礼盒盖面上的几行字“武夷山××茶业公司定制”，说道：“政府送母树大红袍茶进国家博物馆属公益活动，用企业名字落款有点不妥。”

“那怎么办？”

姜华思索了一阵，对林副局长说：“你去定制一个钛合金面板，上面印刻上你们要写的字，落款武夷山市人民政府，然后镶在包装礼盒面上就行。”

“有道理。”林副局长高兴地拿起茶礼盒，兴冲冲地离开了。

林副局长前脚刚走，茶管办徐副主任和生产科小余就来到办公室，反映这次报名参加北京马连道茶旅营销推介活动的茶企业非常踊跃，超额二十多家。茶管办确定不下来哪些茶企业能去参加。

看到徐副主任递过来的茶企业参展报名册，姜华心里喜忧参半。喜的是近两年武夷山茶企业闯市场搞营销意识有所增强，参加营销推介活动的主动性、积极性有较大提高，不像前几年要左劝右说做工作才肯去参加。忧的是报名名单中除了星愿、正山堂等三四家有点规模的茶企业外，大部分茶企业都还是小茶企，甚至是小作坊。武夷山茶产业的品牌建设任重道远呀。有相当一部分小茶企的老板还是茶管办这些人的亲戚朋友，低头不见抬头见，叫谁去不叫谁去，他们都为难。

姜华思考了一下说：“茶管办去研究一个茶企业参展规定，定出今后参加政府组织的茶旅营销活动的规范条件和要求，可从税收、规模、品牌建设、服从管理等方面去考量，每次活动后进行考评，奖优汰劣。”

就在他俩刚要离开时，姜华忽然想起上次外出进行茶旅营销时发生的事情，立即叮嘱道：“要坚决禁止那些只放一张桌子、铺一张报纸、摆几包散茶的茶企业参加。”

前段时间，市政府组织一次赴外省开展茶旅营销的活动，并事先对参展企业品牌形象宣传提出了规定要求，可当茶管办随机对参展的

四十多家茶企布展情况进行检查时，却发现有四分之一的茶企业的9平方米展位里是“家徒四壁”，白墙直立，没有做任何的产品宣传。一张桌子，一张报纸，摆上几包散茶，有关企业文化、品牌文化的内容只字未见。

姜华为此大为恼火，在一次茶企工作会上严厉批评他们：“你们这些摆地摊式参展的茶企业，为什么就连几百元的品牌宣传装潢费也舍不得出？听说你们在外面消费享受，那可是花钱如流水，慷慨大方得很啊！”台下传出一阵低声的讪笑，有几个茶企业老板脸色微红，低头不语。

“这类摆地摊式企业，不仅浪费政府投入上百万元组织茶旅营销活动的资源，还有损政府品牌形象，既然这么掉价，那今后就不要参加政府组织的宣传营销活动了。”姜华不想惯着那些茶企业，也不允许此类现象再发生。不能裁衣服不划线——不守规矩。

矩不正，不可为方；规不正，不可为圆。有了规矩，参加北京茶旅营销活动的茶企业素质提高了不少。

马连道位于北京市西城区，主街长一公里半，云集了全国十几个省、市六大茶类，1300多家茶商，素有“中国茶叶第一街”之称。

2007年9月27日，北京马连道首届国际茶文化节正式开幕。武夷山精心筹划的“浪漫武夷，风雅茶韵”北京大红袍茶旅宣传周推介系列活动也就在此时拉开帷幕。

28日上午，姜华随同武夷山市委、市政府相关领导及相关局长、茶企业老总一行十多人来到国旗护卫队进行慰问。

营房花坛前几张办公桌一字排开，武夷山市领导和北京武警某支队领导台前就座。台下36个小马扎队列式整齐排放。随着“立定！坐下！”一声威严的口令，24名威武帅气的武警战士齐刷刷地坐在小马扎上。高大匀称的身材，威严炯炯的目光，端正挺直的坐姿，护卫队战士在帅气的军礼服映衬下更显得英姿飒爽、威武帅酷。以往姜华他们都是在电视里看到国旗护卫队战士，如今这么近距离直视，身临其境地感受，一股崇敬和爱国之情油然而生。

姜华不由自主地端正坐姿，挺直了腰板。他偷偷扫视了台上台下武夷山一行领导干部，大家都不约而同地端正坐姿，正襟危坐。平日喜欢弓着背的市委书记此时也挺直了腰背，烟瘾很大的他还悄悄地把摆在桌面上的香烟和打火机收了起来。一切都在不言中。

“大红袍是国茶，国旗班代表我们国家的形象。大红袍这最好的国茶，就应该敬献给我们最尊敬、最神圣光荣的国旗护卫队。”胡市长用他那充满激情、极具魅力的磁性声音做了热情洋溢的致辞。这是一个充满智慧和激情的市长，七八年里浓浓的武夷山情怀已深深融入他的心灵。他每次宣传武夷山，推介武夷山的山水、茶叶时都满怀激情，言语精彩，发自内心，每次精彩讲话往往都会引发听众经久不息的掌声。

慰问与座谈结束，武夷山市一行领导与国旗护卫队战士合影留念。面对着镜头，想想身后站着威武帅气的二十多个国旗护卫队战士，这是令多少人向往的事，如今就在镜头“咔嚓”声中实现了，武夷山一行人心里满是暖暖的幸福，自豪感流淌全身。

当大家离开座位时，一个茶企业老板手提公司两盒茶叶，急匆匆地走到国旗护卫队战士前想单独合个影。

姜华知道这个茶企业老板心里那点小九九，想利用这千载难逢的机会给自己公司做个品牌宣传。这行为显然是不妥的，还没等他上前制止，就看到一位市委领导右手一挥，用劲拍击了一下那个茶企业老板的手背，并严厉低沉地呵斥：“回去！这也是你能做广告宣传的场合吗？”声音虽小，但威严得让人惧怕，不容置疑。茶企业老板被震住，顿时收住了脚步，小心翼翼尴尬地缩了回去，悻悻离开。

10月1日，马连道晨光普照，笼罩了一夜的云雾早早就知趣地消逝了。一轮红日冉冉升起，绽露出灿烂的笑容，阳光明媚，秋风送爽，举国欢庆的节日，给马连道增添了欢乐喜庆的气氛。上午9点多，马连道的大街小巷和茶城店铺，已是游人如织，熙熙攘攘。武夷山“浪漫武夷，风雅茶韵”茶旅营销推介活动，正在马连道茶城广场隆重举行。

广场上，宽大的舞台分外引人注目，三十多串红灯笼悬挂在武夷山九曲溪玉女峰山水背景板上，好似正月十五元宵的灯市，红红火

火，热闹喜庆。广场四周矗立的武夷山山水茶画，犹如一条秀美的画廊，引得不少市民流连观看，赞叹不已。长廊内 36 张品茗桌整齐摆开，蔚为壮观。茶桌刚摆好，没一会儿，嘉宾、记者、市民就蜂拥而至挤满了茶桌，几个市民还悄悄把茶桌上摆放的嘉宾、记者席卡收起，藏到桌下眼睛看不到的地方。

“姜副，快安排几个人守好前排几张有贵宾席卡的茶桌。”胡市长焦急地吩咐道。

“晓军、文富，你们叫几个人赶快过来，把前排四张品茗桌守住，不要让别人占了座。我要赶去外面迎接几位重要贵宾。”姜华当即布置下去。

晓军、文富和办公室另外两个小伙子还真行，每一个人守住一张品茗桌，把竹椅归拢到自己可控的地方。晓军和文富更是直截了当，每人双脚各踩住一把椅子的横杆，双手各抓住一把椅子的靠背，生怕座椅被别桌客人抢去。

姜华和胡市长把原济南军区一位副参谋长、原解放军总后勤部军械部一位部长、江西省一位前副省长、宣武区区长、宣武区人大常委会主任等十多位贵宾迎到前排品茗桌入座。

“领导，好险呀！刚才要不是我们动手快，这几张茶桌的座位就没了。”文富见姜华回来，吐了吐舌头，微笑着悄悄说道。

舞台上，武夷山市艺术团的姑娘们载歌载舞，表演着暖场的茶歌舞，台下 36 张品茗桌高朋满座，茶香四溢。

武夷山大红袍独特、细幽长远的香气，宛如仙女从天空中飘然而至，让人回味无穷。媒体茶席上，一位面容清秀、长发披肩的女记者，抿尽杯中茶汤后，把空茶杯口放在鼻子下慢慢品闻，岩韵的挂杯香，使她久久不愿拿开茶杯。

“武夷岩茶滋味甘醇，层次感丰富，令人两颊生津，品饮啜茶就是一种享受。”一位男记者对茶桌上的几位茶客侃侃而谈他的茶经。

见大家饶有兴趣地在听，男记者故弄玄虚地卖起了关子：“你们知道老茶客是怎么形容武夷岩茶的吗？”

看大家摇头、一脸茫然，他兴致勃勃地说：“铁观音是漂亮的姑娘一见就喜欢，大红袍是甘醇的美酒，要慢慢品味，越品越有味。”

“哈哈。”在座几个茶客听完一阵开心，捧腹大笑。

又有一个人凑趣：“还有人说武夷岩茶是乞丐的外表，皇帝的身价。”

“哇，这是谁编的？太有才了！”后面另一桌几个年轻人也闻声大笑凑了过来。

在市民茶席上，一个身穿红色夹克的中年男子，向身着旗袍、肩披绶带的泡茶小妹请教道：“为什么我们到武夷山喝的大红袍茶特别好喝，而回到自己家冲泡的大红袍茶就没有那么好喝呢？”

相邻的几个茶客也纷纷点头，似乎都有同感。

泡茶小妹将分点好的茶汤，逐一呈送给客人后说：“你们在家里泡茶，可能是三个方面没把握好。首先是泡茶的水，陆羽在《茶经》里说：‘山溪泉水为上，河上之水为中，井中之水为下。’你到武夷山喝茶，茶农一般都用武夷山天然山泉水泡茶，而你们回到大城市家里，多用自来水或纯净水泡茶，那茶汤口感肯定会差，自来水中含有氯元素，泡岩茶会有苦涩感。”

“哦，对，对！”几位茶客听后连忙点头赞同。

“第二是茶具，茶壶大小要适中，壶太大或太小都会影响投茶量，从而影响泡茶坐杯时间和茶汤的口感。”

“第三，冲泡要掌握技巧，这是最重要的一个方面，要沸水冲泡，出茶汤要快，水浸泡茶叶的时间要很短，以 5~10 秒为宜，千万不能采用泡花茶、绿茶的方式，一把茶叶冲一杯水，浸泡半天。冲泡武夷岩茶，只要掌握好这三点，多多体验，自己就能泡出和在武夷山喝到的一样口感的好茶。”

“啪，啪……”小妹刚说完，茶桌上的嘉宾茶客都不由自主地鼓掌致谢。姜华一瞧，不知啥时候，邻桌的十几个嘉宾都移到这桌来听小妹说茶了。

就在台下品茶论道热闹非凡之际，舞台上推介活动也是精彩纷呈，高潮迭起。

武夷山市市长、政协主席、宣传部部长、副市长、中国茶叶流通协会秘书长、南平驻京办主任上台，给六家在京武夷岩茶经销商颁发“武夷山大红袍推广中心会员店”牌匾。紧接着，他们又赠送大红袍茶苗给北京市民。

要说赠送北京市民大红袍茶苗的策划创意，还是来自上次姜华他们在马连道餐馆吃饭时，与女服务员的一席对话的触动产生的灵感。活动目的，就是要让北京市民知道，武夷山大红袍茶叶不仅仅来自那六棵母树，大红袍茶叶已成功进行无性繁殖，现已形成一定规模，可以市场化大批量生产了。

这次拿出来赠送的200盆大红袍茶苗，是母树大红袍经扦插无性繁殖成功，并已栽种一年多的纯种大红袍茶苗。早在几天前，茶管办就将茶苗运抵北京，请专人管护。每盆大红袍茶苗都配有收藏证书和养护知识卡及咨询联系电话。

没想到，报名领养大红袍茶苗的北京市民非常踊跃，人数逾千人。活动筹备组经过认真筛选，从中选出有代表性的领养人200名，安排上午在活动现场领赠茶苗。

领赠茶苗活动吸引了众多媒体关注。当晚7点，中央电视台《新闻联播》节目专门报道了武夷山市向北京市民赠送大红袍茶苗的新闻。

北京天安门广场东侧，与人民大会堂东西遥望，有一幢建筑高大宏伟、庄重静雅，这就是国家博物馆。它始建于1912年，是我国文物收藏量最为丰富的博物馆之一。

10月10日上午，武夷山市政府在国家博物馆举办了具有历史意义、值得茶界骄傲自豪的茶业盛事，即乌龙茶之祖、国茶巅峰——武夷山绝版母树大红袍茶送藏国家博物馆仪式。

10日早上，300多人的会议厅已座无虚席。

原农业部一位副部长、国家博物馆一位副馆长、文化部办公厅一位副主任、文化部文化司一位副司长、国家文物局博物馆一位副司长、福建省政府驻京办副主任及北京四大茶叶老字号——吴裕泰茶叶公司、老舍茶馆、张一元茶叶公司、元长厚茶叶公司的老总等重量级贵宾早已就座等候。

电视剧《乔家大院》乔致庸扮演者、著名演员陈建斌，中央歌剧院男高音歌唱家、毛泽东特型演员韩中，也都到场庆贺。真可谓高朋满座，嘉宾如云。

在场的每位嘉宾脸上都洋溢着愉悦的笑容，为自己能身临其境见证这一茶界盛事而引以为荣，他们默默地等待着，等待着那隆重而美妙的时刻。

此时，这场活动的组织、策划者，武夷山市委宣传部郑部长也静静地坐在那里，他比谁都更加盼望那隆重的时刻早点到来。

2006 年，武夷山市政府决定对母树大红袍茶停采留养，郑部长就在思考，如何能让有着几百年历史的古树再焕发光辉。他想到当下人们喜欢收藏高品质的物品。对呀，武夷山这母树大红袍茶为何不能来个最高等级的典藏？他为自己的灵感而兴奋。通过联系，他与国家博物馆一位副馆长对接上了。

自从武夷山 2006 年开始在北京持续开展“浪漫武夷，风雅茶韵”大红袍宣传周活动以来，知名度和美誉度不断上升的大红袍茶已深深吸引了国家博物馆的领导。当武夷山市委宣传部告知国家博物馆这是武夷山母树大红袍停采留养前的最后一罐大红袍茶叶，想请其收藏时，他们喜出望外。不谋而合的默契，使双方对这场可载入史册的茶文化活动一下有了共同的心声。

10 点 10 分，会议厅舞台灯光明亮，欢快舒展的音乐响起。舞台帷幕缓缓拉开，舞台宽大的金色天幕上，“乌龙之祖、国茶巅峰——武夷山绝版母树大红袍茶送藏国家博物馆”二十几个大字在镁光灯的聚焦下，金光灿灿，熠熠生辉，分外耀眼。

送藏仪式开始，武夷山市政府胡市长穿着一身铁灰色西装，庄重帅气地稳步走上舞台。他娴熟自豪地向在场嘉宾介绍了武夷山大红袍茶的历史和文化内涵。

“母树大红袍茶送藏国家博物馆，具有重大意义。这个意义在于把武夷山的传统文化——大红袍茶传统制作技艺，在这高雅的殿堂里展示，让后人了解。同时，把武夷山厚重的茶历史和文化在这里进行传承，也进一步提高了武夷山大红袍茶在全国乃至全世界的知名度和

美誉度，让世界了解武夷山，让世界爱上武夷山。”

“哗啦”，台下一片经久不息的掌声。大家为胡市长抑扬顿挫、声情并茂的讲话鼓掌，为中国的武夷山、世界的武夷山鼓掌。

听了国家博物馆姜副馆长的介绍，姜华才知道，国家博物馆要收藏的物品一定得是历史悠久、具有重大影响的，甚至得是绝版的珍贵藏品。国家博物馆此前仅收藏了一份清代宫廷内的普洱茶饼。这次武夷山大红袍母树茶叶是国家博物馆收藏的首份现代茶叶。

“大红袍茶历史悠久，在中国茶当中，它影响深远，名副其实，值得国家博物馆收藏。”国家博物馆姜副馆长在台上的一句精彩结束语，引发台下一阵热烈的掌声和欢呼声，在场观众无不为武夷山骄傲，为全国茶人们骄傲。

致辞结束，武夷山市胡市长和国家博物馆姜副馆长一起走到舞台当中一个盖着红绸绒布的小立方台前，胡市长缓缓地掀开遮盖着的红绸绒布，就在红绸绒布褪去最后一角的瞬间，“哇，真漂亮！”“哎，太高贵了！”台下一片惊呼声。

只见红绸绒布台上，摆放着一个幽亮发光的红色木质大礼盒，此时礼盒显得特别高端典雅、华贵大气。礼盒上摆放着一个金黄色圆罐，罐体四周雕印着九曲玉女峰、锦鱼双戏等精美图案，罐口上下沿用波浪花边点缀，整个圆罐好似古代皇室御用品，华贵典雅。

具有350多年历史的母树大红袍茶树最后一次采摘制作的20克大红袍茶叶就储藏于圆罐中。圆罐的承托台，为圆形紫黑色莲花造型，承托台用铜片裹边，并印刻着三行字：“2005年春采制于武夷山九龙窠大红袍；净含量20克；2006年武夷山市政府决定对母树大红袍停采留养。”

胡市长小心翼翼地双手端起大红袍圆罐，郑重交给国家博物馆姜副馆长。两位领导双手捧托金灿灿的大红袍礼罐，高高举起向台下嘉宾展示国茶的真容。

顿时，大厅里一片沸腾。镁光灯聚焦下的大红袍礼罐好似大海里的灯塔，金光灿灿，熠熠生辉，耀眼夺目。台下掌声、赞叹声、叫好声、欢呼声此起彼伏，响彻大厅，犹如大海里朵朵浪花，跳跃着、欢唱着、奔腾着，一点点向台上灯塔汇集，最后汇成一片欢乐的海洋。

中央电视台、《人民日报》、《光明日报》等40多家中央级新闻媒体的记者蜂拥而上，抢抓这历史一刻。千年茶史，百年贡茶，如今再展辉煌，真乃武夷山之盛事、茶之盛事、国之盛事。

随后，国家博物馆姜副馆长向武夷山市市长颁发了“国家博物馆收藏证书”。这是一本与众不同的证书，国家博物馆用清代的宣纸专门定制，手工毛笔书写。古茶与古纸两种古老文化交相辉映，妙然成趣。

当晚，中央电视台《新闻联播》节目专门报道了这场活动的盛况。《人民日报（海外版）》、《光明日报》、香港《大公报》及美国《侨报》等重要媒体也都争相报道。

宝剑锋从磨砺出，梅花香自苦寒来。一个多月的辛劳，使得“浪漫武夷，风雅茶韵”北京大红袍茶旅推介宣传周系列活动，终于在国家博物馆的舞台上完美收官。

第二天，姜华和茶管办陈主任应北京东方国宾茶业公司叶总经理的邀请，到他位于马连道茶城的茶店喝茶。

叶总经理是闽北建阳人，在北京马连道茶城闯荡经营十多年，前几年茶叶市场不景气，他是惨淡经营，步履维艰。生意场上的压力、生活上的窘迫，让这个不到四十岁的中年人，已是头发全脱，光秃发亮的脑袋，黝黑的脸庞，粗糙的皮肤，尽显北漂拼搏的沧桑和艰辛。

当姜华一行人在马连道茶缘茶城东南角一个直通三开间的大店铺里见到叶总经理时，他正忙着和一个客户洽谈。茶店的三个开间分别摆放着三张茶桌，此时都坐满了喝茶的客人，三个泡茶小妹正忙得不亦乐乎，给客人泡茶讲茶。店铺四周堆放着普洱茶和武夷岩茶，地上只留有一条窄小的通道。

见到武夷山客人到来，叶总经理喜笑颜开，立马出来迎接。品茶聊天，姜华一行人才知道，这两三年，武夷岩茶一下红火起来，市场销售量直线上升。

叶总经理兴高采烈地说：“过去我是一张茶桌坐不满人，现在是三张茶桌坐不下人。”

“好事呀，生意兴隆!”大伙由衷地向他祝贺。

他心存感激地说：“这要感谢武夷山市政府这几年连续在北京开展茶旅营销活动，许多消费者在外面听到或看到你们的宣传，都慕名前来茶城寻找大红袍茶。”

人逢喜事精神爽，听了叶总经理一席话，姜华倍感舒服，一个多月的辛劳，瞬间烟消云散。

大红袍茶红火了，叶总经理想趁热打铁，在另一个区的商业街增开一个武夷岩茶会所，今天就是专门请大伙来指点的。

看他那神采飞扬、兴奋不已的神态，姜华知道他是真诚的。顿时，姜华心里也感觉阵阵温暖和甜蜜，让他觉得所做的一切都是值得的。

2007年10月10日，武夷山市政府胡书仁市长（右）向国家博物馆姜丰义副馆长（左）赠送母树大红袍入藏。

（王晓军供图）

第三章

首个海峡两岸团圆茶饼问世

2007 年 11 月 13 日，在星愿茶业有限公司制茶车间压制出来首个由台湾冻顶乌龙茶和大红袍茶融合而成的团圆茶饼。

（武夷山新闻视频截图）

深秋的武夷山，万里晴空，云烟如在空中飞舞，蓝天成了它们驰骋的舞台。

一天上午，一架银白色的飞机穿过碧蓝天空，伴随着一阵刺耳的轰鸣声后稳稳当当地降落在武夷山机场。

从飞机舷梯上走下两位客人：一位瘦高个、高鼻梁上架着一副金丝宽边眼镜，举止斯文；一位身材偏胖，圆脸善目。两人没有像其他乘客一样停驻在停机坪上东张西望，慢悠悠地欣赏机场四周的武夷山美景，而是急匆匆地走出机场大厅。

在厅外等候多时的市茶业同业公会刘会长见客人出来，急忙热情迎上前去。与此同时，市台办一位领导也接到同机而来的国台办海峡两岸关系研究中心的两位领导。短暂热情的寒暄后，一行人乘车驶向三姑度假区酒店。

前段时间，由于各种原因，台湾客商已两次更改武夷山行程。所以，当姜华先后接到电话，报告说客人都已安顿好后，悬着的心才终于落地，好一阵欢喜。

说来也是，市里每天迎来送往的事太多，姜华这人粗心大意又不太喜欢此类事，平时也就不怎么关注迎来送往。可他这几天却一反常态，一直牵挂着这两批不同寻常的客人。这是他们特地邀请的两批贵客，来武夷山合作完成一项很有意义的海峡两岸茶文化交流活动。

这事还得从一个月前说起。一天下午，姜华从市长办公室汇报工作回来，头脑就没法再平静了。

“姜副，这次省政府决定在泉州市举办首届海峡两岸茶业博览会，意义重大，市里决定组团参加。你要制定出一个有新意、有特色、有亮点的活动方案来。”对于胡市长的这一番话，姜华折腾了一下午也没理出个头绪来。

晚饭后，姜华回到办公室，想重新思考梳理一下拟定的茶博会活动方案。

繁忙热闹了一天的政府机关办公大楼，此时安静了许多，四层的办公楼内，只有三四个房间里还亮着灯。晚风吹来，窗外郁金香淡淡的幽香扑鼻，沁人肺腑，特别清爽怡人。

大红袍名优产品展示、茗茶推介、艺术团表演、茶旅知识竞猜、项目签约……姜华看着这些耳熟能详、轻车熟路的活动内容，感觉有点像吃甘蔗渣，没味。这样的方案自己都不满意，怎么能上交？

“怎么才能策划出一个有新意、有特色的活动呢？”姜华绞尽脑汁想呀想，可心里越着急，脑子里就越是一团糨糊，思维仿佛停滞了。平日里自我感觉良好的灵感也不知怎么跑得无影无踪。

“唉！不想了。”姜华长长叹了一口气，心烦意乱地重重躺倒在沙发上，随手拈了一本《武夷资讯》，慢悠悠地翻阅着。

忽然，一篇题为《武夷山和台湾茶叶同根同源》的文章让姜华眼睛一亮，文章提到，据清朝连横的《台湾通史》载，台北产茶约百年，“嘉庆时有柯朝者归自福建，始以武夷之茶，植于鲽鱼坑……”。另台湾博物馆记载：“清咸丰五年，南投县林凤池到福建赶考，得中举人，返乡时从武夷山带回 36 株乌龙茶苗，分发给亲戚朋友种植，其中 12 株在冻顶山栽培成功，由此产生了台湾名茶——冻顶乌龙。”

“对呀！产业是根，文化是魂。武夷山是茶文化艺术之乡，早在清代就和台湾有过茶文化交流，为何不从两岸茶文化元素切入，策划一个活动呢？”姜华顿时觉得醍醐灌顶，豁然开朗，思绪活跃起来。

两岸茶缘历史悠久，两岸茶人一家亲，以此为题策划一系列活动肯定有戏。

武夷山早在宋代就有制作龙团凤饼的历史，现在制作茶饼的技术已经很成熟。如果能和台湾茶人茶企共同制作一块含有两岸茶叶的茶饼，象征两岸祈盼团圆，那活动的意义就提档升级了。茶饼还能永久保存，留个念想。想到这儿，姜华“唰”的一声，兴奋麻利地从沙发上坐起来，伏案静思片刻，利索地写下“两岸茶人一家亲”共同制作团圆茶饼互赠活动方案。

不知不觉，秋夜已深。静谧的机关大院，皓月当空，星辰点缀，月色迷离。银白色的月光透过千年古樟斑驳的枝叶，轻盈柔和地洒落在院内石径、草坪上，宛如慈爱的母亲低头深情地轻吻着甜睡的孩儿，温馨的柔情使人陶醉。草坪中，几只小虫“唧、唧”欢快地吟唱。秋风送爽，惬意极了。姜华用力舒展了几下酸疼的腰颈，迈着轻

快的步伐回了宿舍。

第二天，姜华在办公室召集相关人员商讨细化“两岸茶人一家亲”的活动内容。

“这个创意好！”宣传部张副部长，一个平时言语不多，但常说到点子上的人，这次第一个迫不及待抢先发言，“武夷山和台湾茶叶历史上就是茶缘相连，茶情相通，两岸茶人共同制作团圆茶饼，表达了两岸人民祈盼团圆的深意，在这次海峡两岸茶博会上肯定能成为各大新闻媒体追逐关注的热点。我们武夷山新闻媒体要早做准备，最好在共同制作茶饼过程中就全程跟踪宣传报道。”

“省委书记今年提出‘茶之乡、茶之源、茶之祖、茶之韵’的主题。我们这‘两岸茶人一家亲’活动很契合这一主题，有文化内涵。”文体局林副局长也兴奋地拍手称赞。“如果茶博会上，茶艺表演时用台湾冻顶山的山泉水泡武夷山的大红袍，那种天地人和的意境不仅美妙，还很有深意。”

“我看还可以安排一个两岸茶人互赠茶苗仪式，那活动内容就更加丰富了。”茶管办陈主任也脑洞大开，不甘示弱地表达了一个创意。

“有道理，这几个建议都很好！”真是众人拾柴火焰高，姜华高兴得当场首肯。

“问题是现在怎么找到一家台湾本土愿意合作的茶企业，并从台湾带冻顶乌龙茶叶来武夷山合制茶饼，时间又这么紧。”茶管办陈主任面露难色提醒大家。

这的确是个问题，2007 年以前武夷山和台湾茶业方面交流往来不多。可这活动如果没有台湾本土茶企业参加合作，并从台湾带茶叶来合制，那意境和味道就差了许多。

“刘会长，你说说看，有什么办法解决？”姜华把目光转向茶业同业公会刘国英会长。刘会长虽外表清瘦文静，也不张扬，一副贤儒学者模样，但办事踏实、沉稳，与各地茶叶协会、专家、茶企交流甚广。

刘会长推了推鼻梁上的眼镜，想了想，细声慢语地说：“前不久，我们同业公会刚和台湾崇德茶叶联谊会合作过一个茶事活动，我看制作两岸团圆茶饼的事可以请他们帮忙。”

见刘会长几句话就轻而易举化解了难题，姜华有点小兴奋。这最难最关键的事解决了，下一步合制团圆茶饼也就水到渠成了，他充满信心，当即做了部署安排。

2007 年 10 月 31 日上午，一个值得纪念的日子，首个两岸团圆茶饼将在武夷山星愿（中国）茶业有限公司开始制作，两岸茶企合作人员及国台办、省市相关部门领导一大早就都聚集在星愿茶业公司，见证这一重要时刻的到来。尤其是国台办海峡两岸关系研究中心两位领导亲临现场指导，令姜华兴奋和激动。

星愿茶业有限公司是 2001 年武夷山引进的一家港资企业，是武夷山茶业的龙头企业。公司坐落在市旗山工业园区内，中式建筑，园林风格，环境优美。

星愿公司简朴的会议室，经过一番精心布置，显得与往常不同。右侧蓝色巨幅长方形背景板上“中国首届海峡两岸茶业博览会”“台湾冻顶乌龙和武夷山大红袍”和正中“互赠互融仪式”六个特大红字格外醒目。正中桌上摆放着三个大铁桶，左边标注“大红袍”，右边标注“冻顶乌龙”，当中一个标注“互赠互融”。

“各位领导、嘉宾，大家上午好！”市政协主席、茶产业领导小组肖组长用他那低沉浑厚、充满喜悦的声音，开启了两岸团圆茶饼互赠互融仪式。

“武夷山与台湾茶叶同根、同种、同源，历史渊源深厚。今天上午，我们两岸茶人将在这里举行茶叶互赠互融仪式，共制团圆茶饼，彰显两岸茶人一家亲，祈盼和平团圆愿景。”政协肖主席热爱茶业，深谙武夷茶文化，虽然年已五十有七，但说起茶文化来兴致勃勃、眉飞色舞。

“第一项，茗茶归根。”肖主席悠扬欢快地唱起第一个程序。

生活需要仪式感，工作更应有仪式感，这不是矫情和虚伪，而是让我们能在烦琐的工作中去享受快乐，记住每一个有意义的日子，可以让我们对有意义的事情保持敬意和尊重。

为了让团圆茶饼的制作显得隆重而有纪念意义，政协肖主席还与

茶管办专门研究出一个制作茶饼仪式。一百多年前武夷山茶苗被带到台湾，一百多年后茶苗繁育的后代回来寻祖——茗叶归根。

刘会长和星愿公司何董事长共同把备好的大红袍茶叶缓缓倒入标有“大红袍”的铁桶里。而台湾某茶企李总经理和台湾崇德茶叶联谊会陈会长，也将从台湾带来的十几包冻顶乌龙茶倒入标有“冻顶乌龙”的铁桶里。

“第二项，两茶共融。”肖主席继续嗓音洪亮地唱起第二个程序。

星愿公司何董事长信步走上主席台，这个来武夷山投资办茶企已六年多的港商，此时感慨万千，心中充满了自豪与自信。只见他麻利地端起自己公司生产的大红袍茶叶，“唰”地快速倒入标有“互赠互融”的茶桶里，脸上挂满了愉悦的笑容。

而与何总经理同步倒茶的台湾某茶企李总经理，却神情庄重，只见他稳稳地托住“冻顶乌龙”茶桶，缓缓地将茶叶倒入“互赠互融”茶桶中，双目注视着徐徐落入桶中的茶叶，欣喜的眉梢带着一丝庄重与期盼。他用手掌把两地茶叶轻轻地糅合在一起。血浓于水，茶缘于情。一百多年前茶叶的分离，缔结了两岸茶缘；一百多年后的今天，两岸茶叶回归团圆，互融共生，再续茶缘。他似乎感觉自己的手指在传递着一个信念和一个期盼。

政协肖主席缓步上前，双手握住“互赠互融”大茶桶，先慢后快，先轻后重，圆弧形摇晃。他把两岸茶人美好的愿景化作一道道优美的弧线，一步步实现融合。

姜华望着政协肖主席双手的舞动，心想：“两岸咫尺天涯，可茶叶的融合却是如此契合。分别了150多年，可如今的团聚又是如此顺利。要是两岸人民也能像茶叶这么顺利融合该多好呀。”

“第三项，共制团圆茶饼。”肖主席开心地唱完第三道程序。

他双手捧住摇晃均匀的“互赠互融”茶叶桶，郑重地交到刘会长和台湾茶企李总手中。他们两人把这寄托两岸茶人心愿的茶桶稳稳抬着走出会议室，来到对面的生产车间，转交给两个等候多时的年轻制茶师傅。

两个制茶师傅把“互赠互融”茶桶里的茶叶又轻轻摇动了几下，

使茶叶能更加充分地苏醒，然后倒入蒸汽机中。随着蒸汽的热浪弥漫茶桶，茶叶开始渐渐软化，没有了各自的硬性与摩擦，有的只是彼此的依偎和相融，三十几秒钟后，制茶师傅把蒸透蒸软的茶叶立即放置进事先专门定制好的饼模中。

这个饼模半径 152 毫米，直径 304 毫米，厚 3.6 厘米，模具中印刻有三行文字和两个图案，在强大外力的挤压下，冻顶乌龙与大红袍紧紧地黏合在一起，难舍难分。150 多年的分离已让大家感觉太久太久，如今难得的团聚让大家倍感珍惜，茶叶就要在团聚中共融，在团聚中共生。成型的茶饼脱模后，经过三四天的摊凉抽湿，移入烘干箱中烘干，再经过七天的高温烘烤，茶叶便涅槃重生。

11 月 13 日，一个有着现实和历史意义，寄予了两岸茶人深情和期望的团圆茶饼终于问世。

两天后，茶管办陈主任和同业公会刘会长，将一个淡黄色精美木盒送到姜华办公室。打开包装盒，只见一块乌黑油润的团圆茶饼展现在眼前。圆饼的上弧刻印着“首届中国海峡两岸茶业博览会”字样，圆饼的中间有“茶缘”两个飘逸有力的大字，左右两侧刻印着阿里山和玉女峰图案，饼的下方刻印着“武夷山市人民政府赠”的字样，盒里还配有收藏卡和制作茶饼的光盘。真是一块精美的团圆茶饼。

“Very good!”姜华情不自禁地脱口而出一句英语赞道。

“团圆茶饼尺寸还有讲究哟。”刘会长细声慢语、故作神秘地解释，“茶饼半径 152 毫米，寓意台湾冻顶乌龙茶离开武夷山已有 152 年。眼前的团圆茶饼乌中带青，油润发亮，冻顶乌龙与大红袍首次相融相依，你中有我，我中有你，紧紧相偎缠绕在一起。这就是两岸茶叶同根、同源、同技的茶缘。”

“茶饼只制作了六块，为确保团圆茶饼珍贵，我们已经把茶饼模具毁掉了。”陈主任插话道。

“不过，现在碰到个难题。”陈主任一脸忧愁，说话有点吞吞吐吐。

“怎么了？”姜华还沉浸在成功的喜悦之中，漫不经心地随口一问。

“刚接到通知，说原定的‘首届中国海峡两岸茶业博览会’名称取消，现正式改名为‘首届海峡两岸茶业博览会’，”陈主任焦虑地说，“可我们刚制作好的团圆茶饼上刻印的是第一次文件通知的名称呀。”

“怎么会这样？”姜华内心喃喃道。

但上级文件已下达，我们只能执行。姜华问：“刘会长，那我们按新名称重新制作几块茶饼能行吗？”

“制作时间来不及了呀，仅制作这个大茶饼就要十来天，何况饼模已毁掉。台商从台湾带来的茶叶在上次制作时也已用完。”刘会长说完有点惋惜地叹了口气。

“哦，对了，我和刘会长明天要提早去泉州对接茶博会工作。”陈主任紧接着补充了一句。

真没想到会在这节骨眼上冒出这档子事。姜华内心焦急地反复思考着。此时脑海里仿佛有两个小矮人在争辩。

一个说，要立即重新制作，这么重要的活动，茶饼肯定不能有瑕疵。没有台湾茶叶就去市场上买来替代。

另一个说，不行。只剩下两天时间，茶饼很难制作出来，再说去市场上买茶叶替代，那就失去了当初合作制作团圆茶饼的初衷和意境。

前一个又说，如果用带有瑕疵的茶饼去参加茶博会，被组委会提出异议要求纠改怎么办？

后一个又说，有瑕疵的茶饼总比没有茶饼好，赠送两岸团圆茶饼是“两岸茶人一家亲”活动的压轴戏，可不能因此而功亏一篑。组委会又不会管到那么细，我们事先和参加领赠茶饼的台湾客商解释说明一下就好。

真是各说各的理，姜华现在才体会到什么是选择困难综合征。纠结权衡了半天，按照两害相权取其轻的原则，他心一横说：“算了，不改了！就拿现在制好的茶饼去参加。”

没想到他这个拍板，后来的确留下了一丝遗憾。

2007 年 11 月 16 日，首届海峡两岸茶业博览会在泉州“海峡情·

茶之韵”大型文艺演出中拉开序幕。

武夷山展馆就设在泉州展览城二楼东侧，面积约500平方米。大茶馆仿宋代装修风格在展览城中格外醒目。展馆入口两侧宽大门槛处挂着一副“忆当年六棵母树五百年流芳，看今朝数亿红袍千万里飘香”对联，据说这副对联是福建省委书记当年到武夷山调研时写下的佳句。入口处上方“武夷吃茶去”分外引人注目。

17日上午，展览城一开馆，姜华就来到武夷山展馆，想再次检查一下“两岸茶人一家亲”活动准备工作情况。细节决定成败，这是他几十年工作的体会。

“文富，上午来参加活动的嘉宾名单都落实了吗？”他向旁边政府办的小杨问道，“要特别关注等下参加互赠茶饼、茶苗仪式的台湾客商，要落实周到、安排好。”

“昨天已通知了一次，现在马上再落实一下。”小杨回答。

“领导和嘉宾名单确定后，抓紧安排席卡，摆放在座位上。”

“是。”

小杨是政府办的秘书，对接姜华分管的农业农村这部分工作，小伙子头脑灵活、勤奋好学、做事踏实，又是农业科班毕业，他办事姜华还是很放心的。

“李团长，茶饼和茶苗已交给你们，要指定专人看管，别损坏或弄丢了。”来到表演舞台区，姜华对正在忙碌的艺术团李团长特地做了交代。

“好的。”

“陈主任，你过来下。”姜华对在展馆转悠的茶管办陈主任招呼道，“你们组织的32家参展茶企都到齐布好展了吗？”

“我刚检查了一遍，不错！32家茶企老板都亲自来，还带来了泡茶的茶艺小姐，统一服装，形象蛮好。”陈主任回答时有点得意。

“很好！茶管办这次工作抓得实。”姜华高兴地表扬了一句。

“陈主任，这次表现不错，大有进步呀。一大早就亲自到展馆抓检查落实工作。”旁边文体局一个副局长诙谐打趣地说了一句。

“陈主任，以后组织茶旅营销活动都要像这次一样积极表现哟！”

艺术团李团长也紧接着笑捧起来。

半小时后，武夷山展馆入口处传来一阵喧哗交谈声。只见一个短平头发、身材高挑匀称、颈背微弓的中年男子有说有笑地率着众人向展馆嘉宾区走来。

“郑副局长、刘会长，市委领导、嘉宾来了，我们去迎接下。”姜华对身旁两位同事说道。

不知啥时候，陈主任已在展馆入口处恭迎市委领导一行人。他满脸红光，喜笑颜开，身体微弓前倾地引领着领导、嘉宾行走，还时不时伸出左手臂拦挡着迎面对撞的行人，脸上习惯性地集聚着灿烂的笑容。

“各位领导、嘉宾、女士们、先生们，大家上午好！欢迎大家来到武夷山‘两岸茶人一家亲’活动现场。”艺术团主持人小冯待领导和嘉宾入座后，轻盈步入舞台中央，轻车熟路，亮起莺鸣清悦的嗓音。顿时，现场安静下来。

“千载儒释道，万古山水茶，缘聚武夷，茶和天下。一百多年前武夷山和台湾因茶结缘，一百多年后两岸茶人又因茶而相聚。”身穿紫色长裙、手握麦克风的小冯苗条婀娜，端庄秀丽，饱含深情，字正腔圆地对着台下嘉宾说起开场词，“下面有请武夷山市政协肖主席上台致辞。”

政协肖主席今天特地穿了套藏青色西装，系了一条红色带金丝的领带，感觉一下显得年轻活泼多了。他迈着稳健步伐走上台，没有用通常公式化的官方致辞，而是手拿麦克风像和亲人老友叙说家常似的，娓娓叙述出一百多年前武夷山大红袍和冻顶乌龙的故事。

“1855 年，台湾南投县鹿谷乡有一位名叫林凤池的青年，他家境贫寒，只身前往福建参加科考，考中举人后，途经武夷山。为报答家乡父老的关心支持，他向天心永乐禅寺方丈要了 36 株乌龙茶苗，带回台湾分给乡亲们种植，其中有十多株在冻顶山种植成功，成就了今天的冻顶乌龙茶。我们这次制作团圆茶饼，就是想让嫁出去一百多年的女儿繁衍的后代回家省亲团圆，两岸茶人一家亲呀！”

政协肖主席声调不高却很有穿透力，情绪有感染力。台下观众被他声情并茂的述说及活泼诙谐的语言所感染。他话音刚落，展馆里就传来热烈持久的掌声。

接下来是茶艺表演，武夷山艺术团的茶艺小姐恭敬地从台湾来宾手中接过从冻顶山取来的山泉水，优雅地坐在精美别致的茶席旁，活煮甘泉，焚香静气，叶嘉酬宾，乌龙入宫，高山流水……十八道茶艺表演得淋漓尽致，娴熟优美，让全场嘉宾真正体验到天地人和的意境。

在茶艺表演当中，舞台上穿插着举行武夷山与台湾南投县互赠茶苗活动。

就在展厅观众为刚才的活动拍手点赞时，台上又响起主持人小冯悦耳的声音："下面将进入本次活动最精彩的环节。"小冯说到这儿还故弄玄虚地打住话头，目光扫视了一遍台下嘉宾，见有不少人交头接耳猜测。她莞尔一笑，轻快明亮地报出："下面有请武夷山茶业同业公会刘国英会长和台湾崇德茶叶联谊会陈执行长上台领赠两岸团圆茶饼。"

陈执行长就是本章开头提到的从停机坪急匆匆走出机场大厅的那个瘦高个、举止斯文的台湾客人。伴随着轻柔的乐曲，在两位漂亮的礼仪小姐指引下，他和刘会长兴高采烈地登上舞台。

"现在有请武夷山市政府姜副市长上台给两岸茶人赠送团圆茶饼。"小冯如莺鸣悦耳的嗓音再次响起。

姜华一直在关注"两岸茶人一家亲"活动的进展，见前面几项反响不错，眼看就到最后环节了，心里反而有点紧张不踏实起来。他不断叮嘱自己，要稳住，千万别在最后关头掉链子。

听到主持人的介绍，姜华赶紧整了下西装下摆和领带，生怕自己在这庄重场合因衣冠不整丢份儿，看看还行，就轻快矫健地登上舞台。他小心翼翼地从礼仪小姐手中接过两份精致的团圆茶饼礼盒，分别郑重地赠送给刘会长和陈执行长。

刹那间，姜华似乎有种神圣的感觉，感受到完成一项神圣历史使命的快感。两岸人民的祈盼、历史的重托仿佛在他双手赠送茶饼的瞬间得以实现。台下的掌声、赞叹声、欢呼声、镁光灯，让人感觉有点

飘飘然。

商品的社会属性是价值，自然属性是使用价值。然而，姜华在几年茶旅营销实践中感悟体会到：一种商品被赋予了文化属性，那这种商品就有了灵魂与鲜活的精神思想，它能打开消费者的心智，提高认知，其商品价值就不仅仅局限在使用价值，它还有更高的文化价值，商品价值的总和就会呈几何级数增长。

一次，姜华组团在北京举办茶旅营销活动，与来宾聊茶时说道：如果卖给你大红袍茶叶时什么都不说，你会觉得花100元解渴太贵，性价比不合适。可当我教会了你冲泡茶艺、如何品饮大红袍茶时，你对茶叶的认知有了一个新的提高，会觉得500元一斤也值，因为你从品茶中学到了茶知识，享受到茶艺乐趣。如果我再给你介绍大红袍历史传说及毛主席赠送四两大红袍茶叶给美国总统尼克松的“半壁江山”故事，此时你对大红袍茶叶会自然而然地心生敬意，觉得1000元一斤也能接受。因为此时你感觉到了大红袍茶叶的珍贵，以及能亲自品饮这名贵的大红袍茶的荣耀。这就是文化赋予产品的魅力在增值溢价。周围的来宾一边听姜华讲述，一边频频点头，拍手称赞。

如今，姜华又赋予了一个普通的茶饼两岸茶人团圆的文化内涵，这茶饼的价值就大大超出了普通茶饼的商业价值，这种价值很难用价格来衡量。

团圆茶饼的共融共制、互赠互藏，回归了历史，见证了当下，寄托了愿景，展望了未来。正因如此，互赠仪式一结束，就引发各界关注，新闻媒体更是竞相报道。台湾的东森电视台等媒体做了大篇幅专题评述，一度引发岛内热议。

“姜副市长，祝贺你们，上午‘两岸茶人一家亲’活动举办得非常成功，很有意义。”下午，展馆内一个齐耳短发、戴着眼镜的中年女领导模样的人，兴冲冲地和姜华握手相叙。

姜华愣了一下，好像在哪里见过此人，可一时又想不起来。“这是泉州市委宣传部章副部长。”旁边武夷山市委宣传部的张副部长见状，悄悄给他耳语。

“感谢你们的支持关心。”姜华委婉客气地回答道。

“姜副市长，据我所知，两岸茶人用两岸有故事的茶叶共同制作一块这么大的团圆茶饼，可能目前这在全国还是首创。”

“是吗？”姜华听泉州市委宣传部章副部长这么一说，欣喜万分。心想，当初制作两岸团圆茶饼时，市台办一向上级部门发出邀请，国台办、省台办就立马派人参加，原来如此呀。姜华心里未免有一点自豪和欣喜。

“姜副市长，跟你商量一件事，看下武夷山能否赠送我们一块两岸团圆茶饼？”章副部长不愧是闽南人，有股爱拼才会赢的劲，初次见面就快人快语提出请求。

见姜华没回答，她怕姜华误解又解释说：“泉州闽台缘博物馆刚建好，这是全省第一个两岸文化展示大型博物馆，现在正在收集重要文史资料和物品。我觉得你们这次制作的两岸团圆茶饼很有意义，博物馆想收藏展示。”

姜华一听，真是心花怒放。团圆茶饼能被闽台缘博物馆收藏，那今后的宣传影响力肯定不小，对武夷山茶产业的品牌将会有较大提升，说不定茶饼将来还有可能成为历史文物呢。

梁天雄摄

姜华刚要点头答应，忽然想到茶饼上刻印的文字是“首届中国海峡两岸茶业博览会”，和当下海峡两岸茶博会的正式名称不相吻合。嘿！没想到这个差错在这里被卡住。他担心如果这个“错版”的茶饼放在闽台缘博物馆展览，万一被媒体炒作，会惹下一些麻烦，为慎重起见，只能忍痛割舍这个机会了。

“对不起，章副部长，感谢你的厚爱和关心。可眼下这个茶饼我们还不能赠送给博物馆。”姜华有点愧疚地说道。

“为什么？”章副部长满脸诧异不解。当她听完姜华一番解释后，遗憾地笑笑：“姜副市长，你考虑得周全，那以后我们再找机会合作。”

唉！姜华没想到当初的着急拍板，会造成此时的憾事。

活动结束，陈主任、刘会长、陈执行长都被各新闻媒体记者围堵采访。

“两岸团圆茶饼不仅回归历史，而且回归了两岸人民的感情。我会记住这一历史时刻，好好珍藏武夷山市政府赠予的这块团圆茶饼，并希望今后两岸茶人进一步加强合作，实现共赢。”台湾崇德茶叶联谊会陈执行长不愧是有远见的资深收藏家，面对众多媒体记者的采访，他从容淡定，激情满怀，一番发自内心的深情话语，久久在展厅上空回荡。

2008 年 10 月，姜华随团到台湾考察招商，在某茶业同业公会办公室的正堂桌案上，看到摆放着一块首届海峡两岸茶博会武夷山制作的团圆茶饼，望着这熟悉的茶饼，心里好生纳闷起来，他们怎么会有这块茶饼呢？事后一打听，原来这个茶业同业公会觉得该团圆茶饼很有纪念意义，就和当年参加制作的某茶企业李总经理商量，李总将收藏的茶饼转赠给茶业同业公会保管展示。

姜华此时想起李商隐的一句诗：“深知身在情长在，怅望江头江水声。”台湾茶业同业公会对团圆茶饼的保管展示只是外在形式，或许他们更想表达的是自己内心的期盼与愿景，是一种茶缘，一种情谊，一种乡愁的寄托吧！

第四章

大红袍红遍冰城

2008 年 6 月，武夷山市政府首次组团参加第二届黑龙江省茶博会，欢快的秧歌把大红袍带进东北。

（资料翻拍　金文莲摄）

6月的一天，姜华办公室虚掩的门被推开，进来一位陌生之客。这个人看上去三十多岁，身材不高不胖，留着板寸头发，脸庞轮廓棱角分明，古铜色的皮肤像是远航归来的海船甲板，印记了不少风雨浪花的磨痕。小鼻梁上的眼镜后面，一双深邃乌黑的眼睛里透射出焦虑、期盼的目光。这是一个荒岛上孤立无助焦急待援人的目光，一个让人瞥了一眼就挥之不去的目光。

随同而来的茶业局陈局长介绍道："这是哈尔滨龙游九洲会展公司总经理祝先生，也是武夷山人。"

茶管办在2007年年底正式改设为茶业局，陈主任顺理成章当了局长。

"姜副市长，我这次是专程来向家乡政府领导求援了!"刚寒暄完就座，祝经理立马毫不掩饰、开门见山地说出来意。

求援，什么意思？难道出了什么事吗？陌生之客没头没脑的一句话让姜华有点蒙。

见姜华有些诧异不解，一脸茫然，祝经理稍微停顿，似乎意识到自己有点唐突，于是转换了下口气，继续说："今年6月末，想请家乡政府帮忙支持一下，多组织些茶企业去哈尔滨，参加我承办的黑龙江省第二届国际茶文化博览会。"

姜华来武夷山工作时间也不短了，遇到过不少会展公司招商，但像祝经理这样开门见山、猴急直白地招商还是头一次见。

"你怎么会想到回来请家乡政府组织茶企去几千公里之外的哈尔滨展销？"姜华有点不知就里地问。

"我要为武夷山大红袍争名位，为家乡人争口气!"姜华不经意的问话似乎触动了祝经理心灵的伤痛。他那眼镜片后面的眉毛顿时舒张开来，两眼圆睁，语气由缓变急，由轻变重，口气也变得生硬了。

"祝经理创办会展公司还有故事呢!"陈局长见他情绪有些激动，赶忙打岔。

"是吗？说说看。"姜华从和祝经理的交谈中也感觉到这年轻人有点故事，饶有兴致地想探个究竟，于是微笑着走到祝经理面前给他续上茶水。

祝经理沉思了一会儿，用手轻轻往上推了下滑落的眼镜，回忆起一段往事。

“那还是两年前的事了。2006 年，我在哈尔滨做旅游时发现，东北茶叶市场上没有武夷山人经销正宗的大红袍茶，大都是一些‘广西大红袍’‘北京大红袍’‘广东大红袍’，这使我百思不得其解，难受憋屈，但同时也看到商机，于是就决定在哈尔滨经销家乡的正宗大红袍茶。”

“有一次，我带着武夷山大红袍茶去哈尔滨一个国际茶城参加展销。可没想到，主办方人员不让我把大红袍茶叶摆上展销架。我懊恼不解地问为什么，主办方说：‘东北人不知道武夷山大红袍是什么，不要摆上展架。’临走时还扭头甩了一句话：‘没人懂，没市场，摆了也没用。’”

“真是岂有此理！我不理睬他们，依旧把大红袍茶叶摆上展架，可他们发现了又责令我拿下来。我屡次上架，他们屡次要求下架。当时，我心里那个气呀，恨不得揍他们一顿。”说到动情处，祝经理古铜色脸庞透出红潮，右手情不自禁攥起了拳头，眉头紧锁，黑眼珠里冒出愤懑的目光。

“还有这样的事？”这一年多，姜华组织茶企业外出展销，也走过上海、北京等十多个城市，还是第一次听说主办方不让茶企业摆大红袍茶展销，内心顿时替祝经理鸣不平。姜华现在理解祝经理为什么要急匆匆回家乡来求援了。

“武夷山大红袍茶是全国十大名茶之一，没想到哈尔滨某茶城会展主办方会这么瞧不起！”祝经理愤愤不平地继续说，“一气之下，我在去年 5 月自己注册创办了一家会展公司。我要用办展的方式把家乡的大红袍茶宣传推销给哈尔滨老百姓。去年试办了首届茶博会，有点效果。今年我准备举办第二届，想把茶博会规模做大，影响效果扩大，所以今天冒昧回家乡向政府求援了。”祝经理一口气说完，把那束期盼、信任、焦灼、希望的目光投向姜华和陈局长。

感动是情绪的一种。当一个人的思想感情受到事物的影响而激动产生共鸣时，就会引发同情和向慕。此时的姜华就被眼前这位年轻人

质朴率真的个性与挚爱家乡的情怀和行为所感动。如果武夷山人都能像眼前这个年轻人一样，热爱家乡、热爱大红袍，那武夷山茶旅品牌红遍中国、走向世界就为期不远了。姜华此时真想立即帮助这位年轻人组织一场规模较大的武夷山大红袍专场推介会，并邀请那几个曾阻拦他把大红袍茶上架展销的主办方人员来参观，替他出下心里那口闷气。

“我觉得东北市场是个茶叶新兴市场，有潜力，过去我们一直没有组织茶企业到那里营销推广，那里是个营销的盲点，宣传的空白点。这次，我们可以借助第二届哈尔滨茶博会平台，认真组织一次武夷山大红袍营销宣传活动。”陈局长似乎也受到祝经理坎坷经历的影响，难得态度鲜明地说出自己的意见。

“说得对！”姜华欣然赞同陈局长的意见，“要精心组织好这次哈尔滨的武夷山茶旅营销活动，这不仅是对祝经理热爱家乡情怀和行为的支持，更重要的是借助此次机会拓展东北市场，重走万里茶路，让武夷茶走向世界。”

姜华在武夷山工作这一年多时间里，已深深喜爱上这片神奇的树叶。这片承载着厚重人文历史文化的树叶，带动了一方百姓致富奔小康。

他想起当年原农业部一位老部长在武夷山调研茶产业时，曾书写赠送他的八个大字：茶和天下，富我中华。话语里寄予了老部长多少殷切期望呀！他感觉这次哈尔滨茶旅营销非常有必要。

然而，面对当下武夷山大红袍有名茶没名牌，有文化没效益，高高在上，普通百姓望而却步的尴尬局面，姜华也心急如焚，总想尽自己的努力去扭转局面，让神坛上的大红袍走进寻常百姓家。

眼前的机遇，再次点燃姜华内心澎湃的激情。他不想放弃这难得的机会，于是十分郑重地交代陈局长，要把这次哈尔滨的武夷山茶旅营销活动办得丰富多彩，要让大红袍红遍冰城。

哈尔滨的夏季气候温热，空气湿润，环境舒适。这是哈尔滨一年中最爽朗、轻快、活跃的季节。在 2008 年（第二届）黑龙江国际茶文化博览会隆重开幕之时，一个由黑龙江省文化部门和省老年协会共同举办的十二个地级市扭秧歌大赛也如期同步举行。

东北秧歌形式活泼、诙谐，风格独特，是当地群众普遍喜爱的一项文艺娱乐活动。当姜华听说哈尔滨在茶博会期间有扭秧歌大赛时，敏锐察觉到这是一个借船出海、借台唱戏，宣传武夷山大红袍的大好契机，随即安排茶业局与扭秧歌大赛活动组委会对接洽谈。

然而，初次洽谈并不顺利。当年东北地区人们市场经济意识的淡薄与耿直、急躁的性格让陈局长和祝经理碰了一鼻子灰。陈局长回来汇报完此事，嘴里还嘟囔道："这些东北人真是死脑筋。"

祝经理心有不甘，年轻人不服输的倔脾气又上来了。他心想，自己好不容易请到家乡政府领导来站台支持，如果这点事都做不好，以后还怎么有脸回去见江东父老？

他脑瓜子灵光一闪，对呀，何不找个熟悉的领导帮忙协调下呢？他想到黑龙江省委办公厅一位领导对武夷岩茶很感兴趣，也曾提出过宣传设想，于是，他立马联系了这位领导，领导听闻武夷山市政府有意愿来参加茶博会很是开心。在领导的协调下，他和陈局长再去洽谈时，效果就大不一样了。扭秧歌大赛活动组委会愉快答应了与武夷山市的合作。陈局长乘势而为，提出赞助每名扭秧歌大赛参赛队员一套文化衫和小红帽，并为大赛的冠、亚、季军特制一份武夷山大红袍精美礼品茶，但要求大赛组委会在每件文化衫和每顶小红帽上印上武夷山茶旅宣传语，并在颁奖仪式上由武夷山市政府领导为获奖团队颁奖。洽谈结束，大赛活动组委会领导竖起大拇指说："你们办事杠杠的。"

6 月 27 日一大早，冉冉的红日露出明媚灿烂的笑脸，和煦的阳光早早就洒向千家万户，催促着还窝在家慵懒未出门的人们尽快前往会展中心广场。

此时，会展中心广场已成为一片红色的海洋，红色的条幅随风猎猎作响，红色的气球腾空飞舞，数十个红色巨型拱门躬身列队，迎接蜂拥而至的嘉宾和市民。"国茶武夷山大红袍""世界双遗产　纯真武夷山""大红袍、红天下"等广告宣传语一眼望不到边。

2500 多名扭秧歌大赛参赛队员，身穿各式艳丽多彩的服装，有的手执大红手帕上下翻飞，有的手拿粉红色大蒲扇左右摇摆，有的腰系红绿彩绸带，踩着节拍前后挥舞，左右挪闪。被严冬冰封、冷寒裹藏了太久的哈尔滨人，早想从那压抑憋屈的环境中解脱出来，尽情释放一下。整个中心广场和红旗大街已是红浪滔滔，人声如潮。要不是亲眼看见他们欢快有力、灵活多姿的秧歌舞步，你很难想象这些踩着欢快鼓点、兴高采烈的秧歌队员都是一些六七十岁的大妈大爷。

走在姜华面前欢快扭动的是齐齐哈尔发电总厂秧歌队，清一色的六七十岁大妈，每个人脸上都洋溢着灿烂的笑容。她们身穿印有“武夷山大红袍”“喜迎奥运”字样的红色文化衫，腿套白色灯笼裤，头戴印有“武夷山”字样的小红帽，一手摇动着绿色桃蒲扇，一手舞动着粉红大手帕。鼓声落地，手舞腰闪，眼放笑容，眉头舒展，诙谐逗趣，引来街边观望人群一阵喝彩，好不让人羡慕，就连秧歌方队前面两个举着“大红袍、红天下”横幅的大爷也不甘落后，踩着鼓点，前后扭摆，兴高采烈地扭着前行。

“这些大妈年纪这么大了，还扭得这么好，真不简单！”街道两旁观看的人群中时不时发出赞叹声和鼓掌声。

“咦，怎么这次秧歌队伍中那么多人都穿着‘武夷山大红袍’字样的文化衫跳舞？”人群中有人迷惑不解地问同伴。

“不知道呀！我刚才也寻思这事。”一个大妈回答。

“你看每个秧歌方队前面都举着一条横幅，写的都是武夷山茶叶旅游的宣传标语。”另一个人手指着踩街游行方阵说道。

“我好像听说这次扭秧歌大赛，武夷山政府出了老鼻子钱赞助呀！”一个中年高个子男人接过了话茬。

“哦！原来是这么回事。”前面几个有疑问的大妈似乎明白了。

“大红袍是什么？”一个大妈又问。

“不知道。”被问的大妈摇摇头。

“我知道，大红袍是武夷山产的一种很好的茶叶。”一个中年妇女有些得意地回答。

望着人潮涌动的秧歌队，听着人群中交头接耳的对话，姜华心里涌出一股酸楚的惆怅，没想到东北人对武夷山、对大红袍的了解是如此之少。他深切理解了祝经理当年为什么会产生通过办展让武夷山大红袍亮相冰城的冲动与激情。惆怅之后，姜华又感到一丝欣慰和惬意。当初决定赞助扭秧歌大赛时，心中要的就是今天这个场面的宣传效果。眼下，只有用这种东北老百姓喜闻乐见的形式，铺天盖地轰炸式的集中宣传，才能够在最短时间内迅速吸引老百姓的眼球，引起他们的关注和共鸣。

姜华知道勤俭节约了一辈子的大妈大爷们，在扭秧歌大赛活动结束后，是舍不得丢弃今天穿在身上的文化衫的，还会洗干净反复穿。那两千多人今后都是移动的武夷山品牌宣传员。而那获奖的几百名扭秧歌队员，当他们拿出武夷山市政府赠送的大红袍礼品茶与家人朋友分享时，不是又成了武夷山大红袍茶的推销员吗？想到这些，姜华心里美滋滋的，这点钱花得值！

中午时分，扭秧歌大赛休息时间。茶博会会展中心展馆里拥入两三百名大妈大爷。武夷山大红袍展区内顿时热闹非凡。红衣白裤、绿衣黄裤在熙攘的人群中穿梭不息。

扭了一上午秧歌的大妈大爷们，都想利用这休息时间近距离看看大红袍茶是啥样，亲身体验一下喝大红袍的感觉。看茶、问茶、喝茶，把武夷山二十多家参展茶企业忙得不亦乐乎。

在展馆东门墙边上，有两个六十多岁的老大爷，穿着白色文化衫和粉红色灯笼裤靠墙席地而坐。两个人显得有些疲惫，他俩把“大红袍、红天下”横幅展开，旗杆斜靠在墙上，一边坐一个，手扶着旗杆，不让它倒下，嘴里啃着自带的馒头。姜华见状，心头一热，暖流传遍全身，赶忙吩咐人给大爷送去热茶。多么尽心尽责的好大爷！

东北人生性耿直豪爽，爱整酒，不习惯喝茶，更不讲究喝茶的形式。招待客人用搪瓷缸或大瓷碗泡上一点茉莉花茶已属难得。

据说清朝慈禧太后十分偏爱痴迷茉莉花茶，当年旗人里不少皇亲国戚就以喝茉莉花茶为荣，将其视为身份的象征。延续至今，东北人喝茶也就偏爱花茶。对于武夷山大红袍茶，他们了解得不多，甚至感到有点遥远和陌生。

29 日下午，姜华和政协肖主席来到哈尔滨 998 省交通广播电台，

参加武夷山大红袍对话直播节目。著名电台主持人于静，一个留着披肩卷发、有着椭圆形白里透红的脸蛋、散发出妩媚知性风韵的姑娘，说话爽朗又甜美。她热情接待了他们，特地从办公室里拿出茉莉花茶给他们各冲泡一杯，浓郁的花香顿时扑面而来，沁人心脾。

“好香的花茶。”姜华脱口称赞道。

“听说武夷山大红袍茶也很香，但和花茶的香不一样，是幽幽的香，能让人慢慢回味是吗？”于静问道。

“于记者，你也知道我们武夷山大红袍茶？”姜华忽然有点他乡遇故知的感觉，欣喜地与她交谈。

“了解得不多。”于静面带羞涩地说，“这不，因今天要主持大红袍对话直播节目，我前几天就恶补了下武夷山大红袍有关知识，还找了两个喜爱喝大红袍茶的朋友请教。”

“小于姑娘做事还挺认真敬业呀！值得我们学习。”政协肖主席插话，“武夷山大红袍茶香气幽雅，茶水甘甜，滋味醇厚，还有降血压、降血脂、解油腻的保健功效。你可以试着喝下，说不定以后就会爱不释手了。”

“喝武夷山大红袍茶有点讲究，泡茶水最好用山泉水或纯净水，茶具最好用盖杯或紫砂壶。如没有，那茶具最简单也要用个飘逸杯，这样泡出来的茶才好喝。”姜华也不失时机地宣传武夷山岩茶。

“什么是飘逸杯？”于静听后不甚了解地问道。

“飘逸杯就是一个圆形杯，杯内有一个内胆小罐，用来投放茶叶。”姜华比划着细说它的外形、功能和用途。

忽然，于静一拍巴掌，好像想起什么：“哎，上个月普洱市来做节目，赠送了我一个茶杯，当时不知道怎么用，就一直搁在柜子里。我去拿来给你们看看是不是飘逸杯。”

说话间，于静已叫助理小黄姑娘把柜子里的茶杯拿出洗净放在他们面前。

“这就是飘逸杯呀。正好我包里有两泡大红袍茶叶，我冲一泡给你们品尝一下。”

姜华用煮沸的开水提壶高冲，飘逸杯内的茶叶随着热水的冲力，上下翻滚后又慢慢舒展开卷曲的身躯，茶汤渐渐变橙黄色。几秒钟后，按下杯罐上边沿的按钮，橙黄清澈的茶汤顺流而下，倾注到茶杯中，拿出杯中的内置小罐，顿时茶香四溢，幽香扑鼻。他们把茶汤分别斟给于静和演播室里的其他几个人，并引导她们如何品饮大红袍。

于静和另外两个姑娘认真听着，有模有样地学着，一闻二看三品。"于姐，这大红袍茶的确好喝啊！喝完后满口腔甜甜的。"一个助理姑娘惊讶高兴地分享感受。

"是呀！我也有这感觉，而且还两颊生津。"于静由衷欢喜地说，"以后我这飘逸杯可大有用处了。"

看着眼前三位姑娘学品大红袍茶的神态表情，姜华想起这与昨天几个俄罗斯姑娘学喝茶如出一辙，新鲜、兴奋、好学好问，还时不时窘相百出，特别可爱。

昨天，武夷山在哈尔滨索菲亚广场上，举行了一场"浪漫武夷，风雅茶韵"大型茶旅宣传推介会。

广场中央的舞台上，武夷山艺术团的姑娘们身着彩衣，翩翩起舞，表演着具有武夷山风情的茶歌舞，优美的舞姿、动人的民俗乐曲吸引了不少市民驻足观看。

舞台下，二十多张茶席坐满了茶客，粗犷豪迈、大大咧咧的东北人，第一次感受到武夷山人的柔情和大红袍茶的幽香。在东南角一张茶席上，不时传来一阵阵甜美爽朗的笑声，原来是七八个俄罗斯姑娘在跟茶艺小姐学习品啜大红袍茶。

初夏的哈尔滨，阳光和煦，俄罗斯姑娘们被一整个寒冬严严实实裹住，已压抑了许久，早就想尽情释放下心情，展现自我。这不，初升的太阳刚普照大地，她们就迫不及待地脱去厚实的外套，换上艳丽时尚的长裙，有两三个大胆的姑娘还穿上了吊带裙。高挺的鼻梁，白皙的酥肩，令她们显得十分活泼、性感、迷人。她们新鲜好奇，像模像样地跟着茶艺小姐学习，笨拙的手势，滑稽的表情，以及不协调的品啜方式带来的"扑哧"呛水声，引起一些围观茶客的哄笑。

经过演播节目开始前的交流沟通，于静似乎对武夷山大红袍有了不少理解和感知。在接下来一个小时的直播节目中，她和姜华他们配合得相当默契，通俗、诙谐、有趣地把武夷山茶旅热点知识介绍给了东北听众。

节目直播时，有个听众打电话进直播间，问："大红袍是什么东西？是件衣服吗？"

估计这位听众是半路进来的，没听到前面的节目内容。姜华克制住自己想笑的念头，正准备回答："姑娘，大红袍不是衣服，是茶叶。"

还没等他开腔，主持人于静却抢先用她那甜美的声音委婉地回答："姑娘你好！感谢你打来电话参与我们电台的节目互动。你很有想象力，也说对了一点，大红袍是和衣服有点关联哟，那它到底是什么呢？"说话间，于静用咨询的目光望着武夷山两位嘉宾。那意思就是，这个问题由谁来解答？

姜华朝政协肖主席那里努努嘴，用眼神告诉她，请主席回答。

于静立马心领神会，娴熟地播报："我们现在请武夷山市政协肖主席跟听众朋友说说大红袍的美丽传说。"

政协肖主席这几年正牵头组织编辑一部巨著——武夷山《茶经》。他对武夷山茶文化相当熟悉，历史故事、美好传说信手拈来，请他来说简直是小菜一碟。

直播间麦克风里传出肖主席喜悦而富有感染力的声音。

相传在古代，有个秀才进京赶考，途经武夷山病倒，巧遇天心寺方丈。方丈采来九龙窠半崖壁上的茶叶，泡茶水给秀才服下，没多久，秀才病愈。他继续前往京城，并且考中了状元。他恳请皇帝恩准，专程回到武夷山，向天心寺方丈谢恩。方丈带他来到九龙窠茶树下，状元跪叩膜拜。

返京时，状元向方丈要了一盒九龙窠半壁上的茶叶准备敬献给皇上。进京后正遇上皇后肚疼鼓胀，他立即用带来的茶叶冲泡茶水给皇后服下，果然茶到病除。皇上龙颜大悦，将一件大红袍交给状元，令他代表皇上前去武夷山封赏。状元到武夷山九龙窠后，命人将皇上赐给的大红袍披在茶树上。说来也奇怪，等掀开大红袍时，三棵茶树的茶叶红光闪闪，人们都说这是大红袍染红了茶树。从此，人们就将这三棵茶树称为大红袍。

说实在的，姜华从心里佩服主持人于静良好的专业素养，她的机敏睿智。如果当时按他的意思回答，不仅会让听众尴尬，而且可能会产生逆反效果。于静巧妙地化解了尴尬，还引发出一段大红袍美丽的传说。让东北人了解了武夷山，了解了大红袍茶，收到了意想不到的好效果。

“武夷山这么美，这么神奇，赶明儿我一定要带着家人去那里旅游。”

“大红袍茶原来这么好，有文化，俺寻思明儿个抽空去茶博会会展中心转转。”

直播节目二十分钟的听众互动环节中，听众打进来的电话很火爆，把主持人于静和武夷山两位嘉宾忙个不停。

“亲爱的听众朋友们，感谢大家参与我们998交通台武夷山大红袍直播活动。”主持人于静眼看一个小时的直播时间已到，再不收尾就要超时，影响后面的节目演播，于是说道：“为感谢听众朋友的关心，我台节目组和武夷山市政府商定策划一个72小时导购活动，听众朋友如想进一步了解大红袍、购买大红袍，节目结束后可以打电话报名。明天下午2点，在电台大楼东门口集中，我台节目组小黄姑娘会举着一面黄色的三角旗等候大家，并组织大家到茶博会会展中心武夷山展馆看茶、品茶、购茶。”

晚饭后，姜华和政协肖主席马上召集参展的二十多家茶企业开会。晚上8点，忙了几天的茶企老板们陆续来到酒店会议室。见人已到齐，陈局长习惯性地清了两声嗓子，说：“今晚请大家来开会，主要是商议个事。上午，我们到黑龙江省交通台做直播节目，效果出乎意料的好，电台节目组策划了个72小时导购活动，明天下午将组织有兴趣的听众专程来武夷山展馆看茶、品茶、购茶。”

“好呀！这是件大好事。”

“政府组织营销就是比我们单枪匹马出来有效果。”

“东北武夷茶叶市场基础弱，今后政府要像这次一样多组织几次来宣传推介武夷山茶。”

陈局长话音刚落，会议室里的茶企老板就你一言我一语说个不停，三天的哈尔滨展销使他们也感同身受。

“大家静一静。”陈局长见底下交谈声太杂，便提高了嗓门，“根据姜副市长和肖主席的意见，为配合好这次购物活动，我们要求明天下午各茶企业要认真做好接待宣传工作，同时对所有购茶的消费者实行优惠价购茶，优惠率10%~30%，茶购得多就优惠得多。”

“优惠打折是要的，可优惠折扣率好像高了点呀。”

“政府能否也出点钱补贴下优惠折扣率？”茶企老板们你一言我一语地议论起来。

商人追逐利益最大化是本性。可姜华却始终认为茶业应该是事业第一位，生意第二位。事业更注重理想、情怀与抱负，而生意更注重当下利益。茶商不能跟普通商人一样，只局限于赚钱，他们还应有事业的追求，理想的实现，文化的传承与弘扬。没有格局的茶商成不了大事。

见茶企老板们议论纷纷，看法不一，姜华把自己的想法推心置腹地和大家聊起来：“目前东北市场对武夷岩茶来说就是一片肥沃的荒地，是机遇也是挑战。要想荒地上长满果实，拓荒者就必须有全局的、长远的意识，不能只顾眼前蝇头小利，捡了芝麻丢了西瓜，得不偿失。这次优惠购茶活动，其目的就是让东北老百姓了解武夷山大红袍，接受大红袍，喜欢上大红袍，逐步增强购买意愿。只有让武夷山大红袍走进寻常百姓家，红遍冰城，大红袍才能在市场上站稳脚跟。茶叶专家骆少君曾经说过：‘武夷岩茶一旦被消费者真正感悟之后，便会产生强烈的偏爱及至无限的忠诚。’到时候你们还担心没有利润吗？”

会场安静了许多，有不少茶企老板点头赞同。姜华话锋一转：“再说茶叶销售价格都是你们企业自己定的，其中溢价多少，利润空间多大，我也知道个大概。”听完姜华这么一说，茶企老板们面面相觑，不再说什么，有几个还抿嘴偷笑。

“好吧，就按政府说的办。”

第二天下午，茶博会会展中心武夷山展区比其他地方茶类展区更

梁天雄摄

加热闹。黑龙江省998交通台小黄姑娘，举着小黄旗引领着八十多名听众，遍布武夷山展区里二十多个展位。西侧两个展位里聚集的多是些年纪大的听众，他们看茶、喝茶、问价，在大红袍产品展架前徘徊。

“老板，你这茶叶价格还能便宜些吗?”两位大妈小心翼翼地探问。

“大妈，我们已是按优惠价卖了。”雾源茶企张银生老板爽朗地笑着解释。他就是这么一个豁达开朗、整天乐呵呵的人。

“你们大红袍茶叶刚才喝了是还不错，就是贵了点。我们想每人先买两泡回去试下，行吗?”两位大妈话说出口后感觉也有点难为情，别人买茶都是半斤一斤地买，哪有买两泡茶的。

那几年，市面上大红袍茶包装礼盒最小的也是三两一盒，约十八泡茶。还从来没有人是按一泡两泡来卖茶的。东北大妈的要求，张银生老板还是第一次碰到。

“大妈，两泡茶，我没法卖呀。”张老板搔头抓耳地笑着说，“这样吧，大妈，谢谢你们喜欢我们的茶，我就无偿赠送你们每人两泡大红袍茶吧，以后还请你们帮忙多宣传下。”

“真的吗？那就太谢谢老板了。我们一定帮你们向亲戚朋友们宣传宣传。”喜出望外的两位大妈，没想到武夷山茶老板这么大方，满心欢喜拿好茶叶，用小手帕包裹好，有说有笑地离开了展馆。

展馆东侧几个展位茶桌前，已聚集不少正在品茶的观众，他们全神贯注地观看茶艺，悬壶高冲、春风拂面、关公巡城、韩信点兵……泡茶小妹那优美娴熟的茶艺让他们大开眼界。他们第一次认识到喝茶还这么讲究，第一次感受到茶文化的魅力。

“南方人就是讲究，喝点茶都这么费事，可这样喝茶确实很有美感，是一种享受。泡的茶比我们用大瓷缸泡的茶好喝多了。”茶桌前，几个小伙子、小姑娘边喝茶边交谈着。“是呀，这才是生活，生活就是应该有点仪式感。等下我们也买一两斤大红袍回去享受享受。”邻座几个正在品茶的人也都点头赞许。

下午 5 点半，太阳西垂，展馆广播响起，通知各展位收馆。一群兴奋不已、茶兴未尽的宾客依依不舍地离开了展馆。

两年后，姜华有次出差又来到哈尔滨，一个做房地产生意的朋友带姜华到他在繁华街区租赁的店铺看看，想请姜华帮他设计的高端茶会所参谋参谋，提点建议。

姜华好奇地问：“你这个房地产商怎么又想做茶商了？”

他诡秘一笑，打趣地说：“这还不是叫你给整的。”

“这也和我有关系？”姜华有点丈二和尚摸不着头脑。

他爽快地说：“自从前年你们武夷山到哈尔滨搞了大红袍茶旅营销宣传，现在这里喝大红袍茶的人与日俱增。我老爸老妈那年参加扭秧歌大赛，获奖得了两泡大红袍茶，现也是喜欢得不得了，隔三岔五要我买点大红袍茶给他们喝。再说我的客户中也有不少人节日送礼送大红袍茶，觉得有档次。我感觉这是个商机，就决定试试。”

姜华再次体验到在这酒好也怕巷子深的市场经济时代，酒好也要勤吆喝呀。

第五章

茶山也来个「验明正身」

2008年4月下旬，武夷山茶业资源普查组工作人员上村入户，为茶农答疑解惑。

（张根生供图）

2008年4月下旬，春暖花开，草长莺飞，武夷山茶农开启了一年中最忙碌的做茶时节。

可就在这繁忙的季节里，一天上午，武夷街道柘洋村委会议室不同于往常，人来人往，人声嘈杂，甚是热闹。三十多个村民代表和各村民小组组长及部分茶农放下家中繁忙的茶事，如约来到村里，参加一个会议。

洋墩组茶农李老汉，眼瞅着自家茶山再过几天就能开采了，可采茶的工具还少了些。早饭后，他收拾好摩托车，正准备骑车去市里购置。

儿子回来见老爸要出门，便问了一句："村里不是通知你今天上午要开会吗？怎么还出门？"

李老汉心不在焉地回答："说是开什么茶业资源普查会，我不知道那会是干什么的，不想参加，也没空。"

儿子见老爸一副无所谓的态度，赶忙提醒："听说这茶业资源普查是给茶山登记造册，以后可能要重新调整分配茶山了。"

儿子的一句话，让李老汉止住了脚步。这几年茶叶市场红火起来，他一直后悔前几年没多开些荒山种茶，如果今天村里的会真和重新调整分配茶山有关，那可是大事。他没多想，立马改变主意，骑车赶往村部。

就在李老汉赶往村部时，源头墩组村民代表小肖也正在四处打听茶业资源普查是干什么的，昨晚接到村里秘书开茶业资源普查会的通知后，他心里总感觉不踏实。

前几年，政府鼓励荒山造林，谁种谁有。他响应政府号召，开了不少荒山植树种茶。没想到，这几年茶叶行情好了起来，他赚到了些钱，也引来一些村民的妒忌，已有一些人开始在背后嘀嘀咕咕，甚至有人向村里提出，要按现在最新人口数重新调整责任山和自留山面积。他担心政策有变，也早早赶去村部。

村部会议室里，村委会蒋主任也纳闷起来，今天怎么了？村民们一改平日里开会拖拉散漫的习惯，上午10点不到，村委会议室的排椅上已坐满了人。

而此时，坐在会议室中焦急等候的茶业局张副局长，看到会议室里喧闹的村民，脸上倒是露出微微的笑容，悬着的心慢慢放了下来。

上周，茶业局陈局长和张副局长一同参加了市政府召开的茶业资源普查筹备工作会。会议一结束，回到局里，陈局长就把茶业资源普查工作交给张副局长来主抓。

张副局长是半年前从农委办公室提拔到市茶业局任职的新领导。这是一个身材矮壮的中年男子，浓眉大眼，一副宽边眼镜架在丰圆的脸上，嘴角有两个小酒窝，时常挂着笑容，文雅可亲，蛮有人缘。他刚走上领导岗位，浑身充满了激情，就像盛开的向日葵，充满阳光与活力，热力四射。

听完陈局长的布置，他没有推脱，欣然应允接受。任务虽是接了，可他心里未免还是敲起小鼓点，压力和不安聚集在心头。毕竟自己是第一次独立接受这么重要的工作，以前又没有做过这类资源普查的事。该做哪些事，怎么去做，他一下也是丈二和尚——摸不着头脑。

就说这选试点村吧，原先他带领普查办的人，选星村镇黄村做试点。星村镇是全市茶叶第一大镇，做试点有代表意义，他也和村委干部沟通好了。可不知什么原因，村主任临时变了卦，不同意做试点村。他焦急万分，时间紧，任务重，试点工作陷入困境。情急之下，他急急忙忙跑到武夷街道党工委李书记办公室，费尽心思，言辞恳切说明来意，请求领导支持。

李书记原是农委主任，是他的老领导。听明来意后，李书记二话没说，欣然同意，选定柘洋村做试点，当即安排街道一位分管领导配合协助他工作。

上午召开柘洋村茶业资源普查试点工作动员会。来之前，张副局长心里一直七上八下，担心大忙季节茶农没闲工夫来开会，那就麻烦了。

见参会人员都到齐了，村委会蒋主任宣布开会。他把市里和街道办的工作思路告诉了大伙。话音刚落，会议室里就像热油里倒进水——炸开了锅。村民叽叽喳喳、交头接耳地议论，会场一下变得乱

哄哄的。

“这好好的干吗调查起茶山面积来？”

“听说还要到茶山现场为每户面积画图，弄不好多出的茶山要拿出来重新分配呢！”

“不会吧，以前政策不是鼓励谁造谁有、谁种谁有吗？”

张副局长为开好今天这个试点动员部署会，昨晚还特地加班写了一个会议程序和动员讲话稿，可眼下没等他按计划去实施开展，村民就叽叽喳喳喧闹起来，乱哄哄的气氛、争论不休的声音，已让他没法按部就班去开会。

他没想到会出现这种状况，眉头紧锁，心里在盘算着。此时如果依葫芦画瓢，照本宣科去读那些官样文稿，讲大道理，肯定不受村民欢迎。他们甚至有可能会不买账，中途离场，不开会了。开场没开好，那下一步试点工作就有点麻烦。好在他以前在农委工作时，也常跟领导下乡，经历过一些事情，不至于怯场。

他灵机一动，索性把这场工作动员会改成调研座谈会，让村民充分表达诉求和疑惑。这样既可了解民意，又能在答疑解惑中宣讲政策，一举两得。

参会村民听了张副局长的几句开场白，看他那温和可亲的笑容，渐渐安静了下来。前排有个中年男子，也就是源头墩组村民代表小肖，第一个迫不及待地问：“市里这次搞茶业资源普查，会把茶山收回去重新分配吗？”

“不会呀！谁说我们要收回茶山重新分配？”张副局长有点惊疑，但还是态度坚定地回答了，他没想到茶农心里还有这个顾虑，“我们这次只是普查一下茶业资源家底，不改变现状。茶山原来是谁的，调查后还是谁的。”

“你说话算数？”小肖半信半疑地追问了一句。

“不是我说话算数，是市政府研究决定的呀！”

“这次茶山普查完后，市里能给茶农茶山发证吗？”一位坐在中间位置的年轻人，紧接着站起来大声询问。

还没等张副局长回答，右侧一位弓着背，身材清瘦，说话还有点

气喘的六十多岁老茶农立马站起来反驳：“要发证那不行。政府如要发茶山证，那要先帮我把村里以前分配给我的自留山拿回来。我的自留山被别人抢去种了茶，那发了证，对方不是成了合法占用了？”说完话，他激动得连连咳嗽，细长的脖子上青筋暴出。

望着眼前各说各理、你争我呛的村民，张副局长想起前不久市政府召开的茶业资源普查领导小组成员会，对这次茶业资源普查目标任务的定位也是争论激烈。

农业和统计部门建议，市里这次茶业资源普查，要以发茶山证、建档立卡为目标任务。

财政部门也赞同，说可节约经费，避免浪费。

林业部门则认为，发茶山证就会涉及茶山权属，而权属问题错综复杂，牵涉面广，有历史遗留问题，也有现实情况，仅仅依靠普查工作人员，在这短短两三个月内是不可能完成的。一旦产生权属纠纷，还会阻碍茶业资源普查工作的顺利进行。因而建议市里，这次茶业资源普查只调查摸清家底，不涉及发证。

闽北山区的农民因传统小农经济生活方式的桎梏，有一部分人目光比较短浅，关心的只是眼前自家利益的得与失。有些人虽然自家利益短时受到侵害，但由于受到政策或个人原因、家庭背景、家族势力等诸多因素影响，会选择暂时地退让、沉默、忍受。可一旦有某种契机或力量介入，他们就会以利益为中心抱成团，力争打破原有的利益动态平衡状态。

农村荒山种茶问题就是这样一个典型代表。当年荒山大造林，不少村民由于各种原因荒废了自己家的自留山和责任山，而这些自留山和责任山被他人拿去开荒种茶，他们也知道。有的人是去争，没争过来；有的人是隐忍，等待机会；还有的人就是熟视无睹，认为无所谓。如今，眼见荒山值钱了，茶叶市场行情好了，他们心里也都痒痒的，蠢蠢欲动，总想找个机会打破已有的平衡，改变现状，为此产生了不少林权纠纷。

市政府最终采纳了林业局的意见，这次开展茶业资源普查，目的就是摸清茶业资源现状，为下一步科学制定茶产业发展规划奠定基

础。为了不影响普查工作的顺利开展，只普查不发证。只调查，不涉及权属纠纷。

张副局长从容不迫地把市政府的决定告诉了与会人员，吵闹的会场才算平息下来。

说来也是，茶业资源普查这么专业的事情，短时间内要茶农搞清楚，还要他们理解深刻，这是有点不现实。就是政府职能部门中，也有不少干部对此事似懂非懂，理解不到位。

记得2007年年底，姜华正在修改2008年全市茶产业发展规划草案，需要一些茶业方面的数据，便叫办公室小杨去收集，结果拿来一看，大跌眼镜。就一个茶山面积，茶业局报了10.6万亩，林业局报了12万亩，统计局报了10.11万亩。三个部门各说各的理，莫衷一是，不能统一。更不要说那些茶叶品种、产量、分布等专业数据了。要么就是统计加估计，甚至是看天花板、拍脑袋填报出来的数据；要么就是空缺，没有数据。

姜华一时陷入沉思，茶产业是武夷山的一个重要支柱产业，可产业的基础数据都缺乏科学性和准确性，那何谈科学指导产业发展壮大？缺少科学性的产业发展规划不切合实际，也没有指导意义。这就好比一个家庭中父母两人都不会管家理财，全家有什么家底，一年有哪些收入，支出又要多少，全然不知，日子过得是脚踩西瓜皮——滑到哪里算哪里。如果哪一天，这夫妻俩对人夸夸其谈他们家发家致富的对策，你说能让人相信吗？

忽然，姜华产生了一个补齐短板的想法，开展一次全市茶业资源普查，给茶山来个“验明正身”。

姜华在市长办公会上提出这个工作设想后，与会领导都说很有必要。市长更是大力支持，还同意安排普查专项经费30万元。

可当姜华和有关部门讨论具体工作时，没想到却遇到推诿扯皮。

茶业局说，他们没有人懂茶山普查工作，那属林业部门的专业。

林业局说，茶业归口管理部门就是茶业局，而且近期林业局在忙着搞林业二调，没有人手。

统计局说，他们只负责收集汇总数据，调查不属于他们的事。

姜华来武夷山工作也有一年了，总感觉到有一些基层领导干部身上的“惰性元素”太多。只有千方百计想尽办法去激活催化这些“惰性元素”，使其产生强烈化学反应，才能让他们产生热能，发挥作用。

柘阳村试点工作会后，市茶业资源普查技术指导组张组长将各乡镇林业站、茶业站抽调来试点学习的二十多人分成五个大组，开始全面试点普查。

武夷街道林业站苏副站长、茶业站小徐、村委会蒋主任三人来到村部后山龙井坑山场。这是一个狭长的山谷，谷底一个小山包把峡谷分成内外谷。溪水绕山流淌，谷崖绿树成荫，藤草蔓延，是个很好的茶叶生长地。一百多亩茶叶顺山势畦畦排列。

村委会蒋主任说，这龙井坑茶山茶叶品质好，主要种植的是水仙、肉桂，还有少量其他品种茶，共涉及三个村民小组四五十户茶农。野外调查时有六七户茶农不放心，也跟着普查外业调查组来到山场。

小苏拿出 1∶10000 比例的地形图和绘图工具，看了看，犯难了。这个老林业人一下子也不知道应怎么调查绘制才符合要求，是按峡谷整宗地勾图，还是按每户茶山面积勾图呢？

根据当时现有的林业野外勘察技术，如按宗地勾图，能较准确地反映茶山现有面积，可无法反映每户茶农的具体茶山面积；如按每户茶山实际面积勾图，可每户茶农的茶山面积又不是成片成块分布，而是插花似的零散分布。1∶10000 比例的地形图在绘制勾图时，一个铅笔点的误差距离就是 5 米，误差面积有三四分地，按户勾图实际也很难操作。唉，这真是鱼与熊掌不可兼得。

他们先试着按每户茶山面积勾图，可刚勾完两三户茶农的茶山面积草图，就有两户茶农因为两家茶山边界打起嘴仗，呛了起来。

一户说，调查组把隔壁那户山场的边界画到自己山场里，自己的茶山面积少了。

另一户说，山场没有越界，自己和另外一户山场的插花地，两畦肉桂茶还漏了勾绘。

村民唇枪舌剑，显然，按户调查绘制茶山面积的方法行不通。

苏副站长、蒋主任、小徐三人商量了下，决定按宗地、品种为三亩以上的勾绘茶山面积图，三亩以下的则进行实地调查，目测面积，备注说明。试点操作了一番，这样做茶山面积测绘精确度提高了，村民也能接受。他们把这一情况和决定，向张副局长、市技术指导组张组长进行了汇报。

一周后，柘洋村茶业资源普查试点工作圆满结束，张副局长当即赶回局里汇报。

陈局长露出一脸满意的微笑，让张副局长第二天抓紧时间向市政府分管领导汇报。

2008 年 5 月 21 日上午，全市茶业资源普查工作动员培训会在政府四楼会议室召开。策划、调研、筹备几个月的全市首次茶业资源普查工作，终于正式启动了。

武夷街道茶山面积占全市茶山面积近三成，又是武夷山正岩茶叶主产区。茶园多且零星分散，茶叶生长在峡谷、沟壑、坑涧中居多，茶叶品质独佳。茶农一般以小面积零星分散的形式拥有茶园。这些都给武夷街道茶业资源普查增加了较大工作量和难度。

周六，武夷街道林业站苏副站长、女技术员小叶，一早就收拾好野外勘查绘图工具。他们今天计划和茶厂涂副厂长一同翻山越岭去慧苑坑、枫树窠、倒水坑、竹窠、三仰峰等七八个山场做茶山外业调查。

两个多月的外业调查，每天都起早贪黑、爬山涉水，连续繁重的工作已使他们感觉疲惫、困乏。

苏副站长，一个土生土长的林业工程师，年纪四十岁左右，高挑身材、长形脸，长时间从事茶山外业调查工作，他忙得头发都没空理，硬挺不驯的发丝早已蓬松长搭，遮盖了耳廓。腮颊两边参差不齐的乌黑胡须就像一堆乱草，黝黑的手臂手掌上几道被棘刺、草丛划出的伤痕还清晰可见。那对乌黑的眼睛炯炯有神，整个人依旧精神抖擞、不知疲倦。

他在这基层林业站已工作近二十年，熟悉这里的山山水水，更热爱这里的一草一木。他想充分利用这次全市茶业资源普查的机会，亲自掌握武夷街道正岩茶山面积的第一手资料，了却自己多年来的心愿。

“小叶，你去买些馒头和几包榨菜，我们今天要走七八个小时的山路，午饭在山上吃了。”苏副站长交代站在身边的小叶。

小叶，三十七八岁年纪，已是一个孩子的妈妈，整天和男同志一样顶烈日、冒酷暑，山里爬、树里钻，圆圆的脸庞已变得黝黑粗糙，齐耳的短发也有点杂乱，只是那爽朗的性格依旧没变，被站里同事戏称“女汉子”。

今天，她本计划在家休息一天照看下孩子，可听说站里技术人手不够，而且要跑七八个山场搞外业调查，时间紧任务重，于是就主动请缨继续参加。

盛夏的茶山，骄阳似火。火热的太阳把茶山炙烤得闷热难挨，崎岖山路边上的小草都弯着腰，低垂下脑袋，奄奄一息。人站在茶园中，仿佛被裹在闷热的麻布包里透不过气来。

苏副站长和小叶早已汗流浃背、衣裳湿透，他们站在竹窠茶山的半山腰上，手拿着地形图和绘图工具与涂副厂长核对勾绘着茶园面积。

竹窠是武夷山正岩核心产区之一，这里肉桂、老枞水仙茶叶品质极佳，市场销售价格不菲。不少茶农和茶企业在这里都拥有一点茶山，多则几亩，少则几畦。他们尽管已工作了半天，但仍旧不敢马虎大意、掉以轻心。为了尽可能减少误差，小苏把绘图铅笔削得尖尖的，按宗地、品种边界，精准勾图。汗水不停地外冒，顺着脸颊、鼻尖往下滴，谁也顾不上擦一把。三个人忙了一个多小时，总算完成了调查绘制。

“找一个阴凉有水的坑涧休息下，吃完午饭再去下一个山场。”苏副站长吩咐道。

“小叶，你厉害呀！一个女的能和我们男人一起吃得住这苦。”涂副厂长看着满脸是汗、头发蓬乱的小叶，情不自禁地称赞起来。

“那不厉害，还称得上女汉子？”苏副站长接嘴夸了一句。

小叶站在清澈的山涧溪水旁，蔽日的绿树，涓涓流淌的山泉，一

阵阵清爽怡神的凉风，一下把刚才的烦躁和劳累驱散得无影无踪。她用毛巾使劲地洗了把脸，擦干了汗，脸颊透露出几点红晕，似乎有点腼腆羞涩。

她回头对着两个坐在大石块上的男人说：“你们两个领导就别再捧杀我了，谁叫我干上林业这行，基层林业人哪一个不是风里来、雨里去，爬山涉水、风餐露宿的。社会上不是有句话：祖上没风水，才干农林水，磨破了嘴、跑断了腿。我们是苦中作乐，实现自我价值呀!”

“讲得好!”苏副站长和涂副厂长为小叶的一番人生感悟拍手叫好。三个人吃完午饭，又向下一个茶山——碧石山场进发。

兴田镇南树村茶农老王，这两天一直跑村委会，缠着茶业资源普查外业调查组小余，说调查组把他家的茶山面积登记少了，要求补上重新登记。

老王有一片茶山，是早些年村民小组开会讨论分配的自留山。当时自留山没人要，村民小组也就没有去分地落实到户。老王胆大，就多开了些自留山种茶，几年下来村里也没人过问。

可近两年茶叶市场行情好转，茶山成了香饽饽。村民小组里一些没有拿到或拿到较少自留山的人就开始向村里反映，要求老王把占据他人的自留山退还出来。老王不肯，说政府有政策，谁种谁有。于是，一时间老王和村民的山林纠纷不断。

有一天，老王忽然发现，自己家的自留山茶树不知道被谁砍了一亩来地，茶畦都被铲平了。他多次到村里、镇里反映情况，要求解决，可始终没有解决好。

茶业资源普查外业调查组来到老王的茶山，按实际茶树面积勾图登记。老王不同意，要求把被别人铲平，还没有补种茶树的山地也登记进去。

调查组工作人员耐心地向他解释，讲解外业调查的技术规程只能按实有面积登记，同时，普查组也无权处理山林纠纷，引导他收集有关证据到市林业纠纷处置办公室去申诉解决，老王这才不吱声了。

一个多月的茶山外业调查绘图工作结束，普查组同志的工作转入内业入户访问、现场登记阶段。

两天后，张副局长到武夷街道检查内业工作，他看了看手中初步整理出的内业调查汇总表，感觉有点不对劲，为什么农户自报的茶青产量、加工能力、年产值都比自己平时调研掌握的数据低得多呢？难道我们的调查统计方法有问题？

晚上，他召集内业组相关人员开了个碰头会。

茶业局小徐首先开了腔。他认为这一数据偏低，主要原因可能是茶农思想上还有顾虑，担心实话实说以后税务部门会按这一数据收税。

“我那组也有这种情况。”小余接过话，“下午我入户调查老李家，他自报茶山 10 亩。可我们从周边邻居那儿了解到，他家茶山最少有 50 亩。”

第二天，张副局长随同武夷街道内业调查组来到黄柏村一户茶农家，看见房间里摆有 10 个做青桶。凭经验，他估计这户茶农年加工毛茶至少 1 万斤，产值 20 多万元。可茶农向调查组自报，年加工毛茶 4000 斤，收入 10 万元左右，说完还不放心，老是探问：“调查登记这些干吗？”

听了茶业资源普查组的情况反馈后，姜华及时和市有关领导及相关部门沟通，决定不把这次茶业资源普查结果和工商、税收等政策挂钩。

辛苦劳累了两个多月，全市茶山资源外业调查总算顺利收官。

茶业资源普查办公室里堆满了一堆堆的表格和一卷卷图纸，六七个内业组人员已加班加点了半个多月，统计汇总、拼图绘图。

张副局长看茶业资源普查工作已接近尾声，内心却忧虑起来。接下来的重要工作是编写调查报告，可现在内业组中，没有一个人能执笔撰写茶业资源普查报告，他寻思只有自己赶鸭子上架了。可自己也从没写过普查报告这类文字材料，需要写些什么内容，结构怎么编排，他是一筹莫展。

一天，在市政府开完会，他将自己的担心和忧虑向姜华诉说。

姜华听后一笑，叫他放宽心。姜华以前在光泽县主抓过全县草场

资源调查，亲自主持编写了近 10 万字的普查报告，对这方面还略知一二，随即给他拟了一个资源普查报告编写提纲供他参考。

2009 年 3 月，茶业局陈局长把一本近 7 万字、图文并茂的武夷山市茶业资源普查报告送到姜华办公室。装帧精美的报告还散发着淡淡的油墨香，这是几百名干部、技术人员、茶农经过八个多月的辛勤努力取得的成果，对全市茶山面积和茶企业的现状，进行了第一次全面的“验明正身”。

姜华通过这份报告，第一次较为清楚地掌握了武夷山茶业资源家底。当看到那凝聚了全体普查人员汗水和智慧的数据“全市现有茶山面积 115473 亩，茶企业 305 家，茶叶作坊 769 家”时，他心中无比欣喜和踏实。

2009 年年终，市政府的次年工作务虚会正在二西会议室热烈召开。姜华根据市委、市政府做出的禁止乱开茶山的决定，提出了控制茶山总量、提升产品质量、强化品牌创建、扶持龙头企业的发展思路，并建议到 2020 年，将茶山总面积控制在 15 万亩。这不是空泛口号，而是建立在茶业资源普查成果分析的基础上的一次有的放矢的规划。

2010 年春，姜华到省农业厅开会。一位处长高兴地告诉他，厅里领导对武夷山在全省率先开展茶业资源普查的做法给予了高度肯定和表扬，还计划专门安排一些项目经费予以奖励。

不久，姜华在武夷山接待省人大农经委一位领导。他说，首次看到本省产茶县（市）政府专门编写茶业资源普查的专业报告，武夷山的茶业资源普查报告编写得不错。

上天是公平的，有付出就会有收获。付出辛劳，收获成果；付出智慧，收获知识。几年来，在武夷山茶产业发展规划中，这本茶业资源普查的成果发挥着积极的作用。

2017 年，时隔十年，武夷山市第二次茶业资源普查工作又开始启动。

第六章

斗茶，斗出一片新天地

2014 年 11 月 16 日，武夷山茶业同业公会刘国英会长将民间斗茶吉尼斯世界纪录证书牌匾高高举起。

（刘国英供图）

2014年深秋，武夷山这座有着一千多年斗茶文化历史的山城，又别出心裁，与时俱进，推陈出新，创造了一个举世瞩目的茶业世界纪录。

11月16日下午，海峡两岸民间斗茶赛有个特别项目，吸引了全国各地不少茶人游客前来观战。在凯捷茶城近2000平方米的广场北面舞台上，矗立着一块巨大的玉女峰主题背景板，上面赫然标着“海峡两岸民间斗茶赛申报吉尼斯世界纪录活动”，南面宽大的橘红色遮阳篷下，摆着三列120张茶桌，每张茶桌边挤靠着10多张茶凳，场面十分壮观。

斗茶，也叫茗战。但这个“战”可不是武林中你死我活的拼杀。它是每年茶叶制作好后，茶人们拿出自己用心制作的好茶来相互比试，通过让众人品啜，比出茶汤的品质，比出制茶的技艺，相互交流，多为娱乐比玩的游戏。

这项民间活动起源于唐代，盛于宋朝。北宋著名文学家范仲淹在《和章岷从事斗茶歌》中写道：“斗茶味兮轻醍醐，斗茶香兮薄兰芷。其间品第胡能欺，十目视而十手指。胜若登仙不可攀，输同降将无穷耻。”这首诗描写的正是武夷山民间斗茶的盛况。可见，武夷山民间斗茶由来已久，文化底蕴深厚。

听说武夷山民间斗茶赛要创吉尼斯世界纪录，整个山城轰动了。这个过去只有在电视里才能看到的节目，如今就要在自己身边上演，怎么能不叫人兴奋呢？一大早，广场上就挤满了从四面八方涌来观望的人。

中国首位吉尼斯世界纪录认证官吴女士，身穿一件黑色大翻领西装，胸挂牌证，手拿文件夹，方阔的脸上戴着一副宽边眼镜，彬彬有礼，一丝不苟地向身边三十多位头戴小红帽的志愿者、工作人员仔细交代着吉尼斯世界纪录认证的程序和要求。下午2点，志愿者给每一个进斗茶品茗区的人发放了一顶红帽子和一个吉尼斯世界纪录的蓝色标贴，要求在品茗区共品三道茶。第一泡武夷岩茶，第二泡正山小种红茶，第三泡台湾乌龙茶。半小时后，品茗区拉起警戒线严禁人员进出，三十多名志愿者分组，逐桌现场清点品茶人数。

大约半个小时后，各组志愿者开始清点人数，汇总上报。姜华和北京的花总站在吴认证官的身后，揪着心，听着悦耳的上报声："一组 64 人，二组 128 人，三组 130 人……"

花总是北京一家文化创意公司的老板。2013 年，姜华随同市长到江苏宜兴考察紫砂壶产业时与她相识。在交谈中，姜华了解到花总有申报吉尼斯世界纪录的人脉，并曾帮助宜兴策划过申报吉尼斯世界纪录活动。顿时，心中一动，吉尼斯世界纪录，一个耳熟能详、几亿人关注的项目。海峡两岸民间斗茶赛，已在全国茶界拥有较高的知名度，如果能策划成一场吉尼斯世界纪录诞生活动，那武夷山的民间斗茶赛可就是飞船挂喇叭——响彻全球了。

吉尼斯世界纪录起源于英国，被公认为全球纪录认证的权威机构。《吉尼斯世界纪录大全》自 1955 年开始出版，已在 100 多个国家以 40 多种语言发行，截至 2022 年累计售出超过 1.43 亿册，全球每年有超 7.5 亿人观看吉尼斯世界纪录的视频节目。

姜华就是想借助吉尼斯世界纪录的全球知名度和影响力，来宣传武夷山茶文化，提升武夷茶在全世界的知名度和美誉度，提升海峡两岸茶博会的品牌影响力。

记得 2014 年 3 月，市委宣传部张副部长带一位女客商来到姜华办公室。她松散披肩的长发自然垂下，修饰着有点圆胖的脸庞，好似犹抱琵琶半遮面，墨绿色暗花格的休闲宽松外套，搭配上红色的长摆裙，乌黑长靴，脖上系搭着一条碎花长条丝巾，举止端庄大方，温文尔雅。乍一瞧，就是一个知性女子，而不像是商人。

见到来客，姜华顿时喜上眉梢，她就是为了商谈合作打造吉尼斯世界纪录项目而应邀从北京赶来的花总。

上次商谈后，花总回去立即着手准备，果然不负所托。吉尼斯世界纪录当时在全球还没有茶叶类创建纪录。她和吉尼斯世界纪录项目相关负责人进行了充分磋商沟通，制定了三个可申报的项目方案：一是最大规模、品茶人数最多的品茶活动，二是评委人数最多的品茶活动，三是品鉴茶类最多的品茶活动。

姜华问："申报一个和申报三个有什么区别吗？"

“组织认证程序不同，所需费用也不同，每项都要一笔费用。”

“那申报一项纪录要多少费用?”

“十多万元吧。”

姜华一听，心里着实吃了一惊，经费可不是个小数目，仔细权衡之下，觉得仅申报第一项就能达到预期目的，也能节省经费，性价比最高。

“花总，那我们就申报第一项，最大规模、品茶人数最多的品茶活动吉尼斯世界纪录吧。”

“可以。但按项目申报要求，三十分钟内有效品茶人数不能少于800人哟。”这个厉害的女老板，赚了钱说话也是柔声细语，面带娇容，言语严谨。

突然间，广场上一阵吵嚷声打断了姜华的回忆。

武夷学院的大学生志愿者们，有幸第一次参加申报吉尼斯世界纪录项目活动，显得格外自豪和高兴，报数声特别清脆响亮，悦耳动听。临近统计报分的尾声，大家顿时都紧张了起来。

随着最后一组125人上报声结束，会场出现十几分钟的沉默。统计、复核，此时姜华觉得时间有点漫长，内心七上八下，惴惴不安起来。虽说广场上观望的人很多，但能不能在规定时间内进入品茗区品茶，能否达到800人以上的有效人数呢？姜华心里没百分之百把握，此时此刻，也只能听天由命了。他在默默祈祷着能一次性申报成功。

“1000人，1105人。”

忽然，一个女孩脱下小红帽在空中飞舞，兴奋地高喊出汇总统计出的最终品茶人数，紧接着是学生们一片呼喊跳跃和响亮的鼓掌声。

认证官吴女士认真严谨地审核汇总统计结果。片刻后，她皓齿微露，笑容满面地对姜华和花总说：“经现场清点确认，海峡两岸民间斗茶赛，现场有效品茶人数为1105人，吉尼斯世界纪录申报成功!”姜华一下如释重负，情不自禁地和学生们一起欢呼，用力鼓掌。

颁证仪式上，吴认证官笑容可掬地站在麦克风前，高声清脆地宣布：“现场确认有效品茶人数1105人，创造了规模最大的品茶活动吉尼斯世界纪录，也是吉尼斯世界纪录的一项新纪录。”话音刚落，广场上掌声雷动，欢呼声、跳跃声响成一片，经久不息。

吴认证官将一块蓝色宽边、长方形的吉尼斯世界纪录认证牌匾，郑重递给上台领牌匾的茶业同业公会刘会长，两人一起举起认证牌匾向宾客展示，台下传来一阵“咔嚓、咔嚓”的拍照声。人民网、中新网、凤凰网等几十家媒体竞相向全球报道。武夷山古老的斗茶文化再次焕发生机，誉满天下。

武夷山民间斗茶赛创了吉尼斯世界纪录的消息不胫而走，一时间又把民间斗茶之风推向高潮。

市斗、乡斗、村斗、厂斗、茶人斗、朋友斗，各式各样的品茗斗茶风又盛行一时。斗茶，已不仅仅是自娱自乐的文化交流，武夷山茶人更赋予了它提高技艺、树立品牌、扩大交流的新内涵。

2018 年 11 月中旬，武夷山正岩核心产区天心村的民间斗茶赛鸣锣开赛。此次斗茶赛最高奖——肉桂状元的奖金是 15 万元，开创了当时武夷山民间斗茶赛有史以来的奖金之最，一下吸引了大家眼球。慕名而来的众多媒体和游客挤满了景区北次入口广场，三天活动，人气爆棚。

姜华站在颁奖典礼台上，正给清心岩茶坊的陈墩杰颁发肉桂状元奖。小伙子眉清目秀，身材魁梧，十分帅气。勤奋好学的他辛苦了一年，功夫不负有心人，终于如愿以偿夺得头奖，内心激动无比，显得特别兴奋，他拉着妻子的手，快步登上台领奖。面对着台下一片羡慕的目光和“咔嚓、咔嚓”的拍照声，两个年轻人都露出灿烂的笑容，双手将奖牌举过头顶，不停地摇晃致谢。

望着这对年轻茶人兴高采烈的神情，以及眼前热闹非凡、茶香四溢的斗茶场面，姜华感慨万千。要说这天心村的民间斗茶赛能发展到今天这个样子，也确实来之不易。

记得 2008 年 6 月的一天，姜华刚处理完手上的公务，忽听“咚、咚”两声敲门声。他打开门，迎面进来的是天心村苏书记。天心村是市里茶叶重点村，姜华曾去过多次，和村支书老苏也是熟人了。

“姜副市长，我今天专程上门搬救兵，请求政府支持帮助哟！”老苏也不客气，一进门就单刀直入、直奔主题。

瞧老苏那火急火燎的样子，姜华和颜悦色地招呼他喝茶慢慢说。

品茶慢聊，姜华才知道，天心村定于7月19日举办第二届岩茶斗茶赛。可是离开幕式没几天了，举办活动的经费还有不小的缺口，正愁等米下锅。

要说这天心村，素有“中国岩茶第一村”之称，坐落在武夷山风景名胜区的核心区域，茶农世代制茶，全村500多户人口，有近90%农户种茶制茶。

依靠着得天独厚的茶叶山场优势，全村拥有茶山近万亩，大部分分布在茶人们青睐的正岩核心产区。资源十分稀少，无比珍贵，按理说村里和茶农应当早就致富奔小康了，可如今怎么会等米下锅呢？

原来早些年，茶农不懂市场营销，每年用蛇皮塑料袋装着上等岩茶运到广东潮汕一带，走街串巷销售，低声下气上门叫卖，还时不时遭遇收购商的冷脸，茶价一降再降，就是贱卖了，茶款有时还收不回来。每到年关，茶农们个个愁眉苦脸。他们无可奈何，心酸地说：“茶叶卖出去了才是票子，放在家里就是树叶子。”所以，这么多年来，村里是青山依旧在，生活仍如常，茶农守着金山愁致富呀！

2007年，老苏当上村支书后，一直琢磨着如何以茶兴村，帮助茶农增收，集体增财。

这天，老苏在村南面景区北次入口处与村民喝茶聊天，见五六辆旅游大巴载着二三百游客涌进景区。他心里豁然一亮，武夷山这几年旅游火起来了，每天上千名游客从村里经过，我们为何不能蹭下旅游热度，在景区北次入口广场搞一个斗茶赛呢？让茶农在斗茶赛中，用家里好茶接待四面八方的游客，这不仅能宣传自己的茶叶，还能在自家门口做点生意，一举两得。他高兴地把这想法在村两委会上提了出来。

“家门口办斗茶赛，好是好，只是村里没举办过，能搞得成吗？”

“办斗茶赛不是要很多钱吗？村民能有这么多钱？”

“别到时候才来几个人参加，那就劳民伤财、出丑丢脸了！”

村两委干部你一言我一语，担心、顾虑、怀疑等情绪缠绕在村两委不少干部的心头。唉！人穷志短，村里经不起折腾呀。

说来村两委干部的担心，也不是没有道理呀！斗茶风气的盛衰，常与社会经济发展紧密相关。市里从 2001 年开始，也曾举办过几届民间斗茶赛。可那几年，武夷山茶产业发展长期处于低谷。因而，民间斗茶之风也不怎么盛行，活动多局限于文化交流，规模较小。再说村里从没有举办过这类活动，一点经验也没有。

老苏看出大家的顾虑，他耐心地解释，叙说着心里的计划。渐渐地，大家有了信心，带着致富的憧憬与期望，村两委干部决定试试。

2007 年 6 月 26 日，首次举办的天心岩茶村第一届武夷岩茶民间斗茶赛，在景区北次入口广场登台亮相。这场赛事共持续三天，有 65 户茶农送交了 100 多份茶样参赛。闻讯赶来参观斗茶赛的茶客、茶农、茶商挤满了景区北次入口广场，真可谓人声鼎沸，热闹非凡。天心岩茶村名头开始响了起来。

然而，欣喜兴奋之余，村两委干部又犯愁了，老苏也犯难了。仓库里斗茶赛活动收存的一堆获奖茶，半年多也没卖出去多少，资金不能回笼，入不敷出。只赚吆喝不赚钱，下次再举办斗茶赛就有困难了。为防止获奖茶丢失，老苏每晚还要安排村干部值班看守，时间一长，闲言碎语、牢骚怪话就多了起来。

这天，他又溜达到景区北次入口广场，见几个村民一边喝茶一边嘀咕："村里搞斗茶赛就是村干部想得到好茶去送礼搞关系。"

"村里做事不公，拿集体的钱去帮种茶的人卖茶，那我们做小生意、打工的人以后也要找村里要补助。"

苏书记听了心里有点伤感。本想近水楼台，通过举办斗茶赛来赚人气，帮茶农卖卖茶，搞活村里经济，没想到这事办起来还真不是那么容易。现在村两委里已有人提出，第二届斗茶赛暂停不搞了，等把仓库里的获奖茶全卖了，有了钱再说。

瞧着那些委屈、伤心、气馁、愤懑、振振有词、喋喋不休的村干部，老苏心里掠过一丝愤怒和烦躁，但他没让这情绪表露出来。村里举办斗茶赛是自己的提议，现在没达到理想的效果，大家有异议，发些牢骚也属正常，不能责怪他们。

他用了一段时间，走访了不少茶农。大家反映，现在来询问岩茶的外地茶商多了起来，毛茶收购价每斤也增长了二三十元。他更加坚信自己的思路是对的。万事开头难，他不想就此放弃斗茶。

他对身边的村干部说：“第二届斗茶赛坚持举办，不足的活动经费，我来想办法。实在不行，我带头和有意愿的村干部出钱一同买下获奖茶，只要我们在座的心齐，就能办好这事。”

见老苏如此坚定又信心满满，几个村干部也就不再发牢骚了。

听了老苏的叙述，姜华敬佩他对事业的执着与坚守，爽快地答应市政府拨给村里1万元，支持他们举办第二届斗茶赛。姜华长期从事农村工作，了解村干部若不是碰到很大困难，万不得已，是不会轻易找市政府领导帮忙的。尤其是对不是很熟悉的领导，更不好意思开口。

老苏有点将信将疑。自己一个村支书，第一次上门找市政府领导求援，就这么顺利地得到支持，不会是忽悠他吧？可看姜华坚定的神情、听姜华干脆的语气，又消除了心中的疑虑。他开心地站起身来，双手紧紧握住姜华的手不停地道谢。

临走时，姜华叫他去和广电局联系下，请他们支持，提早宣传，营造下氛围。斗茶是武夷山重要的茶文化，要做就要做好。

有一次姜华向市长汇报工作，把支持天心村斗茶赛1万元的事说了。市长沉思片刻说：“政府对斗茶这类民间活动，不提倡出钱支持，要鼓励扶持他们走市场化运作，良性发展。”

姜华知道自己被市长含蓄地批评了，但也了解到了市长的深思熟虑和新思路。

2008年初秋的武夷山，阳光明媚，水秀山绿，空气清新，游人如织。天心村景区北次入口小广场，枝繁叶茂的大樟树下，彩旗飘扬，人头攒动，红色拱门高耸。60多张茶桌整齐摆开，每张茶桌上都配有10套精巧的白瓷茶盖杯、茶碗和茶匙，每桌都有一个茶农在认真泡茶讲茶。茶桌旁的椅子上坐满了四面八方的游客和周边闻讯而来的茶客、茶商，大家不约而同地对着茶桌上的10碗茶汤品啜论道。

在广场东南面一张茶桌旁，有一个身材高挑的中年男子与茶农亲切交谈，时不时还说下自己对参赛茶品的感觉：“这排茶样，第二碗肉桂茶不错，肉桂特征显，香气冲，滋味醇厚，你们品下看看如何。”

茶桌前几个人，用茶匙舀取茶碗中一匙茶汤，放入小口杯中品啜几口，不约而同地点头赞许。

“小范，你把我们几个人的评审感觉写在评审表格上，打分填报上去。”

泡茶的茶农见眼前这位领导这么懂茶，着实佩服，觉得面熟，可又一时想不起来是谁。待领导离桌后，他悄声问桌上人：“刚才那位领导是谁呀？”

“市委大领导呀！怎么，你不认识？”

“呀！我说怎么有点面熟呢，敢情在电视上见过。”茶农既惊讶又兴奋。

广场西北角一张茶桌前，里外挤满了人，还时不时传出阵阵笑声和掌声，吸引了不少人围观。

姜华挤到茶桌前，只见有三位外宾在有模有样地学品茶。原来这三位外宾是受邀担任武夷学院暑期英语夏令营的美国籍老师。他们闻悉斗茶活动而专程前来观摩学茶。一位叫巴里·恩弗索的老先生对品岩茶表现得尤为感兴趣，学得特别认真，粉红胖厚的双手捧着一个白瓷小茶杯，显得有点不协调，似乎会把茶杯捏碎了。品啜茶时没有开口细抿，而是闭气急吞，一不小心“扑哧”呛了一下，满脸通红，引得围观宾客发出一阵笑声。

老先生边品边嘟囔个不停，还不时竖起大拇指点赞。随行翻译老师告诉大家：“巴里·恩弗索赞扬说，这是一种神奇的饮料。对于生活节奏很快的美国人来说，武夷岩茶能更好地让他们放缓节奏，享受生活。”翻译老师刚说完，周边宾客就爆发出热烈的掌声。

姜华又来到广场北面一幢小房子内喝茶，这是斗茶专家评审区。碰到老苏，他喜笑颜开地告诉姜华说，厦门一位女客商观摩了我们的斗茶赛后很感兴趣，表示要购买这次斗茶赛的全部获奖茶，并有意向赞助购买后几届斗茶赛活动的获奖茶。

这确实是令人振奋的喜讯。天心村岩茶斗茶赛总算斗出了名气，开始进入市场化运营的良性发展轨道。

苏老支书组织的斗茶赛，斗出了活力和影响力。后来他因年龄大了要退出村委班子，但是他并不遗憾，反而略感欣慰。万事开头难，他为村里举办斗茶赛开了好头，再说后继已有人。如今的他，每年还会在自家的茶企业里组织一两次小型的斗茶品鉴活动，一方面自得其乐，一方面还能帮助小茶农卖茶。

2016 年新当选的村主任小林，一个仪表堂堂、头脑聪慧灵敏、善于经营的小伙子，更是把斗茶赛办得如火如荼、名声大振。天心村正岩核心产区斗茶赛，替代了往届岩茶斗茶赛名称，活动规模一年比一年大，每年收茶样数近千份，比最初增长 3 倍；活动赞助商每届出资 330 多万元，比最初增长 10 倍；参赛观摩宾客上万人，比最初增加 5 倍之多；奖金创全市之最。

天心村民间斗茶赛，从无到有，从弱到强，已成为在全国茶界享有一定知名度且具有标准化、规模化、品牌化特征的活动。每年岩茶飘香时，全国各地岩茶爱好者们翘首企盼的就是天心村斗茶赛。他们说这是一场豪华奢侈的茶宴，给人带来“拉菲葡萄酒”式的顶级享受。

2010 年 11 月 16 日，第四届海峡两岸茶业博览会隆重开幕。与往届不同的是，在中华茶博园里，一场规模盛大的海峡两岸民间斗茶赛已激烈开赛。5000 多平方米的广场上，游人如织，川流不息。在大众评审区，摆放着近百张茶桌，茶人宾客随意入座。两万多人次的茶客闻香品茗，大家无拘无束地品尝桌上一泡又一泡好茶，懂行的与不懂行的、岩茶老茶客与初学者，都根据自己的口感和喜爱，各抒己见，实实在在过了一把评委瘾。

有两个年轻人，听口音是东北游客。他们学品茶很认真执着，边品边问边记录。在评分时两人出现分歧：男的说第五碗水仙茶滋味口感好，要评最高分；女的说第一碗茶汤香气更好，才应该得最高分。两人争执不下，就各拿了一张评分表，各报各的。

有一个中年男子，手拿一个自己专用的小茶杯，不停地在大众评审区的茶桌之间转悠。只要听到哪个茶桌茶客评出好茶，他就会凑到桌前，用茶汤匙舀两匙茶汤品啜一下，感觉确实不错，就拿出手机拍下茶样编号。

广东姑娘王玲，听说斗茶赛上有个“民间品茶师”的考评活动，要求还很严，如果考试合格了，还可以获得斗茶组委会颁发的“民间品茶师”证书。于是，她一早就到斗茶赛现场排队。领到参赛考试评分表后，她认真专注地品茶，评判工作人员摆在茶桌上的10泡肉桂茶。虽然她喝岩茶已有段时间，但对岩茶品质的把握还是底气不足。而这“民间品茶师”的考试，是要从限额100名的应试人中，选取前20名评分高度吻合的人，她不敢掉以轻心。

这种重在大众参与的比赛，其实更像是一场茶文化交流、技艺交流、人文交流的盛会。

这次武夷山首次把民间斗茶活动移植到大型展会活动中，还得到台湾农会、台湾区制茶工业同业公会、台湾区茶输出业同业公会、台湾茶协会等台湾茶业界影响力较大的几大协会组织的支持，海峡两岸共同联合主办。台湾地区派出10名专家和36家茶企业送来参赛样品参加，台湾裕元集团还为民间斗茶活动赞助了经费。

可是，就是这么一个影响巨大的海峡两岸民间斗茶活动，却历经波折，差点胎死腹中。

2010年“五一”刚过，福建省第四届海峡两岸茶博会就开始了紧张的筹划工作。

姜华是市海峡两岸茶博会组委会副主任，作为茶博会活动的主要策划者之一，他倍感压力和责任。几天来，他一直为使茶博会有更多的新亮点而绞尽脑汁、苦思冥想。

“咦，有了！海峡两岸茶博会参与来宾都是各地领导、茶界知名人士、专家、商贾。武夷山和台湾茶叶又是同根、同种、同源的。如果能把武夷山的民间斗茶赛活动，策划移植成海峡两岸斗茶赛，岂不是既增添了茶博会的人气和商机，又宣传弘扬了武夷山的茶文化?”他因自己萌发的这一闪念，有点自鸣得意。

当他把这想法提交到茶博会筹备会上讨论时，意见分歧较大。主要是时间不吻合，全市两场斗茶赛都在六七月份就结束了，海峡两岸茶博会却是在11月中旬才举办。此外，一些人还担心台湾的茶企业

不会来参赛，那两岸斗茶赛不就成了一岸独角戏。

姜华还是心有不甘，想要试试，决定在11月茶博会期间专门组织一场斗茶赛。

海峡两岸斗茶赛活动方案很快获得市海峡两岸茶博会组委会同意。

没想到，出师不利，一个更大的麻烦来了。

9月，省里一位领导听取了市海峡两岸茶博会筹备工作汇报后，认为以省政府名义举办海峡两岸斗茶赛不妥。他的理由是，省政府不应介入斗茶赛，不适合为那些获奖的茶叶质量去背书，并要求把海峡两岸斗茶赛项目取消。

省里领导一席话仿佛给姜华当头浇了一桶凉水，姜华顿时心里拔凉拔凉的。本想这精心策划的创意活动会得到上级领导肯定和欣赏，没想到结果会是这样。

姜华心有不甘，内心很想解释说明一下。可他知道不行，毕竟海峡两岸茶博会的主办方是省政府，承办方是南平市政府，武夷山只是执行方。老家有句俗话，做事不依东，徒劳又无功。他仔细想想后也觉得如果换位思考，省里领导的考虑也不是没有道理。

回到武夷山，姜华心里还是放不下斗茶赛的事，当即召开茶业局、茶业同业公会、茶博办相关人员碰头会，商讨解决办法。大家听说省里不同意在茶博会上搞海峡两岸斗茶赛活动，都很诧异不解。会上，叽叽喳喳，有人叹息，有人牢骚，有的干脆说听上面的没错，取消不搞了。

一直没说话的茶业同业公会刘会长忽然冒出一句："我们这是民间斗茶赛，官方实际上是可以不管的。"

"对呀！"刘会长一语点醒梦中人。姜华心里忽然一亮，这斗茶赛历来都是民间组织的活动，官方很少组织，那我们何不就以民间组织的名义来操作，这样不就不违规了吗？这也应了当下的时髦语，"能办的事立即办，难办的事变通办"。姜华立马决定，把"海峡两岸斗茶赛"改个名称，叫"海峡两岸民间斗茶赛"，改由市茶业同业公会出面，联合台湾几个茶叶协会组织共同主办，成立一个"海峡两岸民间斗茶赛组委会”，茶业局、农业局、茶博办共同协助工作。

此时，有人担心我们自己办，规模场面不够气派，效果可能会差；也有人顾虑，会被上级领导批评。

刘会长2001年就筹办过第一届民间斗茶赛，很有经验。他自信地告诉大家，不用担心，到时候来品茶的人肯定很多，会很热闹的。

对刘会长做事沉稳踏实、责任心强的作风，姜华一向很是欣赏和肯定。

中华茶博园广场右侧安放着十几个宽大的遮阳篷，有三四个志愿者把住入口。入口处标着专家评审区，6个评审台分两列摆放，40位海峡两岸的评审专家手拿小口杯，神情专注、一丝不苟地对着评审台上10个白瓷茶碗，逐样品啜。他们从茶样的外形、香气、滋味、汤色、叶底5个方面，认真评审打分。为确保斗茶评审公平公正，组委会对每个参赛者选送的茶样，采取编送样号、编暗码、编随机评审号等办法，每个参赛茶企都有一个暗码选样号和一个明码评审号，每位专家评委单独打分并签名，最后按照专家组评分占总分的70%、茶人组评分占总分的20%、游客评分占总分的10%的比例进行综合评分。

与外面大众评审区的喧哗热闹相比，专家评审区显得更安静、肃穆。有时为了从评审台上一轮10份茶样中评选出哪一个胜出，评审专家要多次品闻，反复比对，一时把握不准有异议的，就邀请其他组专家一同来评审确定。真是“其间品第胡能欺，十目视而十手指”。

见姜华来到专家评审区，刘会长欣喜地迎上来说：“首届海峡两岸民间斗茶赛开局很好，收到参赛茶样200多份，组织评委专家40人。”这真是一个令人鼓舞的好消息。旗开得胜，斗茶赛活动反响出乎意料的好，上级领导也就没说什么。有些部门领导还去站台，帮组委会给获奖者颁奖。姜华心里悬着的石头总算落了地。

从此，海峡两岸民间斗茶赛成为每一届海峡两岸茶博会必不可少的品牌活动。斗茶赛规模越做越大，人气也越来越旺。参选茶样高峰期多达1500多份，十年间增长了7.5倍，活动赞助商的经费竞争达到300多万元。福州熹茗茶业公司朱总经理十分看好海峡两岸民间斗茶赛，承诺长期赞助合作。

海峡两岸民间斗茶赛声名鹊起，一时间，掀起了武夷山民间斗茶的热潮。千百年来沉淀在武夷山茶人骨子里的斗茶因子再一次被激活，全市大规模的民间斗茶赛除原来保留的两个外，短时间内猛地新增了5个。每年7月，从新茶制作完毕开始，民间斗茶赛赛事就接连不断。

星村镇中国茶乡杯茶王赛、武夷街道正岩杯斗茶赛、兴田镇“仙店杯”斗茶赛等活动影响甚大。此外，各乡镇茶叶专业合作社、外地企业赞助组织的各类斗茶赛和茗战活动更是层出不穷。

武夷山民间斗茶赛一时间成了朝着窗户吹喇叭——鸣（名）声在外。福州、厦门、莆田、郑州、北京、广州、深圳等地先后仿效，大规模地组织起民间斗茶赛。邀请武夷山茶叶专家亲临指导，邀约武夷山茶人送样参赛，一时间，似乎有“品茶不斗心不悦，岩茶不去茶不香”的感觉。

有一次，姜华到省城福州出差，晚上和几个朋友到一家茶店喝茶。不一会儿，朋友都拿出随身携带的岩茶比赛品鉴。姜华拿起茶叶一瞧，都是“牛肉（牛栏坑肉桂茶）”“马肉（马头岩肉桂茶）”或某某大师茶。一问价格都不菲，一斤茶叶低则几万元，高则几十万元。他心中一惊，与这些朋友才一年多没见，怎么喝茶水平一下提高得这么快？

慢慢聊来，才知道不知从何时起，省城人喝岩茶已朝个性化方向发展。追逐山场茶、追逐大师茶、追逐高价茶似乎已成为饮茶新时尚。在茶馆、会所，常有三五成群的岩粉茶客，各自拿出自己心目中的“茶王”，进行斗茶雅玩比试，胜者自鸣得意，沾沾自喜，败者黯然神伤，心有不甘。正是“胜若登仙不可攀，输同降将无穷耻”。

斗茶本属民间大众参与雅玩娱乐的平台，大家从中交流感情，比拼技艺。可是在市场经济飞速发展的时代，不知不觉中，斗茶也成了少数精英和商人们追逐名利的工具。武夷岩茶成了一些消费者口中高价茶的代名词。新华社、央视等媒体先后对“天价岩茶”现象进行了报道和质疑。

面对此种怪象，姜华陷入深深的不安和焦虑之中。要知道，这种违背经济价值规律的畸形消费和市场营销，是会制约茶产业的可持续健康发展的。

心理学中有一个著名的“毛毛虫效应”，其本质就是说，人们对惯性思维会产生过度依赖，盲目跟从而做出反应，其结果必然失败。要打破这局面，就要制造缺口，改变其思维惯性。

武夷岩茶自古以来就有皇家贡茶身份，普通老百姓是只闻其名，不见其茶。岩茶高贵高档的思维，长期左右着茶人和消费者，似乎成了一个思维定式。尤其是在现今市场经济社会，一些商家借机过度炒作高贵高档概念，使市场上出现“天价茶”也有人趋之若鹜的现象。于是，普通消费者就产生了一个误区——岩茶价高喝不起。其结果就是造成武夷山大量的中低端茶难销。要改变这种局面，就要寻找到惯性思维的缺口，这缺口是什么呢？

茶的本质属性就是解渴饮料，是普通生活消费品。那就制造一个缺口，让武夷岩茶返璞归真，回归本质属性。

俗话说：解铃还须系铃人。既然斗茶能被一些商人利用，成为追逐名利、助推“天价茶”的工具，那为何不也用斗茶，让武夷岩茶回归本色，从神坛走向寻常百姓家，以其人之道还治其人之身？

2017 年，第十一届海峡两岸茶博会期间，在凯捷茶城，又一个新颖的斗茶项目——“海峡两岸民间优质商品茶斗茶赛”开赛。这个优质商品茶斗茶赛，与其他所有斗茶赛不同，不求高端，只为大众。特别规定奖金不能设高，每斤特等奖 500 元，金奖 300 元，银奖 200 元，不限产地，重在参与。参选茶样按堆头 100 ~ 120 斤选送封堆。既斗茶，又帮茶人卖茶，一举两得。

主办方增加这个优质商品茶专场斗茶赛，目的就是让茶叶消费者树立正确消费观，别追逐噱头，适合你的就是好茶。武夷岩茶好茶也不贵，百姓喝得起。

百姓生活中开门七件事，柴米油盐酱醋茶，如果茶变成高端奢侈品，老百姓都买不起，喝不起，那这个产业就会失去发展的根基，无法实现可持续发展。再说如今中央出台了八项规定，就是要反对奢侈浪费。所以，此时开展平价优质茶的斗茶活动，恰逢其时。

茶博会上，姜华在斗茶现场碰到彭祖茶业公司老板彭总。彭总兴奋地晃了晃手中的两个获奖证书说：“领导，我获得优质商品茶斗茶赛两个奖项，不仅卖了200斤茶，还一下出了名。刚才有几个茶商约了要去我公司喝茶、看茶。”

第二天，姜华来到茶博会展馆，遇到杭州一位老茶客朱总。他是海峡两岸茶博会的常客。一见面，他就半信半疑地问：“姜副市长，我这次在展馆巡馆时发现，不少武夷山茶企业泡的茶，品了口感都不错，一问价格才几百元一斤，这是真的吗？”

“是呀！他们怎么敢忽悠你这个老岩茶客，武夷岩茶平价也有好茶的。”

在这届民间斗茶赛中，组委会引进新媒体科技开展“互联网+斗茶”活动，分别在福州、厦门两地同步开展现场斗茶活动，画面同步切换，进一步扩大了斗茶活动宣传范围，增强了大众的参与感、体验感和活动的互动性、真实性。“寻找我心中的‘茶王’”，成为各地斗茶赛事中最有趣和最有吸引力的活动项目，社会反响良好。后续几届民间斗茶赛的“互联网+斗茶”现场，又增加了我国的北京、上海、深圳、广州、台湾，以及日本，每届曝光量达7000多万次。

当年年底的一天，武夷山茶博办衷主任悄悄地告诉姜华：“第二届优质商品茶斗茶赛，刘会长自己垫付了100多万元活动经费，才保证那次斗茶活动如期顺利举办。”

姜华听后心中纳闷，怎么事先没听刘会长说起这事呀？仔细一了解，原来事先承诺做优质商品茶斗茶活动赞助商的一个供销社因故临时改变主意，不做赞助商了。刘会长来不及找到新的赞助商，为不影响斗茶活动顺利举办，就悄悄地让自己家的茶业公司赞助垫资。

刘会长就是这样一个行动胜于语言的人。为了弘扬武夷山的斗茶文化，他总是默默地倾注自己的热情和心血。

顿时，姜华觉得一股涓涓热流涌上心头，暖暖的、热热的，久久不能散去。多好的同事呀！对这位共事多年、脚踏实地、不图名利的茶人、专家、会长，姜华一直从内心尊敬。

现如今，平价优质商品茶斗茶赛已被福州一家茶业大公司看好，该公司还长期支持赞助购买获奖茶，这种做法也被外地效仿。2021年，福建省首届“福茶杯”斗茶赛也采取了限价每斤400元、1000斤大堆头的评比收购方式。茶叶回归本质属性已被越来越多人所关注和接受。

星村镇黄村有一个茗川世府茶叶专业合作社，领头人叫黄正华。他身材瘦小，其貌不扬，可能言善辩，两只小眼睛特别灵动有神，总能令人产生好感。他头脑聪慧机敏，行事独立果敢，虽已过不惑之年，但经常会做些出人意料的事。

2016年，在全市村主干考公务员并转提领导干部的少数几名候选人中，黄正华名列前茅。就在亲朋好友准备把盏庆祝时，他悄悄地向市里打了报告，主动放弃了这个多少人梦寐以求的机会。他自己的茶企业办得红红火火，却领头组织起茶专业合作社，想帮助合作社130多家小散茶农卖茶。

他看到小散茶农没品牌，茶难卖，就想到用斗茶的方法营销茶。他定期组织合作社茶农到福州、厦门等地的茶叶经销商那里，举行斗茶选货活动。

2014年的一天，福州铜盘路一个茶店忽然热闹起来。黄正华正组织专业合作社茶农在茶店里举办斗茶采购活动。与众不同的是，这次斗茶，每个茶样以暗码评审，事先明码标价，而且评审茶叶质量的不是专业大师，而是一群茶叶采购商。大家根据自己市场客户喜好，评审选货。

明岩茶业公司邱总经理已选好十多款茶叶，可觉得其中两款肉桂茶价格偏高，希望能降点价。茶专业合作社的人告诉他，只允许和茶农议价一次，结果一款360元一斤的肉桂茶成交，另一款500元一斤的茶，由于茶农不同意降价，他只好放弃了购买意愿。他对茗川世府这样的斗茶采购活动非常满意，每年都要参加三五次，采购300多万元货物。

仙店茶叶合作社茶农生产的多数为中低端茶，合作社为帮助茶农卖茶，与厦门一个茶业大公司每年合作举办一次大型斗茶活动，公司从中选出性价比高的几万斤好茶，公司满意，茶农开心。

厦门中茶公司、华祥苑公司、八马公司等大集团公司，每年大量购买武夷岩茶时，都纷纷采用斗茶赛这种模式，使古老的民间斗茶活动在新时代又焕发了生机。

由此，古老的斗茶从文化交流又转变成新型的商品交易模式，跟上了市场经济时代潮流。

斗茶，原只是古代达官显贵、文人墨客雅玩比试的娱乐游戏，后传入民间，百姓效行，引为乐事。正如范仲淹《和章岷从事斗茶歌》所描述的那样："北苑将期献天子，林下雄豪先斗美。"苏轼在《荔枝叹》中说："君不见武夷溪边粟粒芽，前丁后蔡相笼加。争新买宠各出意，今年斗品充官茶。"

随着时代发展和社会进步，斗茶已不再只是游戏娱乐方式，时代为它增添了更多的新内容和新含义。

斗茶，正从文化向经济演绎。它已成为茶产业发展的助推器，比学交流的新平台，现代人休闲养生的调节剂，市场营销的新模式。

北宋文学家范仲淹当年游历武夷山，写下了脍炙人口的《斗茶歌》，武夷斗茶盛况誉满京城。可范老先生怎么也没想到，一千多年后，如今的武夷山民间斗茶不仅辉煌再现，而且漂洋过海，誉满全球。

真是"不如仙山一啜好，泠然便欲乘风飞。君莫羡，花间女郎只斗草，赢得珠玑满斗归"。而如今，这珠玑就是——武夷茶誉满全球，中国茶走向世界！

第七章

来之不易的大红袍

最高级别『通行证』

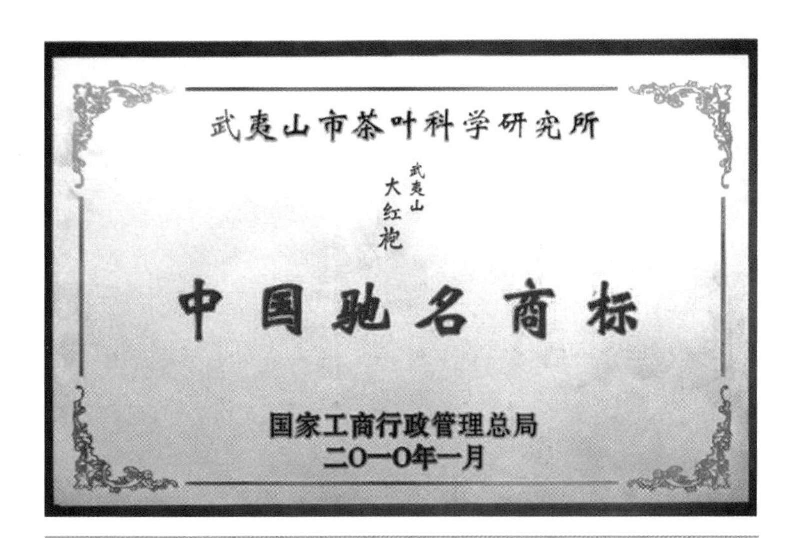

2010 年 1 月 25 日，武夷山大红袍被国家工商行政管理总局正式认定为中国驰名商标。

（吴林春供图）

2009年8月的一天，姜华前脚刚进办公室，后脚就接到工商局李局长打来的电话，说是有急事要来汇报。听他那焦急万分的口气，好像事情还挺严重。放下电话，姜华心里嘀咕起来，工商局不属自己工作分管范畴，会有什么急事要找他呢？

忽然，姜华心里一闪念，不会是那个事吧？

没多久，李局长就急匆匆推门进来。他屁股还没坐下，嘴里就火急火燎地冒出一句："大红袍申报驰名商标的事有点麻烦了。"

真是怕什么就来什么，哪壶不开就提哪壶。李局长一句话把姜华刚才心里一闪念的事给坐实了。

近两年，姜华与工商局有直接工作交集的也就是大红袍申报驰名商标的事了。

武夷山大红袍茶日益红火，可有名茶无名牌的窘迫现状一直困扰着武夷山市政府和茶企业，严重制约着茶产业的健康发展。市场上各种名目繁多的大红袍茶满天飞，什么"闽南大红袍""广西大红袍""广东大红袍"，还有大红袍酒、大红袍肥皂，使广大消费者难以辨识哪个是真、哪个是假。

面对市场上这些"真假李逵"，目前武夷山大红袍这普通商标，不管是就保护层面而言还是就保护力度而言都是远远不够的，只有创建一个更高级别的商标，给予更有力的法律保护，才能让消费者买得放心。

当时我国商标的最高级别，就是驰名商标了。因为驰名商标的法律保护范围，不仅仅局限于相同或者类似商品或服务，不相同或者不相类似的商品申请注册或者想使用已注册保护的驰名商标时，将不予注册并禁止使用。因此，驰名商标被赋予了比较广泛的排他性权利。驰名商标受国际社会广泛认可，被喻为我国商标品牌最高级别的"通行证"。

2008年下半年，武夷山市政府决定启动"武夷山大红袍"中国驰名商标申请认定工作。消息一传出，全市茶企业欢欣鼓舞，茶人更是高兴得奔走相告。多年来，茶企业已深受没有品牌保护之苦，他们说政府再不加大保护力度，真李逵都快被假李逵打败了。

然而，一阵喜悦过后，李局长犯起了难。根据有关政策规定，只有获得省级著名商标满三年后，才有资格申报国家级驰名商标。可眼下“武夷山大红袍”只是闽北知名商标，还未被认定为省级著名商标。而要想在两年里实现商标品牌三级跳，说起来容易，做起来就难了。如果还是按部就班走程序办事，肯定行不通。

弯道超车，不能办的事情就变通着办，这是那几年的时髦口号和要求。

于是，姜华给工商局李局长布置了一个任务，创建著名商标和驰名商标申报工作同时开展、同步推进。功夫不负有心人，2008 年年末，“武夷山大红袍”被认定为省级著名商标，总算拿到了申报国家级驰名商标的入场券。

2009 年 4 月，茶科所编制了一本武夷山大红袍中国驰名商标申报材料，正式上报省工商局。这份材料汇编了全市大红袍茶叶品牌宣传图片、文字、税收、企业合同表格证明等内容，长达 352 页，厚 5 厘米。

事情进展得这么顺利，姜华心想，看来也没有当初想的那么复杂呀!

可他哪里知道，这只是驰名商标申报工作的前奏曲，真正的困难坎坷还在后面。

工商局商标股曹股长这几天格外忙碌。他已连续几天趴在电脑桌上，逐类查看全市两千多家茶企注册的商标。电脑屏幕上一行一行跳动的字和那一闪一闪的强光刺激着他的双眼，眼睛干涩疼痛，已有点微肿，他揉了揉眼睛，实在难受就到卫生间用凉水洗洗，滴几滴眼药水，闭目几秒钟歇一下，然后继续翻阅。

曹股长是一个资深的业务骨干，他知道申报中国驰名商标有三种路径可选择：商标侵权、商标异议和商标争议。

但前两种路径，都不适合武夷山，因它们都要求在获得省级著名商标满三年后，才能开始申报中国驰名商标。可时间不等人呀！市里提出的要求是在两年内拿到驰名商标。

看来只有弯道超车，在两年内走最快捷且最有可能审核获批的程序，也就是商标争议程序。可是商标争议程序不是想走就能走得了的，它有一个绕不开的环节，那就是要找到一个能引发启动商标争议

程序的缘由引擎。如果找不到这个引擎，两年内拿到大红袍驰名商标也就成了一句空话。

曹股长这几天废寝忘食，费尽心思，就是想从全市找出一两个茶企业有在其他领域注册“大红袍”商标的记录。这是启动商标争议程序的关键前提和引擎，只有找到这样的茶企业，“大红袍”商标的所有权人——茶科所才能以此为由，认为这个茶企业注册的商标对驰名商标构成影响，然后向国家工商行政管理总局商标评审委员会提出争议，要求阻止该茶企业继续使用该商标。

同时，茶科所进行注册领域维权。如果国家商标评审委员会确认这个事实成立，那就意味着“大红袍”证明商标被确定为驰名商标。该程序的最大优势是，不受申报驰名商标必须要获得省级著名商标满三年的条件约束，真正实现弯道超车。

熟悉政策，巧妙加以利用，往往事半功倍。要用足用活政策，只有这样，弯道超车才有可能不翻车。

忽然，电脑屏幕上跳出一行令曹股长精神一振的信息：某茶业公司 2004 年在“空气净化制剂”蚊香类商品中注册了“大红袍”商标。这是全市两千多家茶企中唯一一个在其他类别注册“大红袍”商标的茶企业。这也是他连续几天趴在电脑前的唯一收获。

曹股长如释重负，喜出望外，抑制不住激动和兴奋。要不是办公室还有其他人上班，他此时真想跳起来欢呼庆贺。眼下，他只能用手轻轻叩了两下桌子：“就是它了！”

可高兴劲儿还没缓过来，他似乎忽然想到什么，神经一绷，若有所思地犯起愁来。

该茶业公司是市里的一个省级龙头企业，企业老板个性强，性格直率。如果茶科所要就该企业已经合法注册的“空气净化制剂”类蚊香产品“大红袍”商标，向国家工商行政管理总局商标评审委员会提出争议，反过来还要这家茶企业自己承认会造成不良影响，进而主动放弃这个类别产品的“大红袍”商标使用权，这个要求是有点强人所难呀！现在有谁能接受呢？更何况该茶业公司还是省级龙头企业，企业也要顾及自身形象，更不可能接受这个强人所难的要求，企业老板也不会同意这么做的。如果这家企业提出申诉，那茶科所提出的争议必输，商标申报工作将前功尽弃。

然而，自古华山一条道，曹股长别无选择又心有不甘，他怎么肯轻易放弃这来之不易的唯一线索和路径。他抱着试一试的想法，详细向李局长做了汇报。

李局长沉默了半晌，没吱声。这的确是件棘手的事。

听了李局长的汇报，姜华给他出了个主意。不是有句话叫“一把钥匙开一把锁”吗？姜华叫他先去和茶业局陈局长沟通一下，然后二人再一同去做该公司的工作。

这家茶业公司是 21 世纪初茶业局的前身——岩茶总公司改制时招商引资来的一家企业。陈局长时任岩茶总公司副总经理兼企业改制领导小组副组长，在对接这家企业落地建设、茶叶生产基地、“大红袍”商标权使用等方面做了较多具体工作。重要的是陈局长为人灵活机敏，能屈能伸，善于见机行事，且和该公司老板私交甚好。

第二天，陈局长和李局长应约来到了该茶企业老板的办公室。这是一个四十多岁的中年大汉，圆脸，短平头，说话声音洪亮，直来直去。仔细听完两位局长的来意，茶企业老总揶揄地说：“我说呢，两位局长今天怎么会一同前来！”

说归说，笑归笑。他还是立马把公司分管品牌营销的副总经理和经办人员叫上来，一阵仔细商量后，茶企业老板胳膊一抬，爽快大声地说：“市里申报‘大红袍’驰名商标是惠民、惠产业的大事好事，只要能为申报工作出一份力，我愿意配合你们。”

出乎意料的爽快，始料未及的顺利，让两位局长怔了半晌，一时没反应过来。事前的一切烦恼担忧，都随着茶企业老板干脆利落的承诺和爽快笑声飞到九霄云外。

临行之前，工商局李局长还寻思着，如果今天谈不拢，他得请市领导出面协调。陈局长心里也没有十足把握。可眼下，就这么三言两语，茶企业老板就识大体、顾大局，爽快地答应了，两位局长的忧愁云开雾散，心情格外舒畅。

陈局长顿时欣喜若狂得有点不知所措，激动地上前和茶企业老板拥抱，圆润的脸上洋溢着喜悦欢欣的笑容，嘴角张开上翘，两只乌黑的眼眸更加浑圆明亮。他情不自禁地用两手使劲拍打着茶企业老板后背，一口一个：“够朋友！”

申报路径解决了，没想到半路上又杀出一个程咬金，让工商局李局长虚惊一场。

国家工商行政管理总局有一位处长，近几天正在武夷山对地理标志商标使用管理情况进行调研。李局长很清楚，这位处长此时的调研，将对今后武夷山申报“大红袍”驰名商标起到至关重要的作用。为此，他不敢掉以轻心，特地精心安排曹股长全程陪同。

曹股长身材瘦小，为人比较精明，做事比较细致周到。他理解李局长的良苦用心，因此这几天不敢有丝毫怠慢。应当说效果还是很好的，北京来的处长高度肯定、表扬了市局的工作。

可谁曾想到半路杀出一个程咬金。前一天下午这位处长到一家茶企业调研，那茶企老板信口开河：“武夷山现在没有正宗的大红袍茶，市场上都是拼配的大红袍茶。”

处长回酒店后对曹股长说道：“地理标志商标很重要的一点就是商品要来源于该地理区域，并且有着该商品的特定质量和信誉。如果大红袍都是拼配而成，那怎么保证其特定质量和信誉？”

眼看一个细节的忽视有可能造成前功尽弃的后果，李局长也不免焦虑忧心起来。面对处长的误解，他不好直接反驳。可怎么才能解开处长这心结呢？

他眉头一皱，计上心来。他要安排一场具有特殊意义的茶叙。

北斗茶科所在旗山工业园区南端，占地面积不大，建筑布局倒是科学合理，环境舒适清雅。雅室茶席，亭阁曲水，绿坪香花，交相辉映，相得益彰。翠竹幽径把厂房与办公区分隔开，舒适合理。

北斗茶科所掌门人陈老，年近七十，脸庞消瘦，短发银白。他一生执着从事武夷岩茶的研究，满脸都是岁月沧桑的印记。他是武夷山第一个引种无性繁殖大红袍之人，坊间称他为“大红袍之父”。陈老虽已年届古稀，平日少言寡语，可一说到大红袍，他就精神抖擞，两眼放光，眉飞色舞，语言畅快。

“陈老，请教一下，武夷山大红袍茶都是拼配的吗？”品茶聊天没多久，处长就带着疑惑询问眼前这位久闻大名却初次见面的老专家。

陈老微笑不语，先冲泡了一泡岩茶请处长品饮。

“好茶，品后口舌生津，喉底回甘。”处长赞不绝口，“陈老，这是什么茶？”

陈老还是笑而不语。紧接着，他又拿出另外一泡岩茶冲泡，斟上递给处长：“请领导再品一下，这泡茶感觉有什么差别。”

处长端杯细闻，慢啜细品，似乎找不到差别，又重新品啜了几口说：“口感上和上一泡茶差不多吧，只是香气更幽些，这一泡又是什么茶？”

陈老指着桌前刚冲泡的两泡茶说：“这两泡都是大红袍茶，第一杯泡的是拼配大红袍，第二杯泡的是纯种大红袍。”

“是吗？我说怎么品的口感都差不多，原来都是大红袍茶呀！”

片刻，处长若有所思地又问：“拼配大红袍茶怎么还能保留大红袍茶的品质和口感呢？”

陈老想了想，不紧不慢地打开了话匣子。

“大红袍首先是武夷山岩茶的品牌概念。早在 2001 年，武夷山获批大红袍地理标志商标后，市委、市政府就决定把全市岩茶统一纳入‘武夷山大红袍’品牌下管理，宣传推广。”

“其次，大红袍又是产品名称。它分为母树大红袍茶、纯种大红袍茶和拼配大红袍茶。母树大红袍就是九龙窠崖壁上那六棵老茶树。2006 年，市委、市政府决定停采留养，市场上没有它们的茶品卖。”

“纯种大红袍茶是用母树大红袍茶树单枝条扦插无性繁殖的茶树，用这单一品种制作的岩茶就是纯种大红袍茶，也就是茶人常说的奇丹品种茶。”

“再一个就是拼配大红袍茶。它是以武夷山区域内生产的多个品种的岩茶，如肉桂、水仙、小品种茶、名丛等为原料，由各制茶师傅按不同比例并结合市场上消费者的需求适当拼配，拼配的大红袍茶仍旧保留了大红袍岩茶活、甘、清、香的优秀品质和口感特征，很受消费者喜爱，所以也称为商品大红袍。”

“哦，原来如此，我今天真是不虚此行，获益匪浅。”处长一脸释然，疑窦顿开，脸上露出开心愉悦的笑容。李局长、曹股长见状，悬在心里的石块总算落了地。

2009年8月，省工商局正式向国家工商行政管理总局送交了武夷山大红袍中国驰名商标申请材料及推荐函。申报工作按期推进，现在就等国家工商行政管理总局最后的审批。紧张了近一年，现在的姜华总算松了口气。

然而，世事难料，就在姜华满心欢喜等待结果时，眼前李局长的一句话仿佛把他推至谷底。他迫不及待地追问李局长：“驰名商标申报又遇到什么麻烦事？”

从李局长那急切的说话声中，姜华知道了个大概。驰名商标申报竞争激烈，上级有关部门有一个不成文的规矩，一般一个省每年相同类别驰名商标只能推荐一个。福建省相关部门在已推荐武夷山大红袍后，近期不知什么原因又推荐了福鼎白茶。这无形中给武夷山大红袍申报带来了竞争的压力，甚至有可能会发生变故，难怪李局长会焦虑担忧起来。

事出反常必有因，看李局长汇报时欲言又止、吞吞吐吐的神态，姜华更加证实了心里的揣测。他肯定另有隐情没说，但他不明说，姜华也不好深究。

“姜副市长，您看下近日能否带领市里相关部门人员专程去趟省城，找相关部门领导汇报沟通一下。”李局长带着请求和希冀的目光望着他。

“只是这次上去汇报，可能不会太顺利。”李局长犹豫迟疑了一下，还是小声补充了一句话。

姜华听后一下子没吱声。说实在话，倒不是担心被省里相关部门领导批评，他左右为难的原因是商标工作不属于自己政府职责分工范围，如果贸然带人上省局汇报工作，有越俎代庖之嫌，于是他说：“这样吧，我明天和市长及你的分管副市长沟通一下，再做决定。”

省直相关部门位于省会城市的繁华街道旁。十一层的大厦，虽比不上周边鳞次栉比的高楼豪华气派，但也是高耸威严，蓝玻璃幕墙在阳光的照射下熠熠生辉，着实壮观。

这天，姜华带领武夷山市六七个相关部门的科局长步入大厦，安静的大厦内庄严的气氛让人不由自主放慢脚步，轻声低语。省直机关和县市基层就是不一样，习惯了繁忙热闹、人来人往氛围的姜华，一下还不怎么适应大机关这种安静得有点压抑的气氛。在办公楼四层的小会议室里，他们恭敬地等候省局领导。

半个多小时后，会议室进来一位步履矫健、走路虎虎生风的中年男子，他长方形脸庞，棱角分明，天庭饱满，魁梧的身材，挺直的腰板，浑身上下散发出一股军人的气质。

姜华以前听李局长聊过，省里这个部门有一位副局长是刚从部队转业过来的师级领导。看进来的人的行为举止，姜华心想这应当就是那位副局长了，他急忙起身热情相迎。

“领导，武夷山姜副市长今天率领几个科局长专程来向您汇报工作。”李局长起座快步向前介绍。

“哦，辛苦你们大老远跑过来，请坐吧!”省局领导热情地招呼道。

简单寒暄过后，姜华就迫不及待地向省局副局长做了近期大红袍驰名商标申报工作的汇报。省局副局长听了六七分钟汇报后，抬起手腕看了看表说：“你们汇报简单点，等一下我还有一个活动要参加。”

临行前，姜华已做足了此次工作汇报的准备，他自信满满地想利用这次难得的机会，好好发挥一下自己能言善辩的口才和激情去感染打动省局领导，从而激发出他们的热情，得到他们一个倾向性指导意见。

然而，姜华却忽视了一个很重要的道理，有时功夫是在功外。省局副局长的一句提醒，顿时让他醒悟过来，他忽然意识到自己此次省局之行，汇报工作是次要的，这些工作省局也许早就掌握了，此行重要的是向省局领导表明武夷山市的一个工作态度，自己是来听取落实省局领导的指示的。《道德经》有云：“天下难事，必作于易。天下大事，必作于细。”想到这里，姜华立即三言两语，言简意赅地结束了工作汇报，话锋一转，谦逊微笑地对省局副局长说：“请领导对我们的工作给予指导帮助。”

副局长也不客套，单刀直入：“你们武夷山市政府领导，还是要

进一步重视大红袍商标品牌建设和宣传工作呀！”说话间，他手指还不停地“扑吱、扑吱”轻扣着桌面。

“我们怎么还不够重视大红袍商标创建工作呀！”李局长似乎觉得有点委屈，脸面上挂不住，低头小声嘟囔道。

副局长意味深长地继续说：“商标品牌建设，地方政府一把手要予以高度重视。这点你们市要向宁德市政府学习。他们今年申报福鼎白茶驰名商标，主要领导带队多次到省局和国家工商行政管理总局汇报沟通。近期，他们还准备在北京举办一场品牌宣传颁奖活动。”

姜华听出他的弦外之音，但又不能马上辩解，否则会适得其反。他只能时不时点头聆听，与副局长互动。

见武夷山一行人神情很认真专注，副局长说话语气柔和了许多：“武夷山申报驰名商标的推荐函，我们已上报国家工商行政管理总局，但我们后面感觉，福鼎白茶申报条件也成熟，又向国家工商行政管理总局补报了宁德市政府申报的福鼎白茶驰名商标的推荐函，想争取上面能多批准一个驰名商标。我们上下一起努力，把这事办好。”

副局长的一席话有条有理，可姜华心里老觉得不踏实，感到心里有点压抑、烦闷。先前一直担忧的事情，如今亲耳得到证实，虽有点别扭，但又说不出什么不同意见。领导都说了，补报一个只是为了多争取审批一个驰名商标，这是好事呀！眼下驰名商标申报出现竞争的局面未必是坏事，有竞争自然就有压力，有压力就会产生动力，看来得赶紧回去向市委、市政府主要领导汇报，想办法大力推进工作了。

二十来分钟的汇报会，就在副局长“我有事，今天就到这儿吧”的一声告别中结束。

离开省直部门大厦，姜华率领一行人来到省工商行政管理学校。他约了工商行政管理学校前校长陈校长见面聊聊，陈校长以前在光泽县任过县委领导，调回省城工作多年，姜华想看看他有没有协调省相关部门的办法。

就在姜华等人与陈校长对接商谈时，省直部门的办公室主任忽然急匆匆赶过来：“受局领导委托，特来接待大家吃个晚饭。”

突如其来的接待，让姜华感到诧异和暗喜，接待虽只是一个细

节，却似乎表明了省局领导的一个支持态度，看来武夷山大红袍驰名商标申报工作还是充满机会的。

回到武夷山，姜华如实向胡市长做了省城之行的情况汇报，并开诚布公地谈了自己的想法与担忧。市长没有做过多解释，他爽朗一笑说：“没事，事在人为，我近期会亲自去省直部门找一把手汇报一下申报工作。同时，我们也想办法去国家工商行政管理总局做下沟通。”

金色十月，秋风送爽。胡市长带领工商局李局长、曹股长专程进京去拜访国家工商行政管理总局领导。

大红袍驰名商标评审认证工作已进入关键期，胡市长深感越到最后关键时刻越不能掉以轻心。他思来想去，觉得不能把责任都压在一个省直单位身上，坐等其成。武夷山市政府也要主动作为，他为进京汇报工作做好了前期充分准备。

第一站，他们来到国家商标评审委员会。此次武夷山大红袍驰名商标申报走的是争议程序，商标评审委员会是至关重要的第一关。

商标评审委员会主任是福建闽南人，一位相貌堂堂、仪表端庄的中年男子，说话还带有闽南口音。商标委主任听完武夷山市市长的汇报，尤其是武夷山大红袍驰名商标申报为什么要走争议程序的初衷和历程，不由得肃然起敬。一个基层县级市的市长，每天要处理多少政务、琐事，可是说起驰名商标申报工作却轻车熟路，如数家珍，他对这位来自家乡的领导又增添了一份敬佩之情。

第二天，胡市长三人应约来到国家工商行政管理总局一位分管商标工作的副局长办公室。为了这次汇报工作的有效性，胡市长提前做了大量准备工作，副局长在百忙中专门安排了这一次汇报会。

胡市长从大红袍的文化历史，大红袍独特的生长环境和独特的生产种植技术及加工工艺，讲到市委、市政府近几年如何重视加强品牌创建，引发了领导的共鸣和兴趣，一个半小时的汇报会开得轻松愉快。

离开工商总局领导办公室，胡市长愉悦的心情油然而生，一段时间的压力此时才得以释放。

10 月末，胡市长从省城打来电话，叫姜华和茶业局陈局长立即赶到省工商局，说国家工商行政管理总局有一位副局长正在省工商局检查工作，省工商局局长主动帮忙相约，安排晚上听取武夷山市政府关于申报大红袍驰名商标工作的汇报。

机遇难得，姜华和茶业局陈局长不敢耽搁，当天晚上如期赶到福州西湖宾馆，只见省工商局局长和前不久见过面的那位省直部门副局长也早已在那里等候。当武夷山市胡市长向国家工商行政管理总局领导做了申报驰名商标工作的详细汇报后，那位副局长也做了许多有益的补充。

至此，武夷山市政府在短短一个多月里，分别向国家工商行政管理总局两位副局长及商标评审委员会主任做了工作汇报。

有位知名成功企业家曾说过一段名言：这世界上没有劈不开的柴，只有不锋利的刀斧；没有做不到的事，只有不想做事的人。你不拼，梦想永远难实现。你不拼，成功永远不会出现。

2010 年 1 月 25 日，“武夷山大红袍”被国家工商行政管理总局正式认定为中国驰名商标。武夷山终于拿到大红袍商标最高级别“通行证”。这还是当年全南平市茶叶类第一张此级别的“通行证”。

当工商局李局长电话告知这一喜讯时，姜华的心刹那间充满了如愿以偿的喜悦，一种拼搏后成功的轻松感、自豪感、成就感激荡着胸怀，像在战场上拼杀，攻下堡垒、拿下山头阵地那样兴奋舒畅。

据说福鼎白茶同期也被国家工商行政管理总局认定为中国驰名商标，一个皆大欢喜的结果。

想想这一年多，一波三折、曲折坎坷的驰名商标申报经历，姜华忽然记起徐特立先生曾说过一句话：“有困难是坏事也是好事，困难会逼着人想办法，困难环境能锻炼出人才来。”世间事情有一半是“有所激有所逼”而成的。人只有遇到压力才会有动力。不过，姜华倒是认为这激也好、逼也好，都是建立在事业情怀与责任担当之上的。

“武夷山大红袍”被认定为中国驰名商标后，茶业局很快制定了一个使用驰名商标的管理办法，给这张最高级别“通行证”又加上了一个防护码。来之不易的东西更会让人加倍珍惜。明末清初著名理学家、教育家朱柏庐在《治家格言》中说道：“一粥一饭，当思来之不易；半丝半缕，恒念物力维艰。”

第八章

秃山复绿之艰辛

2016年3月，武夷山市组织几百名干部职工参与兴田镇违规开垦茶山综合整治行动，市委马必钢书记（左二）和徐春晖市长（左三）带领大家在“秃顶山”及时植树复绿。

（杨文富供图）

2010年3月3日清晨，宁静的桐星公路被一阵隆隆的马达轰鸣声惊醒，几十辆车浩浩荡荡向四新进发。警车鸣笛开道，威严的鸣笛声让路人心存敬畏，纷纷让道。行政执法车高音喇叭不停循环宣传《森林法》及政府专项行动通告。一支由景区、公安局、司法局、林业局、行政执法局、水利局、茶业局、广电局等单位干部组成的行动队伍共200多人，乘坐十几辆大巴车。车队最后是十几辆装满树苗的卡车和专业造林人员。

路边田头几个做事的农民被眼前的壮观景象震住了。他们已很多年没见着这个阵仗，都不知道发生了什么事，纷纷停下手中的农活，驻足观望，心里猜测着车队前进的方向和目的。是植树造林吗？那也不需要这么早排这个阵势呀。是去执法抓人吗？也不像，因为也用不了这么多人呀。

车队驶到曹墩桥口，往左一拐，来到四新里南山。

四新，方圆四十多平方公里，在九曲溪上游桐星溪畔。不久前，姜华和朋友还到过那里郊游。

山峦起伏，满目苍翠，树木在和煦的阳光照射下，更显得俊伟挺拔，绿影婆娑。姜华随性仰躺在柔软的绿草坡上，品闻林间徐徐吹来的草木独有的清幽芳香，枕听着山涧悦耳的潺潺流水声，忍不住起身掬几口溪水，顿时清爽、甘甜直透喉底，一切烦恼被荡尽，留下的是通身的舒心惬意。真是一个令人心醉，来了就不想走的地方！

然而，令姜华万万没想到的是，就在这么个山川秀美、绿意盎然的地方，会发生一起震惊全市的“种茶秃山事件”。

早在2008年年底，武夷山市政府就出台了《关于科学开垦茶园、保护生态资源的通告》（简称《通告》），规定了茶山十个禁止开垦区域，建立了茶园开垦审批制度。据说当时，这在全省是第一份规范茶山科学开垦的文件，在全国也是较早制定的具有前瞻性的茶产业发展规范管理性文件。

然而，政府《通告》发出近一年，乱开垦茶山的行为表面上有所收敛，背地里却屡禁不止，甚至有蔓延之趋势。

2009年初夏的一天，姜华刚吃过早饭，就赶忙催促司机小徐抓紧时间驱车前往星村四新。

昨晚市委办通知，上午 9 点，市委、市政府要在星村四新一个山场召开现场会。

小车在公路上急驰。听政府办秘书说，今天上午的会，市里四套班子主要领导和一些相关科局长都要参加，会议具体内容尚不知道。

这么多主要领导集中到野外山场开会，而且事先不通知会议内容还是首次。“开什么会呢？”姜华仰靠在座椅背上，随着汽车摇晃，心里琢磨着：“会议地点选在山上，那肯定和自己分管的农村工作有关系呀。不会出什么事吧？”想到这儿，心里忽然不由自主地紧张了一下。

市委主要领导生性耿直，工作认真，少言寡语，不苟言笑。他平日里下乡走基层，一旦发现什么问题，马上就会临时通知相关部门领导立即赶到现场办公。当相关科局长心急火燎、急匆匆赶到目的地，看到他弓着背，低着头，阴沉着脸，一口接一口抽烟时，心里都会咯噔一下，感觉脊背发凉，犹如见到黑脸判官，敬畏得不敢出声。因为他们知道接下来肯定有事要被领导批评。

记得有一次，姜华下乡刚到五夫镇，就被市委办一个电话叫到洋庄乡四渡河滩上。

彼时，水利局、环保局、国土局、执法局几位局长已低头耷脑站立在河滩上，恭恭敬敬听着市委主要领导的训斥。

“一个砂石料开采，七八个部门管理，结果还是这种状况！”市委领导目光中透出愤怒，指着面前千疮百孔的河滩，只见河滩上是一堆堆杂乱无章的废弃石料，一个个浑浊不堪的深坑水窝。

“这样的风景好看吗？重要的是还威胁到河床和两岸农田安全，污染城区居民的饮水，你们对此都熟视无睹吗？”

底下的人一阵小心翼翼的躁动、怯弱的解释、坚决的表态。

科局长们私底下开玩笑说：“工作事多不可怕，就怕市委领导临时打电话。”

吱的一声，小车戛然停住，把姜华从朦朦胧胧的回想猜测中唤醒，四新六公里山场到了。山场临溪路旁，已一字靠路边停放着众多车辆。

姜华和几个科局长沿着弯弯曲曲的羊肠小道往上攀爬，放眼四周，是蓊蓊郁郁的树林，一片生机盎然。正眼下方葫芦坪溪波光粼粼，流水潺潺，环绕山谷，宛如一条白脂玉带，串起一颗颗翡翠珠宝，煞是秀美迷人。

然而，当他们站上开会的山头，令人惊诧的反差，让人一下没回过神来。眼前一座山场光秃裸露，黄土朝天。裸露的黄土，张牙舞爪地露出狰狞的面容，大块大块的树兜、草兜底背朝天，一片狼藉，东一堆、西一丛地挨挤在一起，无比丑陋、寒碜和荒凉。碧绿秀美、生机勃勃的树和草早已荡然无存。只有那稀疏幼小、随风摇曳的茶苗战战兢兢地立在那里。山场的边界凸显出来的绿树与黄土、生命与死亡、秀美与丑陋是那样泾渭分明，格外扎眼。

市里几位主要领导都弓着背，弯着腰，聚在一片新开垦的黄土裸露的茶畦前小声嘀咕着什么，他们眉头紧锁，神情凝重，仿佛山雨欲来风满楼。

山上零零散散、三五成群地聚集着参会的领导干部，没有大声的喧哗，只有窃窃私语的询问和一脸的茫然。

“大家看看脚下这片山场，有什么想说的吗？”市委主要领导开门见山地发问。

犹如面试考官的考问，法官的质询。山头上，科局长们左顾右望，面面相觑，没有一个人敢回答。这不仅仅是慑于市领导的威严，更是被眼前触目惊心的生态破坏震惊了。大家一时不知道如何回答。有几个性情胆怯的局长还悄悄移动身子，隐藏到前面人的背后，低头瞧着脚下的黄土。

“林业局局长，你把关于这片山场的调查情况说一下。”市委领导平缓了下情绪说。

一个身穿黑色夹克的高个中年男子，从姜华的身旁往山坡上紧走了几步，四十五六岁年纪，阳光的面容，匀称结实、充满活力的身材。他就是林业局杨局长，一位林业科班出身的老局长。

“这片山场分三大片约 300 亩，由曹墩村一个叫汪百万的村民承包经营三十年。去年冬，他到林业局规划审批皆伐木材。皆伐后，他看这两年茶叶发展势头很好，就没按合同内容更新种植马尾松，而是改种了茶树。”杨局长简要做了汇报。

“这家伙真是胆大妄为，破坏生态开茶山，要好好查他一下。”

“问题是他开自己承包经营的山种茶，茶说起来也是经济林，能不能处罚呀？”参会人群中有人低声议论。

杨局长见领导们都望着他，便说：“从目前查证的情况看，他违反林业造林合同，可以进行行政处罚。是否有其他违法行为正在进一步调查。”

“对这种破坏生态环境的行为，水土保持法应该有相关处罚规定。”市长的目光在参会的领导间扫视了一圈，“水利局说一下。”

他话音刚落，从人群后面走出一个身材瘦小、头发稀疏、鬓角有点斑白的人。他小心谨慎、声调低沉地说：“水土保持法规定对破坏水土，造成严重水土流失的可以处罚，但只是经济处罚，对个人最高每平方米处罚 2 元。”

“就 2 元钱呀，那一亩才罚 1300 多元？”

“现在种一亩茶山，一年转手倒卖，利润就有 1 万多元。才罚 1000 多元，这违法成本也太低了。”

“法律震慑力也太小了吧。”

人群中传出一阵骚动和嘈杂的交谈声。

是呀，武夷山这几年茶产业发展有了一个快速增长。2009 年，全市茶叶税收达 2319 万元，比 2006 年增长近七倍。老百姓都说，这几年市区内轿车明显多了不少。街上跑的豪华车，十辆就有七八辆是茶企老板的。茶业发展了，问题也随之而来。为追求利益最大化，出现茶企、茶农抢占资源，无序乱开垦茶山，导致良好生态环境遭严重破坏的情况。

“环保局局长，你有什么建议？”

“目前国家环境保护法对这种毁林种茶、破坏生态的行为，也还没有清晰刚性的法律处罚条文。”

“茶业局有什么要说的？”

“没有，茶业局只是一个协调机构，没有执法权。”

接下来的发言，也都是一些空泛没有实质可操作性的建议。只有肆虐的山风“呼啦啦”响个不停，夹杂着黄尘迷蒙了双眼，凉风嗖嗖，吹掀起衣角，钻进后背，令人感觉透心凉。

忽然，站在山坡上的市委领导右手一抬，指着四周绿意葱葱的树林，厉声说道：“我们这些人如果对眼前这种破坏生态、乱开茶山的现象不能制止，任其发展下去，那不用多长时间，你们眼前这片绿色树林就会消失，九曲溪就会断流，到那时还会有武夷山的茶旅产业吗？！我们对得起子孙后代吗？！”

市委领导的训斥振聋发聩，发自肺腑，山谷里余音久久回绕，震撼了与会领导。姜华是政府分管农业农村工作的领导，更是感觉到脸上一阵阵火辣辣的疼痛。

山上出现一片短暂的沉默。沉默，无语的内疚；沉默，无声的思索……

市委领导显然不仅仅是为眼前生态被破坏的景象而气恼，更主要是对这些职能部门推诿扯皮、不敢担当、缺乏主动作为的精神状态而愤怒。

“刚才你们都说没办法，没有明确清晰的法律条文规定，可我国现状是法律法规的制定、颁布与实施常常滞后于现实矛盾。如果大家都等法律法规出台完善后再有所作为，那还会有武夷山的青山绿水吗？在其位就要谋其政，从现在起各部门都要想办法，采取有力措施，立即刹住这种破坏生态环境、乱开垦茶山的行为，确保茶产业可持续健康发展。”

铿锵有力，掷地有声。十多年后，每当姜华回想起这事，当年市委领导那铿锵激奋、义愤填膺的声音都犹在耳旁。记得周恩来总理曾经说过：“只有忠实于事实，才能忠实于真理。”

会议结束，市里几个领导招呼也没打，直接驱车扬尘而去，返回市里。

星村镇党政两个主要领导目瞪口呆地站在路旁。原定现场会结束后，市领导要到镇政府食堂吃午饭。现在看这情形，没吃饭是小事，后面的事才是大事。

公路上一片尘土飞扬，渐渐地尘埃落地，留给镇里的是分析、揣测和深深的不安。

这次市里领导真是动气了。

正因有了四新“种茶秃山事件”的发生，市里决定抓典型，狠狠刹住此歪风。为此，市里专门组织了大批森林公安干警和机关干部、植树造林专业人员来四新里南山开展茶山综合整治行动，打响秃山复绿生态保卫战第一枪。

一个上午的茶山整治行动出乎意料地顺利。四处山场同时行动，或许是因为生态保护意识的觉醒，或许是因为市里旗帜鲜明的态度的压力，或许是因为高压态势的震慑，一个上午没有一个群众来阻拦。上山参与行动的每一个干部也都认真专注地逐山拔除茶苗。尤其是那些身穿迷彩服、头戴钢盔、手戴手套的行政执法干部更是冲在前、拔在前，逐畦逐垅拔除茶苗。渐渐地，山坳处堆满了拔出的茶苗。几个执法干部用柴刀砍断茶苗，他们担心茶农会将被拔出的茶苗拿回去重新上山补种。

“不用这样一棵棵砍断，太慢又费事。不如直接焚烧更快。”山上有人提议。

说话间，没多久，十几个干部就把满山零散分布的茶苗归拢堆积如山。瞬间，大火点燃，热浪烈焰把茶苗枝叶烧烤得“噼里啪啦”作响。浓烟在山坳里冉冉升起。

就在机关干部拔除茶苗干得热火朝天的同时，林业局组织的专业造林队伍也马不停蹄地在已拔除茶苗的山场挖穴植树造林，生机勃勃的松树、杉树和阔叶树苗又重新给山头披上了绿装。

拔除茶苗只是手段，植树复绿才是目的，其根本就是还原青山绿水的良好生态环境。

姜华站在山顶上遥望四处热火朝天的场面，心中似乎轻松了许多，感觉那张无形的网总算被撕开一个大口子，没有那么令人窒息了。但他清楚这只是整治行动的前奏曲，个人利益与全局利益的较

量、守法与违法的较量、发展与保护的矛盾冲突永远在路上。“路漫漫其修远兮，吾将上下而求索。”

为确保今天这秃山复绿第一枪打响，打出威势，半个多月前姜华和市委刘副书记就率领林业局、森林公安、行政执法局、星村镇主要领导到四新里南山场察看。

四新里南山，北靠桐木溪，南朝葫芦坪溪，西连桐木自然保护区，东接曹墩村。山内林木葱郁，绿峦叠嶂，流水潺潺，云缠雾绕，景色特别秀丽。然而就在这优美环境中，有四处山坡显得格外扎眼，山坡原本秀美的绿色已被裸土的黄色替换，生机盎然的树林已被茶苗取代。

他们决定就在里南山这四处违规开垦的茶山上，开展一次大规模集中统一整治行动。

从曹墩去往桐木的曹墩桥丫口处，左侧一条简易公路就是通往四新里南山的必经之道。在离整治行动山场约 5 公里处一片平坦开阔的茶厂前，市委刘副书记驻足观望了一会儿，对星村镇镇长说：“镇里在这里安排一个劝解组，作为明天行动的第一道防线。主要是拦截企图到行动现场阻拦的群众，指挥组就设在浩韵茶厂。”

市委刘副书记是和姜华同一天从外县调到武夷山市任职的。他长期在基层工作，真抓实干敢担当，处事果敢有魄力，深受基层干部群众尊重。大家都称他是急（事）、难（事）、险（事）、重（事）的领导。跟他在一起处理棘手的工作，姜华心里踏实，更有底气。

一行人来到第一处需要整治的山场。姜华察看了一下四周环境，对随同的科局长吩咐道：“森林公安和行政执法局要在离现场前后各 500 米左右的位置，设置第二道和第三道防线，布置警力，作为现场突发事件的处置组。对少数不听劝阻，硬要上山阻拦的群众要当即果断处置。林业局要负责对四片违规开垦的茶山进行划片，召集组织人员拔除茶苗，并立即安排造林专业队伍植树造林复绿。”

一场大规模的集中统一整治行动就这样井然有序地部署着。为确保行动成功，姜华细想着可能发生的问题，提早制定预案。他心里明白在这场观念大冲撞、利益大博弈、矛盾强对垒中，首战必须全胜，否则后面的事就没法做了。

四新里南山拔除茶苗复绿整治行动，短时间内轰动了全市，这可是过去不曾有过的事情。大街小巷，茶余饭后，人们都在热议此事。有人赞同，也有人反对，有理直气壮的支持，也有阴阳怪气的敷衍，还有相当一部分人持怀疑和观望态度。要说这也不奇怪，纵观中国改革开放发展历程，哪一次的观念转变不要经历一番博弈的阵痛，何况这事还触动了不少人的切身利益。

这天，姜华和市委刘副书记、林业局杨局长、森林公安局乐局长来到星村镇山场调研。只见一处二重山的半山坡上，被刀劈断的松杉枝条四处散落，翠绿的枝芽切口还时不时冒出一点汁液，仿佛在哭诉着不幸和悲伤。树周边的小灌木和野草也已被劈得七零八落，枯萎凋黄。显然这是一处刚被毁林不久，准备违规违法种茶的山场。

"乐局长，叫星村镇森林派出所马上来个人。"刘副书记一脸怒色。

没多久，一个魁梧健壮的中年男子急匆匆赶到现场。

"你知道这山场被伐的松杉木是什么情况吗?"乐局长满脸不悦地责问。

赶来的干警左瞧瞧右看看，一脸茫然。或许他自己也是第一次知道这山场里有盗伐林木的事情。他"嘿，嘿"敷衍了一阵，赶紧与所里管片干警通电话，过了一会儿才小心翼翼地说："报告局长，这片山场是上周发现被盗伐的，面积约 40 亩。目前还没有找到盗伐者，正在调查取证。"

"你们所要抓紧时间立案侦破，坚决制止这种毁林种茶案件的发生。"乐局长态度坚决地责令道。

年底，姜华碰到乐局长问道："曹墩山场盗伐者抓到没有?"

"案件还没有破获。"乐局长忧心忡忡地说，"领导，现在侦破这类毁林种茶案子，调查取证难度较大。"

"为什么?"

"现在违法者作案手法都很隐蔽。有的是把砍伐的林木埋在深翻的土层里让办案人员找不到证据。有的是缠死树木，剥一圈树皮，断

其水分营养，让树木慢慢枯死。圈口隐藏在灌木丛里，不易被人发现，而且基本是零星蚕食，就是抓到也够不上立案条件。再就是证人难找，村民如果不是平时有矛盾积怨太深，一般都不肯指证谁是违法者。”

乐局长似乎有一肚子苦水：“前几个月，我们办了一个涉林案子。在法庭上，法官说证据不足。结果嫌疑人被释放回家，家里人还大放鞭炮迎接，对我们工作造成很大负面影响。”

“还有就是在自留山和承包山开垦种茶。如果没有违法行为，我们还真不好处理。”说完，乐局长满脸委屈和无奈。

姜华想起来，那年市里第一次召开现场会的山场业主汪百万，就是这种状况，最后结果是处罚了十几万元了事。市森林公安分局为慎重起见，还先后请了两家省级司法鉴定机构前往鉴定，也没法确定有违法行为。利益的驱使，让一些人冒险在法律边缘踩钢丝行走。

2010年春季，乍暖还寒。春虽已至，可冬末的寒意却迟迟不肯退去，时不时还要出来袭扰一下。

听说市里要开始开展大规模违规开垦茶山专项整治行动，姜华似乎一下成了热点人物，电话量也比平时成倍增多。

一天，老家一位熟人从省城给他打来电话。简单寒暄之后，他就侧面了解起武夷山打击违规开垦茶山行为的事。起初，姜华心里还纳闷，他怎么突然关心起武夷山的事来了？聊着聊着，渐渐明白，原来他是想为武夷山一个朋友讲情，其违规开垦的茶山将要被整治。姜华婉言回拒了。古人云：“上不正，下参差。”

3月底市人大和市政协两会分组讨论会上，与往年相比有个显著的变化，各组代表、委员讨论最多的热门词——茶山整治，最关心的词——禁开茶山。

“政府下决心坚决整治违规开垦茶山很有必要，刻不容缓。”

“整治茶山会不会影响我们刚发展起来的武夷岩茶呀？”有一些代表面露担心神色。

“要做大茶产业，就要有较大基数的茶园面积，我们现在才10多万亩茶山。外地有一个产茶大县拥有 60 多万亩茶山都没听说要禁止开垦茶山，还是先发展后治理吧！”

“整治茶山不能只禁止开垦，也要疏堵结合嘛。要允许各乡村适当开垦一些茶山解决农民谋生致富问题。”

茶产业，关乎全市近十万人的生计。禁开茶山，在当时全国还少有耳闻。人们从各自的观念和利益出发纷纷对此予以关注和热议。

几家知名大茶企也振振有词，说不能搞一刀切。曾几何时，他们也是慷慨陈词：“政府要下决心坚决制止乱开茶山，否则破坏了生态，没有好山好水哪来的好茶！”

一些好心的朋友私底下提醒姜华，武夷山茶叶水很深的，处事要谨慎、灵活点。

一切都来得那么恰合时宜，顺理成章，提的建议听起来也颇有些道理，关心的也是知心知己，推心置腹，可一切都尽在不言中。

透过这些言语的表象，姜华心里清楚隐藏在言语背后的，更多的是责任、担当的纠结，利益得失的驱使，幕后交易的牵绊。它们错综复杂、千丝万缕、盘根错节地交织着，好似一张无形大网紧紧绷罩着，让人有点透不过气来。

4 月初，市里又召开了一次大规模的茶山综合整治动员部署会。乡镇、街道、场，主要职能科局的领导都上台表态，政府下达了行动责任状，市里主要领导做重要讲话，媒体宣传造势，一切都在紧张有序地进行。

人常说，老大难，老大难，老大出来就不难。这次违规茶山综合整治，市里态度坚决，旗帜鲜明，会上明确提出要做到拔除一批、查处一批、立案一批、抓捕一批。

这年底，政府工作报告中首次出现了几行不同于往年的醒目数据：全市综合整治违规开垦茶山 2875 亩，刑事立案 19 起，林政立案 87 起，刑事处罚 42 人次，治安拘留 11 人次，行政处罚 173 人次，初战告捷。

2012 年元旦刚过，茶山整治办公室林副主任报来全市当年拟计划执行的茶山整治责任状任务数。年初开会部署下达整治责任状、年中

抽查、年终验收考评已成为茶山整治的常态工作。

2012年计划整治违规开垦茶山860亩，姜华看完瞬间感到惊讶、愕然。

他怀疑自己老眼昏花，拿下老花镜，用镜片布擦了几下，再戴上仔细看看，报表上确确实实、清清楚楚写着860亩。

“怎么今年就这么少的面积？这也太不符合实情了吧！”

“这是办公室催促了几遍，各乡镇、街道、场昨天才正式上报的数据。”林副主任小心辩解道，“为慎重起见，办公室还要求各乡镇、街道、场主要领导审核盖章签字后上报。”

“肯定不对！就我平时下乡看到的，随便报出几个地点，也不至于这么点面积。”

“这是根据各乡镇林业站调查摸底的数据，并经当地乡镇政府审核的呀。”林副主任没有正面回答。

林副主任是去年从乡镇转到林业局任副局长的，他说话时眼神游离，不那么自信有底气，瘦小的身材，低沉的声音，显得有点怯懦和委屈。

“别顾虑，你实话实说。”

犹豫了一会儿，林副主任吞吞吐吐说出了原委。

原来有几个大的乡镇、街道主要领导，见林业站呈报的违规茶山摸底面积数较大，不肯盖章签名，神情不悦地暗示：“我们这里违规开垦的茶山面积怎么会有这么大？要实事求是嘛！别给自己找麻烦了，如果为此影响到全乡镇年终创业竞赛考评，你们是不好交账的哟。”

果不其然，弄虚作假、掩耳盗铃、自欺欺人……一连串词语瞬间涌入姜华的脑中，他感觉胸口有一团火直往上蹿，强憋硬忍着，胸口十分难受。

姜华平缓了下自己愤怒的心情：“你立即把各乡镇林业站调查摸底的原始数据报送给我。”

“真是胆大妄为，严重不负责任，不担当作为。”2011年新调任的市委梁书记听了汇报后，严肃地指出，“瞒报比完不成任务性质更恶劣。乡镇是茶山整治第一责任主体，党委书记、乡镇长是第一责任人，守土要有责。通知乡镇重新确认上报茶山整治面积，市里要启动问责机制。”

姜华走出市委书记办公室，一下感觉心胸舒畅了许多，底气也足了。

第二次重报，全市茶山整治面积为 10396 亩，是初报数据的 12 倍，误差率之大创纪录，纠错之快也创纪录。姜华惊讶地对林副主任说：“这也太邪乎了吧。”

林副主任笑笑：“说来也不邪乎，事实就是事实。这里起了关键作用的是市政府新近出台的文件。”

前不久，市政府出台了《关于进一步加强违规开垦茶山综合整治的通知》，这份文件与往年不同，核心就是明确规定了问责机制的对象范围、标准、处罚办法，建立了督查机制，强调了各乡镇、街道、场是各辖区内违规开垦茶山综合整治工作的第一责任人。

姜华隐隐感觉，接下来这场秃山复绿生态保卫战，将会“压力山大”，困难重重，甚至险象环生，关键就看你敢不敢勇往直前地拼了，不是说“狭路相逢，勇者胜”吗？

转眼，离春节只剩十来天了。这是基层一年中最繁忙的时候，各类会议、各式检查、评比、总结、计划、慰问、筹措资金……忙得基层干部晕头转向，脚不沾地。可如今，这一切已都没有茶山整治任务来得重要。

春节前夕，往往也是违规开垦茶山行为的高发期。为此，市里要求各乡镇在春节前夕要开展几次大规模集中整治，形成高压态势，震慑违法者。

星村镇地处九曲溪上游，是全市产茶大镇，素有“茶不到星村不香”之说，因而也成了违规开垦茶山整治工作的重镇。

这天，空中飘着绵绵细雨，天气阴湿寒冷。雨水扑打着脸颊，湿雾像一张湿透的布网罩在脸上，憋得人气短。大家双眼迷茫，脖颈和衣袖都已被雨浸湿，冷风吹来，寒意四起，全身战栗，手臂瞬间起了鸡皮疙瘩，双脚陷在泥泞里越走越沉重，好似套了一双铁靴，步履

艰难。

此刻，镇里一百多名干部职工仍在曹墩村七八处违规开垦的茶山上冒雨进行地毯式拔除茶苗工作。

市里整治工作会后，乡镇书记、镇长不敢懈怠，当即组织一百多名干部职工连续奋战三天，他们要在春节前完成全年整治任务的百分之六十。

洋庄乡与江西省上饶交界，过去种茶较少。这几年岩茶市场行情好了，乡里无序乱开垦茶山现象日益增多。三渡村有一片集体公益林，火灾后被一户村民擅自开垦抢种茶苗 60 多亩。村委多次做那户村民的工作，叫其自行拔除，毫无效果。乡里决定第二天组织人员集中整治，分管领导龚副书记一大早就忙乎起来，从人员到位、干警部署、树苗准备，到车辆安排、工具齐备……他逐项和相关人员核查落实，生怕遗漏什么。

昨晚，乡书记、乡长都临时有事，向他请了假。他成了今天茶山整治行动的全权指挥官。前几天，他听说有的乡村在整治行动现场出现少数人上山阻挠的情况，甚至发生过持长柄刀砍伤人的过激行为。因此，他深感责任重大，不敢有丝毫懈怠。不能按了葫芦起来瓢，使茶山整治引发重大突发事件。

整治违规开垦茶山，从全局大处说是保护生态，维护广大人民的利益；从局部小处说是对违规者进行处罚，个人利益损失在所难免。在利益得失面前，往往有些人会迷失方向，突破法律与道德的底线，铤而走险。

当整治队伍快走到山场时，忽然从山路旁窜出两个老人，一男一女，横在路中间拦道。男的拖住前面干部不让前行，女的气势汹汹，扯衣拽袖，出言不逊。龚副书记急忙走到前面一看，原来是那户违规开垦茶山的茶农家的老夫妻。

“土匪！强盗！”

“谁拔了我家的茶苗，全家死光！”

山谷中回荡的是两夫妻歇斯底里的咒骂声和妇人时不时发出的哀怨哭泣，一切劝说、解释都毫无作用，队伍只好继续前行。

忽然，龚副书记听身后传来一声惊呼："龚书记，小心！"他急忙回头，只见那名妇女手持柴刀，骂骂咧咧朝他冲来。柴刀在空中乱舞，人群中有几位女同志"啊"的一声惊叫，吓得立马退后散开。

"立即放下刀，别干傻事！"龚副书记大声呵斥。持刀妇女不听，继续挥舞柴刀朝龚副书记冲过来。

眼见那妇女持刀冲到面前，龚副书记站稳，身体敏捷一闪，瞅准那妇女落下刀的空档，迅速伸出右手，扼住那妇女持刀的手腕，用力一扭，夺下柴刀。几个干部见状立马上前扭住那妇女。一场猝不及防、惊险过激的冲突被平息了。

龚副书记万万没想到，自己千谨慎、万小心，还是发生了不愿发生的事情。他气恼得真想叫公安派出所干警立马以持刀行凶、妨碍公务的罪名来拘留眼前这名妇女。可他还是很快冷静下来，稳住了自己的情绪。毕竟没有造成实质伤害，他不想再激化干群矛盾。

那名妇女此时的情绪也稳定了许多。或许她为自己刚才一时鲁莽的行为而懊恼，或许众人的教育训斥起了震慑作用。她不再气势汹汹，泼皮耍赖了，只是嘴里还是不停地嘟囔着，神情木然地深一脚浅一脚尾随着乡里队伍前行。

大家知道冲突过后的短暂平静是整治的最佳窗口期，他们可不想再生变故，以致拖到正午后被烈日炙烤着去劳累。于是众人鼓足干劲，在 60 多亩违规茶山上拔除茶苗，挖穴种树，终于在正午前圆满顺利完工。

马克思说过："为了百分之一百的利润，它就敢践踏一切人间法律；有百分之三百的利润，它就敢犯任何罪行，甚至冒绞首的危险。"

这年在茶山整治领导小组工作总结会议上，茶山整治办林副主任瘦小的脸上，终于露出了久违的笑容，紧锁的眉头也舒展开来，汇报的语气轻松快活，声调都比平时高亮了许多："全年共完成违规开垦茶山整治 370 片，整治面积 11300 亩，超计划完成 904 亩。"

国家林业局林地和森林采伐管理检查是一项非常严格的专业权威检查，基层同志对此检查大有谈查色变的感觉。可 2012 年年底，武夷山偏偏“中奖”。一个月的明察暗访后，在反馈会上，带队领导周组长充分肯定并表扬了武夷山的茶山整治复绿工作。返程时，周组长对姜华说：“你们把茶山整治做法和经验整理一份材料给我，我要带给在杭州工作的儿子学习一下。”

2014 年，东南卫视《东南新闻眼》以“武夷山抢山护绿，守住生态红线”为题做了报道。

同年，央视一套《新闻联播》也报道了武夷山茶山整治工作。

武夷山茶山综合整治工作一时间名声在外。本省一个产茶大县的县委书记，亲自率领县五套班子领导和相关部门专程来武夷山，考察学习生态茶园建设。

记得在 2009 年，武夷山市委也曾组织市相关部门领导赴该县考察学习茶产业发展。

那是在一个稻田改种茶园现场，当地一位乡镇领导兴致勃勃、眉飞色舞地向武夷山一行人介绍他们如何大力发展茶园、做大产业的经验。

“你们看，我们的茶园一年可采四至五季茶青，茶农收入显著增加。”说完，那位介绍的领导神采奕奕地手臂一挥，指着对面山坡上一排排新房说：“那些新房都是茶农建的。”一种喜悦之情和成就感溢于言表。

考察学习归来，姜华就那个县的茶园发展建设提出了自己的不同看法：“沿途山不见树，田不见稻，房前屋后不见菜。此等行为，严重破坏生态环境，这种无序发展茶园的做法不可学，他们将来必定会为此付出沉重代价。”

没想到，一语成谶。多年后，果然那个县的茶叶多次被国家、省相关产品质量部门抽检通报为“不合格”产品。

世间事物的发展总是前进性和曲折性的统一，波浪式或螺旋式地发展。就在姜华刚有点沾沾自喜时，新的问题和矛盾又冒了出来。

2015 年的一个周一，刚上班，姜华就被刚上任半年多的市委马书记叫到办公室。

“老哥，你看下省里领导近期对我们茶山整治问题的批示。”马书记把一沓传真、简报、呈阅件交给姜华。原来是几份省领导对武夷山出现“秃顶山”问题的批示。

马书记是2014年8月从省城调到武夷山任职的。他待人谦和，和蔼可亲的脸上戴着一副金丝眼镜，潇洒稳重，彬彬有礼，很有学者风范。镜片后面闪动着一双睿智深邃的眼睛。和他在一起没有惶恐不安的距离感，更多的是亲切与尊敬。在非正式场合，他常称呼姜华为老哥，叫得姜华怪难为情的。姜华虽虚长书记十岁，可人家毕竟是书记呀，刚开始姜华还很不适应。

“老哥，对省领导的批示怎么想？”

“一语切中要害。”

近期出差，姜华乘飞机从高空俯瞰武夷山，也发现茫茫绿海中是有不少黄土裸露的黄斑，与四周青山绿水极不和谐，甚至有点刺眼。省领导说的“秃顶山”，就像一块精美的绿毯被戳了几个洞，显得特别丑陋难看。有时听到同机乘客指指点点地议论，姜华都觉得无地自容、汗颜羞愧。

姜华知道，这五年来持续打击违规开垦茶山行为，遏制了公然乱开垦茶山的势头，但总是有些不法分子仍抱着侥幸心理，偷垦茶山，只是手法更加隐蔽，从近山转向远山，从低山转向高山，从大面积开垦转向小面积零星蚕食。

“老哥，你和相关部门研究下，尽快拿出个解决方案来。”马书记向姜华投出信任、温和又坚定的目光。

“通知茶整办和森林公安分局领导，明天开始随我一起去乡村调研。”一走出市委书记办公室，姜华就迫不及待地给政府办小杨挂了电话。

当我们工作中，面对新问题暂时没有解决办法时，那就去基层调研，没有调查就没有发言权。到群众中去，到基层中去找办法。这是姜华的口头禅，也是他几十年工作经验的总结。不是有句话叫“高手在民间”吗？

“我镇茶山整治茶苗复种率较高，初步统计有百分之六十左右，茶苗拔了种，种了再拔，拔了再种，有些山场反复了四五次。茶农与我们玩起了捉迷藏的游戏。”星村镇分管领导在调研会上有点恼怒和无奈地说道，“其中一个重要原因就是各村护林员巡山面积大，仅靠两条腿监管不过来。”

“现在违法开垦茶山手段更狡猾，花样百出，茶园偷偷扩畦零星蚕食，树林中套种茶苗，以后再慢慢剥树皮，让树枯死。”在武夷街道座谈会上，林业站站长气恼地抱怨。

“站长，你还不知道，现在还有更损的招。”街道森林公安派出所干警接过话茬，“前不久，我们破获了一起毁林种茶案，犯罪分子把大树根部泥土挖开，用刀砍断树根，再浇上剧毒农药，然后把泥土填回树根，恢复原状，让人很难察觉。十天半月这树就发黄枯死了。”

“真是缺德!”

“这些人抓到要重判。”

“唉！正岩茶现在价格高着呢，寸土寸茶寸金呀!”会场上传出一阵窃窃私语。

兴田镇与建阳区毗邻，按武夷山人的说法，多是外山茶。这几年武夷岩茶市场价格节节攀升，外山茶也水涨船高。一些不法分子毁林种茶的行为更是猖獗，他们雇佣大型挖掘机械躲进远山，没人察觉，一挖十来天，就开垦出十多亩茶山。

镇森林公安派出所一位参会干警在调研会上愁眉苦脸地说：“我们对挖掘机开茶山的行为真是没招。我们上山抓，他就跑人。我们下山，他又折回来继续挖，和我们玩起躲猫猫游戏。”说完脸上露出一副无可奈何随他去的神态。

“你是真想管，还是假想管?”姜华一听派出所这个参会干警的讲话，就心里窝火，满脸不高兴地责问他。

喧闹的会场顿时安静下来，大家都盯着派出所刚才发言的干警和姜华，一语不发，静观事态发展。

见领导突然这样发问，派出所那个发言的干警怔了一下，有点丈二金刚摸不着头脑，一下不知道怎么回答是好，嗫嚅了半天，才小声说：“当然是真想管了。”

“你们如果真想管，我支一招。如果挖掘机师傅跑了，你们就先依法依规把挖掘机拍照登记，留底备查。然后，聘请一个司机把挖掘机开回暂扣，实在不行，就拆卸驾驶控制主板带回。挖掘机师傅肯定会主动来找你们。特殊时期只能用特殊手段。”姜华没好气地说，“如果你们不想管、不敢管，就别用这种理由为自己的不担当行为开脱、找借口。”

那名派出所干警顿时面红耳赤，低头不语。

“这招行!”

“不会被人告了吧?”

会场上又恢复了热烈讨论声。

之前的调研会上，姜华就发现乡镇里有不少干部对当下的茶山整治表现出厌战情绪，个别乡镇领导对出现的新问题也是以各种理由来推诿扯皮。姜华刚好借这件事旁敲侧击：“市里决定持续开展茶山整治，不仅是产业可持续发展的需要，更重要的是守住生态底线，百年大计，利国利民。作为基层干部，要率先垂范，扎实贯彻推进，而不是敷衍塞责、不作为。”

几天乡镇调研回来，获益不少。姜华当即召开公安、检察院、法院、司法局、茶山整治办相关人员座谈会，就毁林种茶案件的立案、侦查、证据收集、采信、适用法律等方面进行广泛深入研讨，并达成共识。

工欲善其事，必先利其器。半个月后，市政府《关于规范挖掘机上山开垦林地行为的通告》《关于茶山综合整治网格化责任监管方案的通知》《茶山整治工作奖惩机制》《“秃顶山”改造方案》等政策文件相继出台。

市政府常务会上，徐市长还安排了几百万元茶山整治工作专项经费。古语说得好，兵马未动，粮草先行，姜华忽然感觉自己腰板一下子硬气了许多。

“姜副，你大胆放手去抓茶山整治，有困难找我。”徐市长信任鼓励的嘱咐，使姜华更加信心满满、理直气壮。

9 月 10 日，一场别具一格的全市茶山综合整治工作推进会在市政府召开。

会场主席台上落下宽大的投影幕布，左右各摆放着一台大屏幕平板电视，会议程序打破常规，一改俗套，与会人员首先观看茶山整治办公室编辑制作的电视短片《触目惊心》。十分钟展示了 1296 个被违规开垦的茶山裸露的黄土斑块，面积达 3 万多亩，绿色苍茫、迤逦秀美的群峰就被这 1296 个扎眼的黄土斑折腾得满目疮痍，遍体鳞伤，惨不忍睹，就像一个瘌痢头，分外瘆人。

“你看那几个大块的黄土斑不是兴田地界吗？”

“你们星村镇也不少呀！”

“唉，岚谷乡也有几块黄斑了。”

“真是不看不知道，一看吓一跳。在现行高压态势整治下，怎么还会有这么多违规开垦的茶山呀？”

会场上不时传来一阵阵喁喁细语。

姜华前不久审片时已看过两次，每次看完片都会觉得心颤。此时会场上再看，还是感觉心悸脸红，浑身不自在，汗颜自责。

“不知道大家看完片子有什么感想？”市委马书记的开场白直接就是一句严肃的问句。

刚刚主席台下还是叽叽喳喳，前排有几个乡镇领导还在相互小声打趣。随着马书记一声问话，与会人员惊吓得瞬间无语，会场出奇地安静。

“真是触目惊心呀，同志们！”马书记停顿片刻继续提高声调，“刚才看到的一幕难道还不能让我们在座的领导震惊、痛惜、自责吗？”马书记已没有了平日里的和颜悦色，有的只是青紫冷峻的面容，灼灼逼人的目光。

会场内鸦雀无声。大家从没见过平日里温文尔雅、和蔼可亲的市委书记如此动气发火。此时，谁也不敢不庄重严肃，大家两耳静静地听着，手在笔记本上急速不停地写着。

“要痛定思痛，重拳出击，以壮士断腕的勇气，打一场茶山综合整治攻坚战。”

与会人员认真在笔记本上记下了市委书记的话。

一周后，市委办通知姜华上午随同马书记下乡。

问："去哪里？"

答："不知道。"

问："干什么？"

答："不知道。"

又是一个让人惴惴不安的电话通知，这让姜华忽然想起了五年前曹墩村四新山头的那场现场会，也是临时通知，一问几个不知道。

几辆小车行驶到武夷街道大布村。车停稳后，车上下来市委马书记和林业局局长、森林公安局局长，几个人随马书记步行，向村后一片远山走去。山路愈走愈陡滑，狭窄的路面被茅草荆棘堵塞得没法行走。几个人只好弯下腰弓身慢慢移动。姜华见马书记脸上、手臂上被茅草荆棘划出了六七道血痕，可马书记没吭声继续前行。

"我今天临时叫你们来，不打招呼，随机去野外山上明察暗访一下茶山整治情况。"走出山坳，马书记这才微笑着说出今天一行的目的。

忽然，在前方500米左右，有一片树林看上去特别稀疏。

"走，我们去那片树林看看。"马书记手指着前方。

一行人来到那片稀疏的松树林一看，原本茂密的灌木、杂草丛生的林地已被刀劈得七零八落，树和草焦黄枯死，林坡地已被整成环状畦垄，有几行畦垄已挖好穴坑。显然，这是一个准备林下套种茶苗的山场。

森林公安分局局长在山坡地一棵大树的周边灌木杂草丛中转悠了一会儿，蹲下拨开一片树草："看，这棵树根部已被人悄悄剥了十多公分宽的口子。"果然松树黄白的伤口赤裸裸地露在外面，树皮已有点干涩，失去水分供给的树叶已开始变得焦黄。

马书记拿出手机，拍下现场照片后说："你们要跟踪监管这片山场，通知武夷街道书记和林业站站长马上赶过来。"

"你们是怎么抓茶山整治工作落实的？路边二重山违规套种茶叶也没发现？"半小时后，等武夷街道相关人员气喘吁吁赶到后，马书记毫不留情地质问。近来，马书记的脾气也变得急躁多了。

“抓紧调查落实是谁开的茶山，立即整治，一有结果马上向我汇报。”

等马书记说完话，他们几个人又驱车来到星村镇漫水桥公路边。停车后，他们翻山越岭，来到一处高山巅上，往下扫视。左侧有一块茶山被拔除了茶苗，可右侧和正下方有两块刚开垦不久的茶山，却依然“完好无损”。

马书记手指着那两片未整治的茶山问林业局局长：“这两片茶山为什么没整治？难道你们审批同意了？”

“我们早停办了茶山审批。”林业局局长急忙申辩。

姜华凭多年基层工作经验感觉到这片茶山之所以没整治，十有八九是因为有利益关系人照顾。

马书记气愤了：“我们基层干部这样选择性执法，执法不公，群众怎么会没有意见呢？叫市督查办抓紧调查，如查实有问题一定严处。”

几天后，一个由市委、市政府两办牵头组成的五个茶山整治专项督查组，开始深入各乡村进行专项督查。

9月的山野，仍旧酷热难挨。烈日当空，毒辣的太阳炙烤得人们头晕眼花。整个山间热气蒸腾，就像一个密不透风的大铁罐，闷热得让人喘不过气来。

第四督查组四人在农业局冯主任带领下，一上午爬山登岭，走了十多公里山路。四人早已是气喘如牛，胸口像被巨大的石块压着，闷胀得疼。身上汗流浃背，衣服湿了干、干了又湿，外衣背上印出一圈圈白色汗渍。

有一个年轻人，去年刚通过公务员考试进入机关，他从来没走过这么长时间陡峭难行的山路。他感觉脚下钻心地痛，找块石头坐下，拿出脚一瞧，脚掌已磨出了两三个水泡。他疼得龇牙咧嘴，真想躺在地上不走了。可他知道不行，只能忍着剧痛继续向前行走。他找了一根树枝做拐杖，一瘸一拐地跟着队伍。他们要抓紧时间到前方的山谷里，核查两片茶山的整治情况。山涧路边的芒箕枯草被路人搅得叶末乱飞，钻到衣领中、袖口里，令人又痒又躁，难受极了。几只蝉虫不知趣地“知了、知了”地叫个不停，使人心烦。

吃过自带的干粮，核实完两片茶山，四人返回驻地，太阳已西垂落幕。

这次专项大督查，有六个乡镇被黄牌预警通报，四个乡镇党委、政府要向市委、市政府做出书面检查，三个乡镇被行政效能告诫一次，三个乡镇的国土所所长、林业站站长、水利工作站站长被以失职论处，一个乡镇主要领导被诫勉谈话。

茶山整治以来，这是一次问责面最广、处罚最严厉的督查。乡镇震惊了，机关震醒了。毛泽东主席说得好：“世界上怕就怕‘认真’二字，共产党就最讲‘认真’。”

大家议论纷纷，人们再一次扪心自问，鞭笞着心灵，责任！责任！

武夷街道是武夷岩茶的正岩主产区，素有寸土寸金之说。这几天，街道办陈副主任正忙着组织人员去柞阳村拔除茶苗。柞阳村有一农户李老汉违规开垦茶山三十多亩。村干部上门做工作，让他自行拔除，可农户不仅不听，还带领儿子、儿媳妇上村部闹事，村委请求街道办协助整治。

当陈副主任组织六十多人到山场拔除茶苗时，李老汉得知消息，立即率领两个儿子和儿媳妇急匆匆、气汹汹地赶到山场阻挠：“你们这些缺德鬼，拔了我的茶苗不得好死！”两个儿媳妇刚赶到山脚下，就扯开嗓子破口大骂，两个儿子也从地上捡起石块恶狠狠地朝人群扔去。

眼见阻挠无效，李老汉气喘吁吁地爬到山岗上。见一个干部正在用锄头铲除茶苗，他奋力冲上去拼命抢夺锄头。拽几下没拽动，他索性倒地就要往山坡下滚。李老汉年近七十岁，而山坡陡峭，树墩乱石犬牙交错，百米下的山脚更是涧溪深潭。如果李老汉滚下山坡，那后果不堪设想。众人惊恐，一时不知所措，惊叫声、劝阻声此起彼伏。

正处在李老汉下方不远处的陈副主任说时迟那时快，一个大跨步鱼跃而起，冲上去抱住李老汉。巨大的冲撞力使得陈副主任脚踝扭伤，他忍着剧烈的疼痛，双膝跪地，紧紧抱住李老汉瘫坐在地上，一场突发事件瞬间化险为夷。

为缓和矛盾冲突，陈副主任率领队伍先撤出山场。过了几天，他再次组织人员，将李老汉违规开垦的茶山茶苗拔除，并种下林木复绿。

市挂点领导公安局局长这几天倍感压力，他挂点的星村镇此次茶山整治任务最重。为了开好局，他牵头组建了一支由三十多人组成的专案打击组进驻星村镇，自己坐镇督战。

夜已深，星村镇政府机关大院一片宁静，劳累了一天的人们早已进入梦乡。而此时，专案打击组组长、森林公安分局乐局长却毫无睡意。打击组进驻镇里两天，毁林种茶案件却毫无进展，风平浪静，仿佛违法者都偃旗息鼓、销声匿迹了。这怎么可能呢？一定是哪里工作没做到位。他焦急万分，索性开灯起床，伏案翻阅正在侦办的几个案件的卷宗，仔细地寻找着工作的突破口。

第二天，巡山员反馈了一个信息，在曹墩村前山下有一片山林被盗伐，林地有开挖准备种茶迹象。可违法者是谁，群众不肯说，只听到有个别群众发牢骚，说公安就懂得抓老百姓，做事不公。这个信息立刻引起乐局长高度警觉。或许这个毁林种茶案和干部有关联，群众敢怒不敢言。他当即安排人悄悄进村走访调查，侦查取证。一查，果然是村民兵营长所为。证据确凿，公安机关立即将其抓捕归案。

“村干部违法也被抓了。”曹墩村群众迅速传开消息，议论纷纷，“看来这次公安局真办案了。”

“叮咚。”没几天乐局长的手机就接到一条短信，有人举报一个村干部的亲戚在远山里偷偷盗伐大量天然林，准备种茶。

“你能带我们去案发山场核实吗？”乐局长回复短信问。

“白天不行，要去只能半夜去吧。”举报者犹豫半天才回复。

凌晨 3 点，静谧的夜晚，连一声犬吠都听不见，只有那点点繁星在空中闪烁，给崎岖的山间小路投下一片朦朦胧胧的银辉。

乐局长率领三个办案人员在举报者的带领下，夜行十多里山路，急匆匆地赶往案发地。浓重的湿雾低垂，笼罩着汗水淋漓的脸颊，地面的露水打湿了鞋子，冷风吹来，让人不由得打起寒战。队员们已顾不了这么多，当他们来到案发现场，触目惊心的场面呈现在眼前，一大片天然阔叶林被砍得东倒西歪、七零八落。十几株碗口粗的阔叶树已被盗伐者锯断盗走，留下的是暗自啼泣的树桩。经初步勘查，被盗天然林有四十多立方米。

“这缺德的，都这个时候了，还敢这么胆大妄为。”一个队员气愤地骂道。

“可惜了，这么一大片好的天然林，要长几十年呀！就这么被毁了。”一个队员惋惜地摇头。

经过几天的紧张侦查取证，最终该村干部的弟弟被抓捕归案。起诉结果，法院判刑四年。

紧接着星村镇一个十多人合伙毁林种茶的案件被告破，违法者都是一些在当地有势力的企业厂长和茶企老板。

乐局长紧绷了一个多月的神经终于有所舒缓。专案打击组共受理各类案件 35 起，刑事立案 20 起，刑拘 17 人，逮捕 9 人，起诉 11 人，治安拘留 11 人。星村镇百姓沸腾了，奔走相告，不少人憋了许久的怨气终于得以发泄。街头巷尾，人们喝茶聊天都在谈论这事。

星村镇政府迅速乘势而上，组织乡村几百名干部对违规开垦的茶山采取拉网式、梳篦式逐山逐垄逐畦整治，不留死角。整治一片，复绿一片。一年结束，全镇共完成茶山整治 10072 亩，完成任务的 174%。关键是还没有一个群众为茶山整治而上访。星村镇干部职工用自己的责任担当和果敢作为，创建了茶山综合整治的“星村模式”。

2018 年早春二月，天气还是乍暖还寒，肆虐了一个冬季的寒气，明知春天的脚步已临近，却总是心不甘情不愿地要时不时出来捣乱折腾一下。

2 月 3 日，就在老百姓忙着购置年货准备欢天喜地度春节时，武夷山市委、市政府在三姑武夷广场举行了声势浩大的打击违规违法开垦茶山的誓师大会。广场上红旗招展，人声鼎沸，热气腾腾的场面把

早春的寒意驱散得无影无踪，已有好多年没有出现这样的场面了，引得不少游客驻足观望，不少人都在寻思：今天这是怎么了？搞这么大的阵势。

1000多名执法者、人大代表、政协委员和市、乡镇干部职工列队整装待发，主席台上传出新一届市委林书记义正词严的声音："保护武夷山的青山绿水是我们的使命和职责。为了创建好武夷山国家公园，让武夷山更加秀美靓丽，我们打击违规违法开垦茶山的整治行动必将进行到底，绝不手软。"话语铿锵有力，掷地有声，久久回响在广场上空。

这位年轻有为的市委书记，从滨海城市厦门调任武夷山市两年多，已深深地爱上了这里的青山绿水。"两山理论"成为他的座右铭。他把自己比作守山人。在这场特殊的青山绿水保卫战中，"对武夷山生态负责，对武夷山人民负责，对武夷山历史负责"成为他发自肺腑充满激情的动员令，瞬间激发了武夷山市全体干部职工保护家乡青山绿水的责任担当和热情。九支整治队伍的领队庄严地从市领导手中接过队旗，每个旗手都神色庄重，手中的红旗被舞动得猎猎作响，他们知道此时接过的是一份责任和担当。

誓师大会结束

后，所有人员乘坐几十辆大巴车，浩浩荡荡地向星村镇、武夷街道违规违法开垦的茶山进发，像滚滚洪流，势不可当。几天拉网式茶山集中整治行动中没有一个人退缩，共清理违法违规开垦的茶山 1000 多亩。

一些原来还抱有侥幸心理想偷偷开垦茶山的人，见此态势也都胆战心惊，不敢越雷池半步。

2019 年春，姜华到北京出差，再次从飞机上俯瞰武夷山，只见群山碧翠，绿海苍茫，似绿龙飞舞，似澎湃波涛，看得人荡气回肠、身心愉悦。

“哇！爸爸妈妈，你们快看玉女峰、大王峰！”机上一个小姑娘兴奋地指着舷窗外的风景对爸爸妈妈说，“真美啊！”

“武夷山这几年确实越变越秀美了。”年轻的妈妈抚摸着女儿的头

梁天雄摄

发由衷地赞叹道。

“你不知道，武夷山为保护好这片青山绿水付出了太多太多。今年初，政府工作报告通报，就这十多年投入了上亿元资金整治茶山，秃山复绿近9万亩。”爸爸感慨道。

“看来你这个市人大代表没有白当。”年轻的妈妈露出欣慰满意的笑容。

听着后面那对年轻夫妻的对话，姜华心中不由自主地涌起一阵愉悦感和成就感。

就在不久前，从省林业厅传来捷报，武夷山森林覆盖率达80.5%，生态林面积位居全国县级市第一名。武夷山人以自己的使命感和责任感守住了这片秀美的青山绿水。

持续十多年的违法违规开垦茶山综合整治，是上千万守护者炽热的情怀和强烈的责任感的践行。从无序到有序，从不规范到规范，从冲突到和谐，从不理解到赞同支持，在这当中凝聚了几届市委、市政府领导的呕心沥血和使命情怀，凝聚了上千名干部职工的奋勇拼搏和责任担当，凝聚了上万名群众的满腔热忱和辛劳汗水。其中的责任与压力，成就与风险，酸甜苦辣，只有每位身处其中的践行者才能品出其味，感悟其理。

夜深人静时，姜华有时也会遐想，假如没有当年市委、市政府的高瞻远瞩，主动作为；假如没有一届接着一届市委、市政府的持之以恒和勇于担当作为；假如没有广大群众的理解与支持，那武夷山的青山绿水又会是什么样的呢？他不敢想象下去……

青山不老，绿水长流；生命不息，使命不停，奋斗不止。新春伊始，又传来喜讯，武夷山被列入国家公园体制试点区，生态保护重要性更加凸显。

2021年3月22日，习近平总书记到武夷山调研考察时叮嘱：“生态保护，是武夷山国家公园的永恒主题。”“生态文明建设功在当代、利在千秋。”新一届市委和市政府领导又在为茶山综合整治、秃山造林复绿而紧张思考忙碌起来……

茶文化

陈宗懋院士曾言："如果把茶产业比喻为一架飞机，茶文化和茶科技就是这架飞机的两翼，有力地推进和保障茶产业的起飞。"文化是魂，产业是根。文化可以给产业赋能，提升产品价值。武夷茶文化历史悠久，内涵丰富，底蕴深厚，它仿佛是一个巨大的推动器，助推着武夷山茶产业提质增效，在可持续发展的快车道上飞驰。

第九章

路漫漫兮，吾将上下而求『茶』

茶界泰斗陈椽教授说：“武夷岩茶的创制技术独一无二，为全世界最先进的技术，无与伦比，值得中国人民雄视世界。”

（香江茗苑供图）

忙完了一天的接待，晚上姜华从三姑度假区驱车刚回到市区，手机就响了，他一瞧是农业局局长的电话，说是省农业厅有几位领导正在天心村一个茶室喝茶，希望他能前去陪同。

武夷山是个茶乡，在这重峦叠嶂的山城中，处处洋溢着茶的气息。茶山茶厂，茶席茶汤，茶歌茶舞，茶人茶语。人们尽情地享受着上天赐予的这片神奇树叶所带来的快乐生活。

“有空去我那里邑沓！”（邑沓，系武夷山方言谐音，即吃茶）已成为武夷山人日常生活中的见面语。约茶泡茶，品茶讲茶，已成为武夷山人每天必不可少的生活乐趣。宁可一日无食，不可一日无茶。小至六七岁的孩童，大至七八十岁的翁媪，执壶冲泡，开汤品饮，说茶论道，乃是平常事。正是“夜后邀陪明月，晨前命对朝霞，洗尽古今人不倦，将知醉后岂堪夸”。

正因如此，无论是出差还是旅游，人们到了武夷山，闲暇之余都会想到茶厂、茶室品茗交流，想亲身体验和感受茶乡的浓郁茶文化氛围。陪同客人喝茶讲茶，自然而然也成了武夷山人的生活日常。

茶叶好似强力的黏合剂，把武夷山的人与自然、生活与享受、致富与梦想紧紧相连，同时也把武夷山与外界紧紧相连。

然而姜华初到茶乡不久，对茶知之甚少，面对这个被茶汤浸润、茶香四溢的山城，时常会有茫然自失的感觉，仿佛是一个局外人。

他来到天心村一个茶企业茶室，只见省农业厅几位领导正在兴致勃勃地品茶交流。茶企老板小陈活泼开朗，茶汤一泡，气氛慢慢活跃起来。

姜华接过茶杯喝了两口，判断不准是什么茶，小声询问小陈：“这泡茶是大红袍吗？”

没想到姜华的嗓音还是大了。话音刚落，两位谈兴正浓的处长戛然止住，不约而同地看着他，其中一位笑着纠正道：“这是肉桂呀！”那语气和眼神仿佛是说，这都不懂？

顿时，姜华脸上一阵潮红，直红到脖子根。糟了，又出丑，等下还是少说话为妙。

“这泡茶，汤色清亮，茶汤醇厚，口腔饱满，两颊生津快，是泡

好茶。”这位处长低头品饮几口后，大加赞赏。看处长在那儿说得头头是道的样子，姜华心想，这应该是一个岩茶的忠实粉丝了。

另一位处长很专注地闻了下茶杯盖，品啜两口茶汤，用探询的目光望着小陈说：“这泡肉桂茶辛锐，桂皮香气冲、高扬，山场应该是山岗向阳坡面的茶山吧。”

姜华和另外两个办公室人员听得一愣一愣的，脸上露出好生羡慕的神态。

茶企老板小陈也不由得露出开心愉悦的神色，竖起大拇指点赞。

姜华开始有模有样地学着武夷山人的品茶方式，细啜慢咽，想让茶汤多浸润下舌尖上的味蕾，尽力去捕捉那不怎么熟悉且又复杂微妙的所谓岩韵。可还是收效甚微，那种意中有、语中无的微妙感觉，使他道不出个子丑寅卯来，面露尴尬的神态。

这时，坐在茶桌中间、很少说话的副厅长把目光转向姜华，询问他对这泡茶的感觉如何。

姜华心里咯噔一下，真是怕啥就来啥，哪壶不开就提哪壶。想不说，看来又推托不了，如再说错，那今晚的脸就丢到太平洋去了。姜华脸颊微红，面带愧色：“厅长，我不怎么懂茶，说不出什么道道来。”

副厅长惊诧地望着姜华：“不会吧？武夷山分管茶业的领导会不懂茶？”那目光中有怀疑，有好奇，有质问。

这目光，姜华以前在接待上级领导和外地客人时也曾碰到过几次。刚开始，他没怎么当回事，更没刻意去理解那目光蕴含的另一层深意。但时间久了，面对不同的人又出现的类似目光和语气，姜华渐渐读懂、领会了那反问句后面的潜台词：茶业是武夷山的支柱产业，一个分管茶业的领导，如果不懂茶，那只能说明工作不踏实，作风飘浮。

面对这种茶概念内涵外延的扩大，姜华开始焦虑不安。如何使自己尽快懂茶、了解茶，融入茶的世界，走进茶企茶农的思维领域，已是当前一件迫在眉睫的事情。

不耻下问茶中味

紫阳中等技术学校坐落在崇阳溪畔东岸，是福建省劳动和社会保障厅授予的高级技能人才培训考核基地。茶叶加工工、茶艺师、评茶员是学校的三个强项工种。

这天，第三期评茶师培训班的结业考现场，岩茶评审实际操作正在紧张地进行着。宽敞洁净的教室里，28 个学员一人一张评审台独立考试。

已过天命之年的姜华，不知怎的忽然有了一些当年高考前的紧张忐忑。

他不敢懈怠，专心致志，按部就班地操作着岩茶评审的每个步骤，洗具、摆杯、取样、称重、执壶冲泡、开盖闻香、坐杯出汤、观色品味，每个步骤都力求标准精确。从样品盘上三指撮茶放进样秤，5 克，刚好，茶样一次抓撮成功，心中甚是欢喜。茶水浸泡 2 分钟，开盖闻盖香，后即时出水评汤色，品滋味，仔细体验，认真评分。

评审结束，他按要求认真做好扫尾步骤，把评审茶具、评审台收拾干净，物品归置清楚，样秤数字归零，全部收拾停当再离开教室。

自从陪同省农业厅领导喝茶后，姜华觉得对茶的了解需要有“而今迈步从头越”的实际行动，他决定首先从评审茶开始学。

一天，听一个农校同学说，紫阳中等技术学校正准备举办第三期评茶师培训班，真是打瞌睡就有人送来了枕头。这是一个难得的学习机会，姜华当即叫同学帮他报了名。

第一天的理论课还算顺利，可第二天的茶叶评审实操课上，姜华就碰到困难了。武夷岩茶评审的八项因子中，香气与滋味占大头，是决定一泡岩茶质量好坏和等级的主要因子，可他偏偏品味不出来。兰花香，栀子花香，桂花香，水蜜桃香……丰富多彩、变化多端的茶香，清幽淡雅，转瞬即逝，可他总是很难捕捉到那芳香的信息。见班上不少同学开汤闻香，盖杯在鼻子下摇晃几下，就能准确说出茶的香气，他着实羡慕和佩服。

有一次品茶时，姜华怎么也没闻出大家说的栀子花香，于是有点沮丧地问身边的茶友惠芝，这是怎么回事？

“岩茶的香气，主要是来自大自然的山场香，并且山场香与工艺香完美结合，只有多喝、多品、多闻，让味觉与茶汤多次碰撞，强化记忆，才能有收获，没有其他捷径可走。”她一语道出关键。

5 月正是栀子花盛开的季节。洁白如玉的栀子花散发出阵阵幽香，弥漫整个院子。姜华特意采了一枝栀子花，摆放在办公室桌上，幽香扑鼻，沁人心脾。为强化自己的嗅觉辨香能力，他不断调整着栀子花与人的距离，二十厘米、三十厘米、五十厘米……

政府办秘书小杨进到办公室，见姜华如此来回折腾花和人的距离，有点纳闷不解，问道：“领导，您这是干吗？”

“你帮我把栀子花拿到门口，距离一米以外，我要训练一下自己鼻子的嗅觉辨香能力。”

姜华尽力用那不怎么敏锐的鼻子，去捕捉感受那从远处飘过来的微弱的栀子花香气，将栀子花独有的芳香因子深深刻印在脑海里。经过多次反复训练，渐渐地，他对茶汤中的栀子花香有了感知能力。于是，他对兰花、桂花也采取了同样的方法，不断强化训练，提高自己的嗅觉辨香能力。

在武夷山喝茶，经常会听到品茶人口中不时发出短促的“嘘、嘘”声响。刚开始姜华很纳闷，他们喝茶干吗要发出这种声响来，大庭广众下不会有失风雅吗？

“品茶，品茶，重在一个品字。”茶友惠芝解释道，“品大红袍茶讲究的是开汤闻香，慢啜细饮，一杯茶汤分三口慢慢啜、细细咽，使茶汤在口中随着舌头搅动翻滚，让味蕾充分感受茶汤中的滋味与香气。如果将一杯茶一口喝下，什么感觉也没有，那是牛饮解渴，而不是品茶。”

惠芝的一番见解使姜华茅塞顿开，原来品大红袍茶还这么讲究呀！过去自己一把大红袍茶叶泡一天的喝法，真是暴殄天物。看来品茶与喝茶，还是有文化享受和生活需求两个层面的区别的，以后真要多学如何品茶了。

按照惠芝教的方法，姜华也一杯茶分三口慢慢啜、细细咽。“扑哧”一声，一不留神被茶汤呛了个泪水盈眶，满脸通红。

看来心急吃不了热豆腐，以后有时间慢慢练。

在一次斗茶复赛评审品种茶时，头冲开汤闻杯，姜华就捕捉到其中三号茶样有栀子花香，品抿几口茶汤，滋味也不错。于是，他斗胆地在大众评分表上给了三号茶样第一名。斗茶结束，他急切地等待评审专家组公布斗茶评审结果，想验证一下自己的评审水平。当得知三号茶样果真获评状元，考答正确时，他心中好不欢喜，第一次评审茶叶有了成就感。

这次短训班学习，让姜华获益匪浅，渐渐地找到了与茶对话的路径。结业考试时，他顺利拿到中级评茶员资格证书。一年后，他再次参加茶叶评审高级班培训，如愿以偿，又获得二级评茶师资格证书。古罗马哲学家小塞涅卡有一句名言：“只要还有什么东西不知道，就永远应当学习。”

自从参加培训后，姜华每次品饮或评审岩茶不再有茫然自失、盲人摸象之感。有了方法和路径，他变得自信多了。条索、色泽、整碎、净度、香气、滋味、汤色、叶底等八项评审因子如过山车似的在姜华脑中飞驰，按图索骥，仔细体会揣摩。

有一次，姜华和几个朋友到天心村老郑茶厂喝茶，郑师傅拿出当年制作的两款牛栏坑肉桂茶招待他们。姜华知道这茶的稀有珍贵，品鉴得也特别认真。仔细品闻中，姜华觉得有一款“牛肉”茶兰香幽香扑鼻，另一款茶却没有。

姜华顿感疑惑，为什么茶青出自同一个山场，又由同一个人制作而成的茶，会有如此大的差异呢？

郑师傅告诉姜华：“要做好一泡武夷岩茶，不仅茶青山场要好，制作工艺也要好。而这制作工艺又要求从茶青采摘到摇青、炒青、揉捻、焙火等每道工序都要做好，还要老天眷顾天气好，只有天地人和才能做出好茶。就如这泡有兰花香气的肉桂，茶青采摘是在上午 9 点多，太阳已出来，茶青上没有露水。而另一款肉桂茶青采摘是在清晨，露水还没干。”

郑师傅的一番话，让姜华耳目一新，又长了见识。他就此感悟出武夷岩茶有着“同人不同香，同山不同韵”的丰富变化，蕴含着深刻的哲理，魅力无限。也正因为有了这丰富变化和魅力，消费者才会对它情有独钟，爱不释手。

岩茶评审中，除了香气外，滋味也是一个很重要的因素。岩茶是重味求香，滋味往往会影响到一泡茶的等级。可滋味又是一个比较复杂的感觉。就好比恋爱中的男女双方，外表美一目了然，可要了解心灵美就没那么容易了。只有多接触、多碰撞，下功夫多次体验才能知其真相，品出其中奥秘。

有一天，朋友小明约姜华喝茶。在品茶时，姜华总感觉这泡茶滋味涩感略强了些。可小明不以为然，笑嘻嘻地说：“不苦不涩不是好茶。”

姜华不置可否，带着疑问多次向一些茶农、评茶师请教，有人说“对”，也有人说“不对”，各执一词，各说各理。最后在向首批大红袍传统制作技艺“非遗”传承人刘老师请教时，姜华才得到一个全面、满意的回答。

第二次再去小明茶厂喝茶时，姜华很自信地对他说：“你的茶苦涩感不能迅速化解转为回甘，说明制作工艺有缺陷。问题主要出在几个方面，茶青采摘偏嫩，摇青时水没走透或焙火没焙透。”

小明一愣一愣地看着姜华，似乎有点不大相信，这么短时间内这个从外地调来的领导竟会掌握这么专业的知识？

姜华半真半假地戏笑他：“虚心使人进步，骄傲使人落后哟。做茶要做到老，学到老，学无止境。”

常言道：不怕不识货，就怕货比货。有一天，姜华心血来潮，兴致勃勃地邀请七八个茶友，搞了一次武夷山顶级老枞水仙的斗茶品鉴活动。没想到一个活动，爆出个冷门，还让人悟出一个哲理。

这天，茶友们在评审台上整齐摆放着收集来的八泡正岩老枞水仙茶，有古井老枞、慧苑老枞、竹窠老枞、壁石老枞、佛国岩老枞、水帘洞老枞。这些都是武夷山赫赫有名的老枞水仙茶。有知名大企业生产的茶，也有名不见经传的小茶企送的茶样，为公平起见，一律暗码编号盲

评。评审人事先都不知道哪泡茶是谁的，似乎有点巅峰对决的味道。

为体现科学、严谨、公正、准确，姜华特地邀请了武夷山两位知名评审专家刘国英老师和修明老师做评审顾问。

一场岩茶粉丝们梦寐以求的斗茶，在轻松愉快的氛围中开始了。头冲开汤，闻杯香气袭人，一股清幽质朴、厚重耐久的正岩老枞水仙特有的木质香气扑鼻而来，沁人肺腑，闻之令人一身爽朗，通顶舒畅。啜汤入口，茶汤醇滑、清甘，喉韵悠长，让人留口不舍，久久不愿咽下。

“这几泡茶都不错。”国英和修明两位老师品饮一圈下来，高兴地点评，“枞味很显，山场硬。”

三冲过后，八泡茶有了差异。四号、六号、八号茶样枞味持久，兰花幽香，一下吸引了大伙的目光，抓住了大伙的味蕾。“枞味易得，花枞难得。”这是前不久，姜华刚从茶叶评审专家那里学到的知识。幸运的是今天一下就领略到了三泡花枞水仙茶，欣喜之态溢于言表。爱茶人都有一个特点，喝到一泡好茶就会像寻宝人发现宝藏一样欣喜若狂，几个茶友不约而同地把四号、六号、八号白瓷茶碗推出，列入第一方阵。

刘老师微笑地望着大伙：“考考你们，余下这五泡茶，哪几泡会略显差点呢？”

一时间，没人接话，大家都担心说错尴尬。

“一号吧。”有人试探性地小声嘀咕着，明显底气不足，自信心不够。

“应该是五号更差些。”有人提出不同意见。

姜华再次品饮了一圈，感觉都差不多，拿捏不准，不知怎么说。

刘老师信手把二号、三号茶汤碗往后挪：“这两泡茶有缺陷，略显差些。”

见大伙疑惑不解，刘老师开始逐一点评：“二号茶有杂味、酵味且略有苦味，说明这茶茶青采摘偏嫩，做青时有沤堆现象。三号茶有陈味，有潮气，说明茶叶保存不当，且拼配了隔年茶。”大师就是大师，刘老师一段专业精准的点评，让在座茶友佩服得五体投地。

事后，姜华把刘老师的点评意见反馈给送茶样的茶企业求证。果不其然，茶企老板连连称赞刘老师厉害。

选完略差的茶，大伙又想从第一方阵中选出更优的茶。可将第一方阵中的三泡茶品啜了半天，也是难分伯仲，定夺不下。

两位老师相视一笑，不约而同地把第八号茶汤碗往前一推说：“这泡茶就是今天最好的一泡老枞水仙。”

姜华一瞧，每个茶友脸上都露出了疑惑。

“这泡老枞水仙不仅有兰花香，还有果香，且滋味甘爽，两颊生津快，口腔饱满，喉韵持久。”修明老师用女性特有的温柔甜美声音，耐心细致地向大家解释道。

斗茶结束，接下来是大伙翘首以盼揭开谜底的时候。小江逐一认真核对评审序号、茶叶暗码、茶企编号。几个茶友急不可待地催促他：“小江，先把八号茶解码，看看是谁制作的茶。”

“八号茶，曲水迴兰，南湖生态茶业有限公司生产。”小江大声叫了出来。

“南湖生态茶业有限公司，这是哪个企业？老板是谁？怎么以前都没听说过呢？”几个人都在低声询问，一脸蒙的神态。

姜华一听心里暗自惊讶诧异：“怎么会是他呢？”

南湖生态茶业有限公司，一个规模不大、名不见经传的小茶企。老板黄正华，小名小宝，是一位爱茶、懂茶、聪明好学、坚韧执着的武夷山茶农。姜华与他是好友。当他听说姜华要搞一次顶级老枞水仙斗茶活动时，强烈要求送样参加，被姜华婉言拒绝。拒绝理由是这次老枞水仙斗茶，选的茶样都是正岩核心产区的茶，而且茶企都有一定的知名度。他的茶企在黄村，企业小不说，茶山场也不在正岩产区，茶叶品质不在一个档次。言下之意，他还不够参赛条件。

没想到，小宝是左一个电话，右一个电话，还打听到了斗茶活动的具体时间，亲自送茶样到斗茶地点。结果，出乎意料地一举拔得头筹，一“茶”惊人。

“这泡老枞水仙，我可是下了大本钱的哟！买了慧苑山场的茶青，自己亲自制作，还请了国英老师指导。”见自己的茶能从众多茗茶中

脱颖而出拔得头筹，小宝掩饰不住内心的喜悦兴奋，兴高采烈地对大伙诉说着。

瞧小宝那欣喜若狂的神态，就像捡了个大金元宝似的。

武夷山茶人就是这样，当自己辛辛苦苦制作的一泡茶得到众人好评和肯定时，心里那个愉悦舒服无以言表。所有的辛苦劳累都抛到九霄云外去了，留下的只有心里那份美滋滋、甜丝丝的感受。正如北宋著名文学家范仲淹诗中描写的，“胜若登仙不可攀，输同降将无穷耻”。

斗茶结束，准备收拾茶台时，两三个茶友急忙大声阻止：“刚才那泡曲水迴兰别倒了，让我们再喝几口。”

有比较才有鉴别，有鉴别就有发现。一次普通的娱乐式斗茶活动收获一个道理：一分付出，一分回报；一分耕耘，一分收获；几多汗水，就几多成果。世间万物发展，总是遵循这个规律。

武夷论水

俗语说：“水为茶之母。”水的品质对茶的滋味有着至关重要的影响。茶遇水而生，水遇茶而活。水给了茶叶生命的意义，给了茶叶展示才华的舞台，没有水，茶叶的生命就毫无光彩。

有一次，姜华在办公室收集了农夫山泉、珠峰矿泉、光泽的武夷矿泉、武夷山的九曲活泉、武夷峰山泉、“513”矿泉、夷泉桶装水七种矿泉水。办公室同事疑惑不解，问姜华一下收集这么多矿泉水干吗。

姜华故作神秘地说：“金庸的《射雕英雄传》里不是有个华山论剑吗？我今天就来个武夷山论水，探究一下什么水泡武夷岩茶最好喝。”

要说为何涌起这个念头，还是因为有一次从北京来了两个企业老总。姜华和他们在一起喝茶时，北京客人说，今天泡茶的水是专门从北京带来的珠峰矿泉水。说这水泡茶特别好喝，水的价格还很高，只有买 100 箱水才能打折。

姜华一听心里就感觉有点不爽，武夷山素有好山好水之美称，这泡茶的水还要专门从北京带来，它能比我们武夷山的水更好吗？

可是，不爽归不爽，没有比较鉴别就没有发言权。

办公室同事听姜华说明意图后也纷纷赞同，忙活起来。小江看了看收集的矿泉水说：“武夷山还有一款山泉水也应参加比赛。”

姜华问：“哪一款水？”

小江回答：“星村路边的永生山泉水呀。”

有道理！星村路边每天都有很多人排队取永生山泉水，甚至还有不少人驱车几十公里拿大桶装水回去泡茶。于是姜华叫朋友专门开车到几十公里外的星村永生路边取山泉水送来。

周末，姜华将八种矿泉水，加上市区净水器净化过的自来水和普通的自来水，共十种水样准备妥当，然后进行比赛活动，并邀请刘国英老师做评审顾问。

为真实客观地反映出水的品质，在选择评审参照物定哪款茶叶时，姜华思考良久。肉桂茶香气高扬，水仙茶滋味甘醇，如用它们做参照物都不能客观准确鉴别出各种水的本质特征。只有大红袍茶具有综合性，更适宜做参照物。但考虑到不同茶企、不同山场、不同制茶师傅所制作的大红袍茶又有差异，可能影响对水质的判断，于是，他决定选用同一个茶企业制作的同一款大红袍茶来做评审参照物。

当办公室同事将十个水壶暗码标号后，考虑到用电安全和评审效果，就将十个水壶分两层办公室同时烧开。毕竟水温是否相同是影响茶叶评审的一个很重要环节。

闻讯而来参加水质评审的茶友、领导、同事挤满一屋。

经过两轮近两个小时的斗水品鉴茶，当办公室小江把众人评审为第一名的水样核对暗码编号无误后，脸上露出了惊诧的表情。稍停片刻，他卖起了关子：“你们猜猜是哪款水泡茶最好？”

有人随即冒出一句耳熟能详的广告语：“农夫山泉有点甜。”

“NO。”

“那肯定是我们办公室用的武夷山夷泉桶装水。”

小江还是摇摇头。见大伙猜不出来，他戏笑地大声说道：“净化器净化出来的自来水泡茶品质最好。”

“哇！真没想到。”满屋人发出一片惊呼声。

“还有这样的事？”有人将信将疑。

姜华也感到不可思议，在这十份水样中，有八款水已作为商品矿泉水投入市场，其中还有知名大品牌的矿泉水。可偏偏脱颖而出的是武夷山人日常饮用的自来水。奇哉，奇哉！

为确保客观公正，有人提议，用净化过的和没净化过的自来水再单独比斗一次。

第三轮斗水，用奇兰茶做评审参照物。两汤过后，净水器净化出来的自来水泡的茶香气足、茶汤顺滑，而普通自来水泡的茶香气弱、麻涩感强，有氯气味，结果不言而喻，一个上午的斗水终于尘埃落定。

事有凑巧，就在武夷山论水半年后，饮用水上市企业农夫山泉看上了武夷山的优质水，于2017年8月在武夷山投资5亿元，建设一家泡茶专用水企业。2019年正式投产，年均生产1400万箱泡茶专用水。武夷山的好水终于登上了大雅之堂，名扬世界。

武夷山好山水，果然名副其实，不负众望。在以后多年推介宣传武夷山茶时，姜华仍会情不自禁地说上一句："武夷山真山真水真情。"言语中透着满满的自豪与幸福之感。

"三坑两涧"探秘

"三坑两涧"是姜华在武夷山听到最多的一个词。平日里上山下厂，看茶问茶，品茶聊天，都没少听到这四个字。茶农以拥有"三坑两涧"茶山而自豪得意，茶商以销售"三坑两涧"茶而津津乐道，茶客以品到正宗"三坑两涧"茶而愉悦兴奋，四处炫耀。

"三坑两涧"茶像神秘的面纱笼罩在姜华的眼前。2008年秋季的一个周末，为探究"三坑两涧"茶山的神秘，实地体验感受茶山之美，学习茶叶知识，他邀约茶业局陈局长、许师傅、小徐三人，一大早乘车来到牛栏坑入口处。

深秋的武夷山，蓝天碧水，丹崖葱郁，微风拂面，风中一阵阵清甜，甜中还夹着一丝丝茶叶绿草的清香，真是一个连呼吸都让人感动的地方。

陈局长一下车就故弄玄虚，卖起了关子，说今天要向姜华揭开武夷岩茶的三个密码。

“三坑两涧”实际包含牛栏坑、慧苑坑、倒水坑、流香涧、悟源涧，是正岩茶核心产地的品牌代表。熟悉武夷岩茶的茶客都知道武夷山岩茶有正岩、半岩、洲茶之分。其中以正岩茶的品质为最优，半岩茶次之，洲茶略差。而正岩茶中就属“三坑两涧”茶为顶乘。

他们四人下车，徒步前行。顺石阶而上，穿过一个木亭，一条狭长的山谷映入眼帘。两旁丹崖悬翠，郁郁葱葱，藤草垂挂，绿树成荫。坑内茶树畦畦，崖麓石砌垒台，梯壁层叠，茶树丛丛，紫土褐树，苔藓丛生。真是一幅美丽怡人的茶园山色图。

沿着一条两公里曲曲折折的山石路向东行走，碎石路旁不远处，有两个茶农在茶园中劳作。姜华走近一看，只见一个年轻人正在用锄头，沿着茶畦当中一条宽约二十厘米的深沟，进行施肥覆土；一个中年茶农在茶畦小土坪上，用茶园土搅拌着一堆散发出阵阵芳香气味的堆料。

姜华好奇地走上前查看询问。

中年茶农手上活儿没停，只是微微抬起头回答：“这是菜籽油饼，拌一下土做茶叶肥料用。”

菜籽油饼就是农村用土法榨菜籽油后剩下的油料残渣。它被稻草包裹扎紧成圆饼状，有三四厘米厚。姜华当年插队时，在油坊榨油见过。那些年物资匮乏，农村妇女还用它当肥皂来洗衣服。没想到，这菜籽油饼还在这儿派上了大用场。

随行的许师傅讲解：“菜籽油饼是很好的有机肥料，它富含蛋白质，生态无污染，对岩茶的品质提升有很好的促进作用。武夷山茶农很喜欢用它作为茶叶基肥。”

中年茶农热情地接过许师傅的话茬：“我们每年都要买不少菜籽油饼，把它捣碎，再与茶土搅拌均匀，施入茶树沟中。这样长出来的茶叶片肥厚，内含物质多，泡出来的茶特别醇香清甘。”

姜华有所领悟：“好比种蔬菜，施土肥料长大的菜就比施化肥长大的菜好吃。”

中年茶农哈哈一笑：“是这么个理。”

“这就是岩茶品质优异的第一个密码——喜欢用菜籽油饼做有机

肥料。”陈局长喜笑颜开，卖出了第一个关子。

满心欢喜告别了老茶农，几个人继续沿着蜿蜒的山路向上爬行，四十来分钟后来到牛栏坑顶口处。回头俯瞰，山谷云雾缭绕，丹崖隐现，茶园缥缈。一脉水流，顺溪而淌，波光粼粼。真是一步一景，一景一茶，景裹着茶，茶衬着景，茶景相融，相映成趣，令人陶醉。只有身临其境，才能真实感受到为什么国内茶叶界专家们都称武夷山茶园是盆景式茶园，果真名副其实。丹崖半壁处，一处长方形摩崖石刻上刻着“不可思议”四字，仿佛在告诉每个茶人，此处茗茶确实好得不可思议。

出了牛栏坑顶口，沿天心永乐禅寺小路下山，他们来到大坑口的上段——九龙窠。这里峡谷幽深，流泉飞瀑，峭壁连绵，逶迤起伏，山势如九龙飞舞，峡谷似九龙窠穴。石崖壁下淙淙流水，清澈见底，溪草藤蔓，幽香扑鼻。小径石阶旁，立着一排竹篱笆，分隔着大小不一的茶园。由于拥有得天独厚的良好生态，九龙窠从古至今都是武夷山茶园品种集中地。

姜华望着茶园中竖立着的小木牌，上面标着肉桂、水仙、大红袍、

武夷山“三坑两涧”之一慧苑坑茶山享有“盆景式”茶园的美称

梁天雄摄

半天妖、水金龟、白鸡冠等。一看这几个名字就觉得稀奇，有故事。

茶业局陈局长是武夷山当地人，毕业于福建省农林大学，从事茶行业已有二十多年。

他见姜华饶有兴趣地在观望，就上前讲解：“武夷山是茶叶品种的王国，已知品种有800多种，有记载的就有280多种。大红袍、半天妖、水金龟、白鸡冠、铁罗汉是武夷山闻名的五大名枞。肉桂、水仙是武夷山岩茶的当家品种。这些品种可选其中几种拼配成商品大红袍。每位制茶师傅的拼配方法是不一样的，这就产生了不同风格和品质的大红袍。也可以单独选用一个品种制成品种茶。”看他那侃侃而谈的神态，姜华心想这应该就是他揭开的第二个密码——武夷山是茶叶品种的王国。

没想到武夷山茶叶还有这么多讲究。姜华兴趣大增，随手采摘了大红袍、肉桂、水仙茶叶各一片，问：“这三片茶叶看上去都差不多，怎么区分这三个品种的茶叶呢？”

许师傅从姜华手里接过三片茶叶，放在手掌上摊平，从三片茶叶的形状、色泽、结构以及叶脉、叶齿、叶质几个方面教他如何区分。虽然看姜华听后，对有的知识还没一下搞懂，但许师傅还是像课堂里老师教学生一样，教得很耐心细致。

许师傅身材高大魁梧，方脸短发，两眼特别灵活，圆亮有神，口才也好。他原本是茶业总公司的制茶师傅。公司改制后，他下海自己建了一个茶厂，是地道的茶叶专家。

听了许师傅一番专业的指导，姜华感觉受益匪浅，心想茶叶知识还真多，看来今后对这方面的知识，也要抽空恶补一下了。

九龙窠上段峡谷深处，有一稍宽的沟壑，峡壁峭立，半崖处石砌垒梯，藤草丛生。闻名遐迩的国宝，六株母树大红袍就生长在这梯壁茶园中。茶树枝繁叶茂，左侧有处摩崖石刻，三个朱红大字“大红袍”醒目耀眼。据说以前曾有一个班的武警战士在这里守卫。

这是姜华第二次目睹茶王的风采。布满苔藓的石壁，黑褐苍劲的茶树，仿佛正向仰视它的游人，娓娓叙述着350多年的风雨历程和悠悠往事。

一行人来到母树大红袍对面的茶寮，选了一个茶席坐下品茶。眼望六株母树，手端茶杯，口品大红袍，着实有不同感受。

午饭后，他们又转到流香涧、悟源涧、慧苑坑。每到一处都仿佛穿行于仙境之中。踏着一条条古老的石径，时而登梯而上，时而曲折迂回，时而踮脚跳跃，时而平台漫步。小桥流水，凉风习习，幽谷通深处。两侧峭石壁立，突兀下刃，青藤垂蔓，幽草丛生，流泉飞瀑，涧水长流，落花飘洒，幽香阵阵。真是“坠叶浮深涧，飞花逐急湍”。难怪明朝诗人徐墩游历此地，流连忘返，遂将此涧命名为“流香涧”。

茶树是喜阳耐阴植物，喜欢漫射光。武夷山气候温和湿润，雨量充沛，坑涧众多，云雾缭绕，很适合茶树生长。

他们来到一个峡谷中，抬头仰望，高耸的丹崖遮挡了天空中的太阳。斜阳漫照，绿影婆娑，碧绿的茶园斑斑驳驳地洒落着太阳的余晖。这应该就是陈局长路上所说的“漫射光”吧。姜华蹲下身抓起一撮茶土，紫红色沙砾夹裹在一堆红土中，手感硌掌，松散不成团。

关于茶土，茶圣陆羽在《茶经》中曾写道：“其地，上者生烂石，中者生砾壤，下者生黄土。”烂石，顾名思义就是石头风化成的土壤。姜华手中的茶土应当就是丹岩风化而成的沙质土，这种茶园土壤含沙砾量较多，富含微量元素，土层较厚，土质疏松，通透性好，很适合茶树生长，对岩茶形成良好岩韵有很大促进作用。可以说是吸天地之灵气，纳山川之底蕴。这正是武夷岩茶产生岩韵的精髓。

陈局长说：“这就是武夷岩茶品质优异的第三个密码——独特的生态地理环境。”

返程路上，姜华感觉心里充实了不少。真是读万卷书，不如行万里路。

雾源茶厂学制茶

5 月，是武夷山最美的季节，也是茶人最繁忙的季节。不仅山川秀美，而且茶山别有风情，独具魅力。清晨，和煦的阳光刚从山岗上射出，碧绿的茶山上就已站满了勤劳秀美的采茶女。她们的纤指熟练地飞舞着，灵芽片片就抖进茶筐。一片绿叶，一声欢笑。远处的山崖壁上，一行肩担双筐的挑青工，挥汗如雨，哼着小调，步履艰难地穿行于蜿蜒起伏的山崖小道。他们时而登崖，时而下岭，时而穿林，时而涉水，好似舞动的飘带，给这5月的茶乡增添了一道亮丽的风景线。

与身旁的采茶女相比，姜华和同来学习采摘茶叶的两位王局长就显得特别笨拙。

知其然，更要知其所以然。懂得了茶汤的滋味，姜华更想懂得产生其滋味的原因。有一天，他约了两位王局长，一大早就上山，准备跟班全流程学习制茶，亲身体验感受一下制茶的辛苦。

可忙活了半天，仅一个茶叶采摘的中开面采摘方法，他们也没有掌握好要领。茶叶一会儿采嫩了，一会儿又采老了。采摘的枝条要么太长，要么太短，很少达到师傅说的“两叶一心”的标准。经过两个多小时的采摘，茶叶才铺了半筐，他们已个个累得腰酸背痛、手指发麻。

雾源茶厂张厂长戏笑着调侃他们：“都像你们这样采摘茶叶，茶老板和工人都要去喝西北风了。”

茶青采摘结束，他们几个人坐下正准备休息一会儿，茶厂张厂长随手从他们采摘的茶筐里抓了一把茶青一看，着急地叫道：“糟了，糟了！你们怎么把水仙和肉桂茶青混合在一起啊，这茶等下怎么制作呀？”

姜华赶紧一看，的确搞混了。今天茶厂本来安排采摘肉桂茶叶，可他们三个人没注意，也区分不清楚哪个是肉桂茶，哪个是水仙茶，就随手顺便把上一丘茶畦的茶叶也给采摘装在一起了。

看似简单的采摘茶叶工序，他们几个人折腾了半天，不仅没学好，还油着火，用水浇——尽帮倒忙。

张厂长看了下时间，催促他们几个人赶紧下山，说后面的摊凉、萎凋、做青等工序正等着，一刻也不能耽误，否则上午采摘的茶青发热过度就报废了。

六个多小时的茶叶做青，在范师傅的指挥下有条不紊地进行着，吹风—摇动—静置—再摇动—再静置，循环反复。茶叶就在这冷与热的洗礼、动与静的结合、生与死的交替磨难中涅槃重生。渐渐地，茶叶的清香、花香从茶青桶筛孔中徐徐散发出来，弥漫了整个做青车间。这是茶叶生命的升华，是茶人梦想的扬帆起航。

紧接着是杀青、揉捻、烘干、凉索，环环相扣。茶青从做青机出来后，马上转移进杀青滚桶里，在230多摄氏度的高温中快速不停地转动。茶青叶迅速干软，过了七八分钟，滚桶里散发出淡淡的茶清香。师傅叫他们快速把滚桶里的茶青拿出来。他们没集中精力，动作拖拉了些，还被师傅呵斥了一番："快点！别拖拖拉拉。"姜华纳闷不解，干吗催得这么急？

事后，姜华问师傅为什么要快速从桶里拿出茶青叶。师傅说："如不快速拿出，茶青在桶里待久了，会过火变焦，那以后的毛茶茶汤就会出现浑浊和焦粒，俗称'拉锅现象'。"

紧接下来，他们立即把茶青叶盛进揉捻机里，趁热揉捻。等茶叶揉捻成条状，他们赶紧拿到烘干机上均匀摊开进行烘干。

之前，姜华他们已请教师傅，知道揉捻好的茶叶如果不马上烘干，放置久了，会使干茶产生闷味，降低茶叶品质。他们可不想再被师傅教训了，那可是很尴尬的事情。

整个制茶程序做下来，容不得他们半点懈怠，更不用说偷懒停歇。姜华仿佛踩上一条高速运转的生产流水线，身不由己，不停地按步骤往前走，一刻也不敢停歇，一直忙碌到次日10点多。经过二十多个小时的连续劳累，姜华和两位局长都感觉腰酸背痛，疲惫不堪，精神倦怠，困意十足，呵欠连天。

然而，厂里的范师傅虽然已连轴苦战了七八个昼夜，可当下仍一丝不苟地在车间每道工序中转悠、指点。姜华问范师傅："天天这样熬夜劳累，身体吃得消？"

他微微一笑说："吃不消也要扛，既然选择了做茶，就要做好辛苦付出的准备，要不然对不起这一片片茶叶，对不起大自然的馈赠。"

据范师傅说，今天这二十多小时的忙累，才只是毛茶初制阶段。下一步是精茶制作，还要经历剔拣、分选、匀堆、焙火等多个步骤。尤其是焙火，是形成武夷岩茶特有的滋味和香韵的关键工艺，来不得半点马虎大意，不然就会前功尽弃。

过了两个月，姜华又来到雾源茶厂，跟张师傅学焙茶。焙茶是个不能心急的技术慢活，要将茶叶盛在焙笼里，放在焙窟上，经过十几个小时木炭火的低火慢炖煎熬。他和张师傅在那四五十摄氏度的高温焙房里进行端笼、翻焙、倒茶等作业，人就像在桑拿房里汗蒸，大汗淋漓。张师傅干脆赤膊上阵。

等茶叶下焙窟后，姜华走出焙房，长长地伸了个懒腰，舒舒服服地呼吸了一口新鲜空气。张师傅告诉姜华，焙好的茶叶还要静放二三十天，让其慢慢自然退火，然后再重新放在焙窟上，又开始文火慢炖，这样循环两三次，才能真正做出一泡好茶。

“纸上得来终觉浅，绝知此事要躬行。”姜华自从跟班学习制茶之后，端杯品茶时，脑海里时常会闪现出清晨就上山的采茶女、哼着号子小调快走的挑青工、几夜未睡好觉连轴转制茶的范师傅，以及焙房里挥汗如雨焙火的张师傅的身影，心中情不自禁会涌出一种肃然起敬的感觉，一种对茶人的尊重、对茶叶的敬重，一种苦尽甘来的美好憧憬，一种要珍惜手里每泡茶、喝尽杯中滴滴水的感悟。

茶言精舍求艺

好茶还需好茶艺，方能诠释出茶的真味。这是姜华在茶言精舍习茶时的另一番领悟。

茶言精舍，一个以茶为言的书院。它位于星村镇前兰村一处风景秀美的山腰上。古朴典雅的白墙青瓦，掩映在群山环抱、碧绿成荫的古树林中。清晨云雾缭绕，溪水潺潺，给本就古朴清雅的精舍，增添了几分隽逸和神奇。

精舍的主人叶灿老师，是一位精通茶艺、茶文化的专家，还曾获武夷山“大红袍宣传大使”称号。她个头不怎么高，一套浅绿色的丝麻茶服休闲舒适地裹住秀美的身材，显得整个人飘逸自在，茶韵十足。圆润的脸上扑闪着一双灵动的眼睛，神态端庄，举止文雅，说起话来特别柔和甜美，言笑之间能使人顿时平心静气，放松心情。

叶老师等姜华他们几个人到了，就带着他们参观茶言精舍整齐并排的制茶车间，典雅别致的茶室，高大宽敞的习茶堂，看得他们羡慕又震撼。

这时，茶艺小姐给他们每人递上一杯岩茶。姜华浅浅抿了两口，就把杯子归还给了茶艺小姐。习茶堂正在重新修缮，刺耳的锯刨声，嘈杂的言语声，满地的碎纸木屑，使他没有了喝茶的意愿和兴致。

参观结束，回到二楼精致的茶室喝茶。这是一个中式简装风格的茶室，奶黄色的长条茶桌上，铺着一条墨绿色梅竹图案的茶巾，立着一个插鲜花的小瓶和一个荔枝茶宠点缀，很是雅致。茶室的北侧角，摆放着一盆寒兰和一张古琴，一位美女正在优雅地弹奏那张古琴。低吟回荡的优美古乐曲声，使人一进入茶室，顿时就心情放松，平静了许多。

“叶老师，很多人都说你泡的茶很好喝哟！”他们几个人刚到茶室落座，两个茶友看叶老师在整理茶桌准备泡茶，就迫不及待地用羡慕崇拜的目光望着叶老师说道。

“会吗？”叶老师抿嘴浅浅一笑。

叶老师低首垂眉，执壶慢冲，抹盖闻香，开汤注杯，举手投足间尽显优雅专注，心外无物，与茶相融。她把品茗杯恭送到客人面前，嫣然一笑：“茶叶是很有灵性的，你感恩善待它，它就会真心回报你。”

一句颇有哲理、耐人寻味的茶语。

姜华仔细品啜了两口茶汤，香气幽长，喉韵在口腔里回转，久久不散，两颊生津，滋味甘甜，确实好喝。顿生疑惑，为什么刚才在习茶堂喝茶没有这种感觉呢？他瞄了一下大伙，大家似乎都有同感。

“茶是静物，品茶要的是宁静、自然、惬意，而不是喧闹浮躁。环境不静，心就不能静。所以品茶的环境，一定要宁静、舒适、品位高雅。这就是‘境’到位。”

叶老师一句话，顿时让大家醍醐灌顶、恍然大悟。原来如此，同样一泡茶，在人声鼎沸的闹市中喝，与在这幽雅安静的茶室喝，感觉肯定大不相同。

“叶老师，我也来学下泡茶。”说话间，姜华接过她递来的茶具，

梁天雄摄

也学着她的样子执壶慢冲，开盖出汤。可茶汤一进口，他感觉有点苦涩。几个茶友嘲笑：“好茶被你一泡也变味了。”

“你刚泡茶时坐杯时间长了。这泡茶是足火茶，坐杯时间要短，出汤要快。泡茶也要讲茶艺，要知茶性、懂茶礼，技艺要娴熟。只有恰到好处地发挥，激活茶叶内在的优质特性，才能泡出一泡好茶。这就是‘技’到位。”

“那还有第三吗？”有人迫不及待地询问叶老师。

“第三是‘心’到位。这是泡茶技艺的最高层次，也是最难做到的。”叶老师依旧语笑嫣然。

“心到位？”众茶友若有所思，喃喃自语。

“茶是灵性之物，人要和茶达到心灵上的沟通，达成默契，唯有用虔诚感恩的心去知觉、感受茶之内在，这茶才能泡出真味，品出境界。”

茶如人生，杯盏之间蕴含了多少做人做事的道理。

2011 年 3 月，姜华在苏州“中国名茶发展高层研讨会”上，信心满满，如数家珍地做了一场关于“大红袍魅力六性”的主题发言。2014 年 10 月，在北京钓鱼台国宾馆“‘一带一路’发展战略研讨会”上，他又神采奕奕地上台，发表了题为“万里茶路——魅力武夷茶”的主旨报告。

两次发言，姜华都是自己伏案就笔的，几年来习茶路上经历的人和事历历在目。面对桌上的白纸，他仿佛看到了碧绿秀美的茶山，辛劳忙碌的茶人，优雅聪慧的茶艺师。顿然间，灵思泉涌，下笔如神。

十多年对茶的探索学习，令姜华深深喜爱上了这片神奇的树叶。“初尝不识茶滋味，回首已是爱茶人。”茶不仅充实了生活，更提升了人的精神世界，令人悟出不少人生真谛。

人生如茶。只有历经风寒霜苦，才能迎来春色满园的生机；只有经历死去活来的磨难，才能散发沁人心脾的花香；只有经历热焰火焙的煎熬，才能释放出浸渍深处的清香与甘甜；只有坚守淡泊名利的初心，才能拥有宁静致远的心境。

人生就是在习茶中思索，在习茶中感悟，在习茶中成长。

路漫漫其修远兮，吾将上下而求“茶”！

第十章

寻找历史的见证

① 武夷山九龙窠六株母树大红袍历经风雨，见证历史，演绎了许多美好的传说。（茶产业发展中心供图）

② 2013 年 11 月 17 日，台湾林凤池后裔、83 岁高龄的林新添老人和武夷山市政府徐春晖市长，在天心永乐禅寺国际茶园共同植下从台湾带来的冻顶乌龙茶苗。（武夷山新闻视频截图）

③ 2009 年 4 月 20 日，印度大吉岭茶人罗禅先生专程来到武夷山桐木关，寻找红茶的发源地。（阮雪清摄）

④ 天心永乐禅寺国际茶园内的“台湾冻顶乌龙 林凤池后裔林新添”刻石。（武夷山新闻视频截图）

说起武夷山，它有一个令全国许多茶乡望尘莫及、羡慕不已的国字号品牌称号，那就是文化部授予的“茶文化艺术之乡”。

两千多年的茶文化历史积淀深厚。每当宁静的夜晚，姜华坐在自家小园里，独自啜饮茶汤，遥望璀璨的星空时，脑海里都会闪现那些充满神秘色彩的传说故事。那些动人的历史故事不仅深深地打动了他，还激发了他的好奇之心，有好多次，他都不由自主地产生了探寻茶文化之源、考证历史的冲动。

大红袍“半壁江山”的历史见证

武夷山产有一款茶，闻名遐迩，自古以来就是皇家贡茶。人们称它是“乞丐的外表，菩萨的心肠，皇帝的身价”，它就是声名赫赫的大红袍。

大红袍红天下，固然与大红袍茶的优异品质、独特口感和幽香如兰、甘醇如梦的“岩韵”密不可分，然而，围绕大红袍茶演绎出的许许多多美好的传说故事，也不啻为其闻名于世的催化剂。

其中有一个关于大红袍“半壁江山”的故事流传很广。中央电视台有关栏目还曾播放过这个故事的视频。

说起这大红袍“半壁江山”的传说故事，在武夷山那是家喻户晓，为茶人津津乐道。

然而，姜华翻阅了市志、简史、茶志等有关书籍，都查不到有关记载，心中未免有些惋惜、沮丧、气馁。

一天，他随手翻阅一本茶书，忽见书中有一页记载了大红袍“半壁江山”的故事，并注明引自台湾知名作家池宗宪《武夷茶》一书。他喜出望外，沮丧气馁的心情霎时烟消云散，总算找到故事的出处了。

第二天，姜华便购买了一本池宗宪的《武夷茶》，迫不及待地翻开“寸叶值半壁江山”章节，仔细阅读。可渐渐地，他那刚上升的兴奋又如抛物线似的快速下降。作者在故事的结尾写上了一句让他失望和困惑的话：“这些流传市井的小道消息都在验证此茶之尊贵。”

唉！又是一个无从考证、悬而未定的传说故事。

他困惑得有点迷茫起来：“难道这脍炙人口的故事是空穴来风吗？”可故事的内容、时间、地点说得有鼻子有眼，不像假的呀！难道是民间杜撰的故事吗？仔细想想应该也不是。老百姓怎么可能冒天下之大不韪杜撰这样的故事？

又一次的失望，困扰着姜华。山重水复疑无路，柳暗花明又一村。终于，一次偶然的机缘让他再次得知了故事的真伪。

2007年3月，武夷山市政府组织茶企业到上海参加第十四届国际茶文化节。开幕当天，贵宾、客商如潮水般涌进会展中心。姜华和市委刘副书记、茶管办陈主任在二楼武夷山展馆忙得不亦乐乎，接待着四面八方的来宾。

就在姜华兴致勃勃地就武夷山大红袍茶向来宾侃侃而谈时，两位端庄、秀丽、气质不凡的老妇人悄悄来到茶席上。她们静坐于茶桌前，含笑抿茶，倾听他津津乐道的大红袍“半壁江山”的故事。其中一位身材略矮、体态丰满的老妇人，双眸灵动，露出喜悦、赞许的目光：“你刚才说的故事是有的。”没容姜华反应过来，老妇人又温婉一笑补上一句：“似有其事。”

眼前老妇人轻描淡写的一句话，仿佛海市蜃楼般令姜华惊诧不已，半晌没回过神来。

大红袍“半壁江山”的故事，姜华不知娓娓道来了多少次，听者回应的也只是羡慕和赞叹，从未有人说过一个是或不是。而如今，他还是第一次亲耳听到有人说出“似有其事”，而且是出自一个陌生的老妇人口中。

姜华情不自禁地端详起她。只见她身穿一套浅灰色西装，里面搭配一件鲜红色立领毛衣，显得尤为端庄、秀气、时尚。圆润、白皙的脸庞上戴着一副宽大的眼镜，映衬着一头洒脱飘逸的银发，突显出一种与众不同的优雅知性和大气干练的气质。脸上和蔼可亲慈母般的笑容，让人一下没有了局促感。

瞧这老妇人也不像是信口开河的人呀！那她是谁？她为什么敢如此自信满满地说“似有其事”。姜华的大脑开始像高速旋转的马达，

不停地思考、分析、揣测。

这时与她同来的另一位老妇人似乎察觉出姜华的疑虑，两眼含笑注视着她，并对姜华说："她当年是毛主席的英文秘书。"

"啊！唐秘书？"一个久闻其名不见其人的传奇美女翻译，姜华在考证大红袍"半壁江山"故事的过程中，查阅了许多资料，知道有关她的一些传奇故事。

1972年2月21日，毛泽东主席和周恩来总理在中南海会见美国总统尼克松和国家安全事务顾问基辛格，全程会谈都是她做翻译。大红袍"半壁江山"的故事，就是发生在那次会谈后。她可是活生生的历史见证人呀！

刹那间，姜华内心感到无比激动和兴奋。真是踏破铁鞋无觅处，得来全不费工夫。他多次考证大红袍"半壁江山"故事，却始终毫无进展，一次次陷入失望。现如今却遇到当年事件的历史见证人，这怎能不令人心潮澎湃、欣喜若狂呢？他当即与她兴致勃勃地攀谈起来。

正当姜华聊兴正浓时，她们说有事要先离开。事后，宣传部张副部长问："姜副市长，你刚才要是通知一下记者来现场拍摄采访就好了。"对呀！姜华真是高兴得忘乎所以，怎么把这么重要的事给忘记了。多年后，每当他想起这事就懊悔不已，真想捶自己一拳。

苦心人，天不负。就在姜华为自己当年的失策后悔莫及时，又一个机会降临了。

2009年4月，中央电视台《走遍中国》栏目组专程来武夷山拍摄"武夷茶文化"特别节目。在拍摄第五集"茶神传奇"时，摄制组了解到当年武夷山市领导在上海国际茶文化节巧遇毛主席的英文秘书的故事后，很感兴趣，栏目组主编莫导回北京后，专程去拜访她以证实这大红袍"半壁江山"的故事。莫导回来后欣喜地告诉南平市委宣传部张部长："大红袍'半壁江山'故事，毛主席的英文翻译唐秘书说'似有其事'。"张部长听后不胜欢喜，高兴欣喜之余，伏案写下《大红袍那些茶事》一文刊登在《闽北日报》上。

至此，在武夷山坊间流传了几十年的大红袍"半壁江山"故事，终于有了一个较为清晰的历史见证，成为真实的宝贵史料。姜华为武夷山大红袍茶自豪，也为自己的收获而庆幸欣慰。努力不一定会成功，但不努力一定不会成功。生活就是这样。

台湾冻顶乌龙茶归宗省亲

2013 年 10 月初，离第七届海峡两岸茶业博览会开幕还有一个多月时间。在紧张筹备工作之余，姜华心神不定，心里七上八下牵挂着一件事。

这天，他刚进茶博会筹备办公室，手机的彩铃就响了，拿出一看，是一个以“886”数字开头的陌生电话，屏幕显示“台湾”。这是谁打来的电话？不会是电信诈骗吧？他心里嘀咕着。想了想，摁了电话，没接。

没多久，手机彩铃又急促地响起，还是刚才那个陌生电话。“这是谁，这么讨厌！一直骚扰，还从台湾打来。”姜华恼怒地抱怨了一句，正要摁掉电话。

“会不会是茶博会台湾地区那些主办方找你有什么事哟？”茶博办衷主任提醒了一句。

“对呀！怎么把这茬给忘了。”姜华连忙接听，果然是台湾茶协会张会长用一家陌生企业的座机打来的电话。姜华不好意思地朝衷主任眨了眨眼。

放下电话，姜华一下兴奋起来，这几天心中牵挂的事总算有了眉目，他高兴地吆喝办公室同事过来喝茶。

“哇！冒号（办公室同事私下对领导玩笑的戏称）什么事这么高兴？把竹窠百年老枞都贡献出来了。”办公室小袁惊讶地大声说道。

姜华开心愉悦地抿了一口茶问：“你们知道台湾冻顶乌龙茶的故事吗？”

“听说过一些，但不是很了解。”

姜华有点得意，对着大伙侃侃而谈。

清朝咸丰年间，台湾鹿谷乡有一位叫林凤池的年轻人来大陆应试。这位年轻人虽家境贫寒，但志向远大，勤奋刻苦，如愿考中举人。当他衣锦还乡途经福建时，福建省林氏宗亲设宴庆贺，并邀请他到武夷山游玩。

林凤池饱览碧水丹山十分欣喜，见到乌龙茶，更是喜爱，想购买些茶苗返乡赠予乡邻，以报家乡父老养育之恩。当他把这一想法告诉天心永乐禅寺方丈时，方丈甚为感动，当即赠送他武夷“青心乌龙茶种”茶苗 36 株，并嘱咐道：“此为夷陵乌龙茶佳种，希望细心栽种，如能分栽广植，则子孙享用不尽。”

回乡之后，林凤池将带回的 12 株茶苗分植于竹林村等地，还有另外 24 株茶苗送给冻顶山的乡亲们种植，其后这些茶苗逐渐繁殖成园，成为一个优良品种。后来，林凤池奉旨入京，他将加工好的乌龙茶带去献给皇帝。皇帝一尝，感到十分清香可口，龙颜大悦。当皇帝得知此茶移种的故事后，金口一开：“这茶就叫冻顶乌龙吧！”

姜华悠然自得地说完冻顶乌龙茶的故事后，办公室里的几个人仍疑惑不解：“领导，这故事在民间已流传很久，没什么新鲜刺激的呀！”

“这你们就不懂了吧，传说毕竟是传说，其中有真有假，不能让人心服口服。如果能让传说得到直接关系人的佐证，那传说就成了什么？”姜华故弄玄虚。

“那就成为真实的历史资料了呀。”小江一语道破玄机。

“对！过一段时间，你们就可见分晓。”姜华还是卖了个关子。

没过几天，台湾茶协会张会长又打来电话，欣喜告知姜华，已找到林凤池第五代嫡系后裔林新添老人。老人家年纪已八十有余。听说武夷山邀请他参加第七届海峡两岸茶业博览会，激动万分，连声说：“要去，要去。”

当姜华把这一喜讯告知办公室同仁，大家才恍然大悟。衷主任好奇地问：“你怎么会想到寻找林凤池后裔？”

要说这事，那也是巧合。前两月，姜华参加省海峡茶业交流协会组织的“闽茶中国行”成都站活动。活动期间，他碰到了台湾茶协会张会长。闲谈交流中，张会长忽然冒出一句话：“我认识林凤池的嫡系后裔。”

姜华一听立马振奋起来，张会长一句平淡的话，传递出两个很有价值的信息：首先，传说中的冻顶乌龙茶故事的主人公林凤池确有其人，不是民间杜撰出的；其次，林凤池嫡系后裔现还在台湾。

姜华满怀希望地询问张会长，能帮忙找到林凤池的嫡系后裔吗？

当得到肯定的回答后，姜华请张会长帮忙邀请他们来参加第七届海峡两岸茶业博览会，并带几株冻顶乌龙茶苗回来。

“干吗还要带几株茶苗回来？”张会长有点纳闷不解。

“台湾冻顶乌龙与武夷山大红袍同根同源。一百多年前，林凤池从武夷山带走的 36 株茶苗在台湾繁衍生长。一百多年后，这些子孙后代也该回来省亲认祖归宗呀！这是我们中国人的传统习俗。”姜华把心里美好的创意和盘托出。

张会长被姜华的激情与创意所感动，干脆利落地应允下来。

听完姜华的叙述，衷主任也喜笑颜开：“难怪你这几天这么兴奋，原来是挂念着这件事呀！真能如愿以偿，那今年茶博会又有新亮点了。”

离茶博会正式开幕还有半个月，“台湾冻顶乌龙认祖归宗”专项活动方案已策划完毕。为确保万无一失，姜华吸取 2007 年参加上海第十四届国际茶文化节巧遇毛主席的英文秘书却忘记采访的教训，特意交代宣传部张副部长，要指定一个摄制组全程做好跟踪报道。

现在是万事俱备，只欠东风。可世事难料，就在姜华满心欢喜等待那值得纪念的时刻来临时，张会长突然打来一个电话，差点又让姜华那激动喜悦的心情降到冰点。

离茶博会开幕还有一周时间，台湾茶协会张会长突然打来电话说：“林新添老人近来身体抱恙，可能没法前往武夷山了。”言谈中，姜华感觉到他内心也是焦急万分，还带点愧疚不安。

“怎么会这么不凑巧呢？”姜华顿时感到失落，不过还是麻烦张会长，请他多帮忙看望下林新添老人。如果老人康复了，还是尽量争取邀请他来参加武夷山茶博会。

四天后，台湾茶协会传来好消息，林老先生已康复在家休息，并答应来武夷山的行程不变。

11 月 17 日上午，在天心永乐禅寺大红袍祖庭一片松竹掩映的草坪上，金色的阳光灿烂斑驳地洒落在四周，草坪上一个长方形条桌香案上铺罩着金黄色绒布，供品、鲜花、红烛摆满香案，更增添了一份肃穆神秘的庄严感。一个红绸布包裹的竹篓盛装着六株茶苗，特别引人注目。来自海峡两岸的二十多位高僧大德，身披黄红相间的袈裟，或手执高香，或敲击木鱼，虔诚地诵经。他们在为两岸茶人祈福。

台湾冻顶乌龙茶回植大红袍祖庭祈福法会，就在这香烟袅袅、木鱼声声、人头攒动中开始了。半小时后，武夷山市徐市长和林凤池第五代嫡系后裔林新添老人各自手执铁铲，把六株台湾冻顶山乌龙茶苗郑重地回植于大红袍祖庭后山的禅茶园内。

林新添老人身材不高，虽已八十多岁高龄，但仍精神抖擞，两手挥铲苍劲有力。在他的重重拍击下，黑土踏踏实实地聚集在茶苗根部。老人神情庄重，双眼湿润，认真地种植好茶苗。随后，他提起一桶泉水缓缓地、仔仔细细地浇灌茶苗。泉水细细流淌，他的内心却是波涛翻滚。一百多年前，祖先从这里带回的茶苗，福泽了乡梓。一百多年后，他替祖先了却心愿，归宗认祖感谢恩泽。他仿佛在与祖先交流，聆听祖先教诲。

茶苗移植仪式结束，林新添老人面对众多媒体记者，难掩激动的心情，饱含泪水深情地说："我今天第一次来到冻顶山乌龙茶的祖地，重走祖先走过的路，终于完成了几代人的夙愿。我可以告慰祖先，请他们放心了！"

"此夜曲中闻折柳，何人不起故园情。"林新添老人一席肺腑之言，感动了在场来宾，撩动起两岸情怀。掌声、欢呼声、相机的"咔嚓"声响彻山谷，久久不曾散去。

陪同林新添老人前来的林先生，是一个高大魁梧、脸膛方正、浓眉大眼、皮肤黝黑的中年大汉。他在和姜华聊起这次武夷山之行时，也是感慨万千。

"我干爹这次听说你们邀请他来参加海峡两岸茶博会，并且要在天心永乐禅寺回植冻顶乌龙茶苗，激动得几夜没睡，嘴里时常念叨个不停。当中几经波折，尤其是临行前半个月身体欠安，我们都担心他这么大年纪身体吃不消。可他老人家康复后坚持要来，我只好和媳妇陪同他来了却他心中夙愿。”说完这话，这个壮实憨厚的大汉已是热泪盈眶，晶莹的泪光映衬着灿烂的笑容，整张脸就像清晨荷塘里露珠莹莹的荷叶。真是一个重情重义的男子汉。他为老人的游子故乡情所感动、折服，也为自己能略尽绵薄之力而感到宽慰。

第二天，姜华抽空去看望林新添老人。他个头不怎么高，脸庞宽大，头戴一顶灰白色的保暖毛线帽。尽管岁月已在他额头和脸颊布满了皱褶，可他的双眼依旧明亮有神，浅黄色夹克套在身上，透显出沉稳、刚强、利索的精神头。虽已八十多岁的高龄，可林新添老人仍旧在干儿子的茶厂当制茶技师，挚爱茶叶的情怀牵挂了老人一生。真是一位可敬可爱的老人。姜华和他聊了很久，他说得最多的依旧是茶，以及他的祖先林凤池。

林凤池生于 1819 年，清朝台湾彰化县沙连保大坪顶粗坑庄（今南投县鹿谷乡初乡村）人。他自幼聪慧，勤奋好学，早年拜师张焕文。咸丰五年（1855 年），他考中第九十名举人，咸丰八年（1858 年）授为内阁中书。因为他成功考取功名，其祖父林杰被追封为文林郎，父亲林学石敕封为征仕郎。同治六年（1867 年），他将升布政，赴京待命，却于天津的会馆去世。同治九年（1870 年）才归葬故里。

林新添老人是林凤池嫡系后代子孙中年龄最大者。他敬仰祖先人品，叙述往事如数家珍。

姜华问林新添老人：“林凤池怎么会想到要带茶苗回去种植?”

老人家沉吟了一会儿说：“林凤池来福建考试时，因家境不好，难以成行，得益于家乡众乡亲的筹资帮助，方能成行。所以，当他衣锦荣归时，总想回馈报答父老乡亲。他到武夷山看到种茶能致富后，就萌生了带茶苗回家乡让乡亲们种植的愿望，是天心永乐禅寺方丈帮助他实现了心愿。”

临别之时，林新添老人握住姜华的双手不停地感谢。可此时，姜华却没有当初那种实现创意的喜悦和成就感。一个耄耋之年的老人为了还愿感恩，为了两岸茶缘，不辞辛苦，奔波尽力，相比之下，自己做的这点事何足挂齿。

回家的路上，姜华感觉脚下步伐有点沉重。

西游红茶寻祖

一个秋高气爽的周末，姜华前往桐木村拜访红茶第二十四代传承人、正山堂茶业公司董事长江元勋。

商务车在蜿蜒崎岖的桐星山路上盘旋。今年夏季的一场洪水，把原本就坑坑洼洼的山路摧残得更加千疮百孔。小车好似大海中的一叶扁舟，在波浪中颠簸前行。沿途多处出现被洪水冲垮塌陷的路基和山上滑落的土石，残叶枯枝七零八落地散落在路面。汽车走走停停，原本一个多小时的车程，却行驶了两个半小时。

路途虽艰辛，却没动摇姜华此次桐木之行的决心。此次进山，不仅仅是看望老朋友，更重要的是还想解开一个多年未解的疑惑，那就是和江董事长聊聊，探究一下 2009 年印度老人罗禅怎么会风尘仆仆、万里迢迢专程到桐木村这大山里拜访他。

正山堂茶业公司，坐落在海拔 1000 多米的桐木庙湾村，一个依山傍水、竹翠花红、云烟袅袅、溪水潺潺、景色秀美怡人的山谷中。江董事长闻声相迎，老朋友相见，寒暄品茶，好不欢喜惬意。

当姜华道明来意后，江董事长沉思半晌，唤起十多年前的往事："那还是 2009 年 4 月下旬，正是春茶制作的季节。有一天，我正在茶室品茶，忽见窗外有几个人在茶山不停地转悠。我开始以为是外地客户来茶山体验或是游客踏春，也没太在意。可没多久，我察觉茶山那几个人不同寻常。尤其是走在前头的那个人，身穿与众不同的奇异服饰，在山坳、山涧、山顶处不停地察看，还时不时与采茶人攀谈，并弯腰从茶筐中捧起一堆茶青放在鼻子下细细品闻。一打听，来客是印度罗禅茶业公司总经理，他专程来庙湾探寻红茶发源地，我急忙下楼去接待。"

对于江董事长这一举动，姜华非常理解，深有同感。自己何尝不也是这样的吗？当知道有一位印度大吉岭老茶人，为寻祖红茶发源地，专程来武夷山桐木时，就想上来探个究竟。以前工作繁忙，没能成行，如今总算得偿所愿。

印度大吉岭位于印度东北部喜马拉雅山南麓，是世界三大高香红茶产地之一。大吉岭红茶是中国小种茶，大吉岭有 85%的茶园种的是纯正的中国茶树种。究其原因，这与一个叫福琼的英国人有着千丝万缕的关系。

红茶界对“世界红茶发源地在中国”这一论断是无异议的，可对“中国红茶发源地在哪里”却各持己见。有的说是武夷山，有的说是湖南，还有的说是江西，众说纷纭，莫衷一是。

唉！一个难解未解的题。

“罗禅那次前来寻祖，很大程度上是从一个专业茶人的角度来考察探究的。”江董事长打开话匣，“罗禅仔细察看了我们茶山的生长环境和茶树的叶片形状后兴奋地对我说：‘我终于来到了红茶的故乡武夷山，这里才能生长出如此好的茶叶。我们公司在大吉岭，最早从中国引进的古老茶树和武夷山这里的茶树基本一致。’当他参观了我们公司的老茶厂和传统工艺及设备后，高兴地说：‘和我们公司红茶制作工艺有很多相似之处。’说完话，罗禅老人圆胖的脸上露出满意欣慰的笑容。”

4 月 21 日下午，在央视《走遍中国》拍摄组编导的策划下，罗禅和江董事长举行了一场跨国红茶品鉴交流茶会。

这场相隔 160 年姗姗来迟的茶会吸引了众多媒体。双方都拿出各自当年最好的初摘的头茶。罗禅很庄重地换上印度传统节日盛装，银白色圆形头帕冠帽上镶有酒红色丝线，点缀着众多小银珠，搭配帽檐上两个太阳图腾装饰，戴在他那圆圆的头上，更显庄重肃穆。银白色立领长衣，搭上一条棕黄色丝巾，使这位年近六旬的老人，有了更多活泼欣喜的神态。或许是由于如愿以偿的武夷山之行使老人充满了朝气，他的八字胡总是微微翘起，嘴角挂满了笑意。

当他双手恭敬地从江董事长手中捧接过正山堂金骏眉的第一杯茶汤时，正襟危坐，把茶杯移到鼻下，慢慢闻香，稍后轻啜一口。老人眼中顿时放出惊喜兴奋的光芒。他轻轻放下茶杯，对众人说：“这茶

和我们大吉岭的初摘茶汤颜色很像，都是金黄色，细细品味也有极其相似的底蕴。”接着老人又品一口茶汤，意犹未尽，深情地对江董事长竖起大拇指点赞：“你们的茶就是好，就是红茶的祖宗。”

兴致正酣的罗禅还现场冲泡了他带来的大吉岭红茶，将一泡素有“茶中香槟”之称的红茶与众人分享，其独有的麝香葡萄味令在场来宾赞叹不已。

罗禅老人百感交集地对众人说：“我一直在寻找红茶源头。现在我终于找到了红茶的源头，就是武夷山。”这位从事茶叶工作三十多年，形容茶已融入自己血液里，身体流出来的不是血而是大吉岭红茶的老人，此刻热泪盈眶。真可谓众里寻他千百度，蓦然回首，那“茶”却在灯火阑珊处。

江董事长平时言语不多，可对那段往事却记忆犹新，话匣子打开后便滔滔不绝，声情并茂，令姜华感动。他和罗禅的不解茶缘，不仅仅是红茶文化的弘扬，更是两位爱茶如命的老茶人的心灵感应和呼唤。

从桐木拜访归来，姜华探寻茶文化之源的激情被再次点燃。经过连续几天翻阅红茶有关书籍资料，尤其是对 170 多年前那个英国植物学家罗伯特·福琼的武夷山之行进行考证梳理，170 多年前的历史画面渐渐呈现在他眼前。

19 世纪 40 年代，中国仍是世界上第一大茶叶生产和供应国，这对曾一直为英国王室服务的英国皇家东印度公司造成巨大压力，他们因此而丧失了茶叶进口的垄断权。东印度公司恼羞成怒，想方设法找到曾多次到过中国、有着“中国通”称号的英国植物学家罗伯特·福琼，开出了年薪 550 英镑的高薪，聘请他到中国刺探茶叶生产秘密，并设法窃取中国茶种及生产制作工具和生产技术。

1849 年 2 月，福琼受命从香港启程，开始了武夷山间谍之旅。据说他可能是近代继葡萄牙人之后，第一个偷偷渗入中国内地的外国人，按当时清朝法律，一经发现是要被处死的。福琼为蒙骗过关，巧妙地装扮成中国人，并雇用两个中国人做随从打掩护。他们从上海乘船到江西铅山河口镇，后改坐竹抬轿从铅山紫溪乡开始翻山越岭，由崇安分水关（今武夷山洋庄乡）入县境。他们先后到崇安县城（今武夷山市区）、星村镇、上梅乡，最后从梅岭翻山越岭到五夫澄溪出县境，到浦城石陂镇，过浙江江山返回上海。

福琼在武夷山境内活动了十多天，其间他基本上是走山路，看茶园，住寺庙，宿道观，歇茶馆，采取诱骗、互赠、偷采等方法，窃取了武夷山大量茶树苗和茶树种子以及许多珍贵植物。他将树苗根部覆上土，包裹上一层从山涧石壁上挖来的潮湿苔藓，外面再用一层油纸包裹，最后钉上木箱。同时，他还诱骗蛊惑八个制茶工（其中两个制作茶叶罐）跟他走，并且购买了大量制茶工具和设备。

回到上海，他吸取了以往转寄茶树种子失败的教训，经多次摸索试验总结，终于找到一个成功方法。他先在一个木箱里放上一层厚土，种上桑树苗，种桑树苗的目的是过关卡时能混过检查。因为按当时法律规定，茶树种子和茶树苗都是严禁外运品。然后，将土壤浇水湿透，等泥土干了，播上从武夷山偷来的茶树种，再覆上一层厚土，浇上水，用一些木板把泥土盖紧，最后钉上木箱。途中只要浇浇水就行。

1851 年 2 月 16 日，这个负有间谍使命的英国植物学家带着 16 箱装满茶苗及种子、制茶工具的玻璃柜子和八个制茶工，从上海登船前往印度加尔各答，后转道去喜马拉雅山麓，把从中国武夷山窃取来的物和诱骗来的人，如数移交给当时英国在印度西北邦植物园和政府茶园的主管詹姆斯博士。中国武夷山的红茶秘密就这样悄悄传入印度，中国茶叶生产也因此受到严重打击。

姜华为探究福琼当年曾住宿过较长时间的两座无名寺庙和道观，专程前往疑似当年福琼住的寺庙天心永乐禅寺与磊石庵遗址及周边茶山考证，并与天心永乐禅寺主持泽道法师一同研讨。回家后再次阅读福琼所著的《两访中国茶乡》核对，掩上书籍，整理完笔记，思绪万千，心里像打翻的五味瓶，说不出是啥滋味。自豪、惋惜、痛恨、厌恶、唾弃相互交织，往事不堪回首，但过去的毕竟已经成为历史。

为慎重起见，姜华又查阅了许多茶文化历史资料。据《世界茶文化大全》一书记载："1669 年，英国政府规定茶叶由英国东印度公司专营，从此，英国东印度公司由厦门收购的武夷茶取代了绿茶成为欧洲饮茶的主要茶类。”“1698 年，荷兰每磅武夷茶的售价是 7.75 荷盾。”“1710 年 10 月 19 日，英国泰德（Tatter）报上，还刊登一则宣传中国武夷茶的广告：‘范伟君在怀恩堂街贝尔商店出售武夷茶’，这是武夷茶在国外的最早广告。”而据《武夷茶经》一书记载，我国十大茶人之一吴觉农著《茶经述评》一书时，曾查阅全国 2000 多个州县县志中有关茶叶的记载，他提到，在现产红茶的各省各县地方志中可以查到的最早记述红茶的州县有湖南的巴陵县、安化县，湖北的崇阳县，江西的义宁州等地，而所记述的最早的年代是 1821 年。

另据《中国茶话全书》载：“中国红茶最早出现的是福建崇安（今武夷山）一带的小种红茶，以后发展演变产生了工夫红茶。”资料显示，武夷山小种红茶加工制作技术早于中国其他省 200 年左右。由此可见，红茶无论是种植加工还是世界贸易，都发端于武夷山。

2018 年 12 月 2 日，央视大型城市文化旅游品牌竞演节目《魅力中国城》上演播放，时任武夷山市委林书记专程请来印度茶人罗禅参演节目。罗禅满怀激动，再次来到中国。在央视演播大厅，他穿着传统节日盛装，面对着全国观众由衷欢喜地说：“十年前我想寻找大吉岭红茶从何而来，如今我找到了，就在武夷山！”

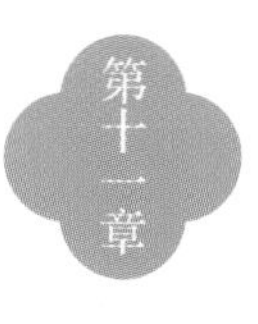

《印象大红袍》背后鲜为人知的故事

精妙绝伦的《印象大红袍》大型山水实景演出震撼全场，诠释出武夷之美、文化之深、山水之奇。

（衷柏夷摄）

2010年初夏的一个夜晚，在武夷山三姑度假区西南角，崇阳溪畔，耸立着一个高大的旋转舞台，近2000个观众位的看台竟座无虚席，人头攒动，声音嘈杂。但随着扩音器里一声低沉男音“演出正式开始”的传出，顿时，全场鸦雀无声，四周一片寂静。

这时，几声深沉、悠远的钟声在黑蒙蒙的夜空中缓缓响起，观众的心随之颤动，目不转睛地注视着前方的舞台。

忽然，一道强烈的光束从高空中俯射而下，穿过茫茫黑帐，快速打到舞台中央。刹那间，一个崭新璀璨的光明世界展现在观众眼前。一群身穿华丽服装的年轻人，欢笑地跑上舞台，他们张开热情的双臂，欢快地呼喊着、跳跃着，欢迎五湖四海的游客。姜华也随之心潮澎湃、热血沸腾。

只见舞台中央，一个胖墩墩、穿着紫色古袍的茶馆老板，正面对着台下近两千名观众，用他那浑厚的男中音，抑扬顿挫、饱含深情地说：“您把心放下，您把杂事放下，您把烦恼放下，您把痛苦放下，您把抱怨放下……放下，放下……找个工夫，喝茶吧！”

年轻的茶馆老板用他那迷人磁性的声音，渐渐地把观众带入了时空隧道，走进了那千年的历史画卷。

然而，此时的姜华，却走进了另一个时空隧道，走进一批人的中间：“你们把心放下了吗？你们把烦恼放下了吗？”内心的声音久久萦绕于耳旁。

那还是2007年深秋，武夷山市迎来了两位重要客人，两个飞机挂喇叭——响彻全球、大名鼎鼎、炙手可热的“印象铁三角”中的两位著名导演：王潮歌、樊跃。

他们的到来，将决定武夷山茶旅融合的一个重大项目是否成功。

为了这一天，武夷山各级领导干部谋划准备了许久。

早在2006年，武夷山市委、市政府就一直在谋划引进一个大型山水实景演出项目，以改变当时武夷山白天爬山坐竹排、晚上喝茶打扑克的旅游困境。

时年的武夷山市胡市长，是一名清华大学首批EMBA培养出的高级工商管理硕士，主政这座城市多年。他爱它，了解它。这座旅游城市当下就缺少一个既能把城市深厚的文化底蕴挖掘出来进行演绎，又能让游客直观体会和感受其魅力与感染力的大型高品位文艺节目。

那时，张艺谋、王潮歌、樊跃组成的“印象铁三角”，已在全国打造了四个印象系列项目，反响巨大。武夷山市委、市政府首先想到了张艺谋的“印象”系列。胡市长好像发现金矿似的在市四套班子领导会上兴奋地说，只有引进张艺谋的“印象”系列，才能把我们这座城市的优势及核心竞争力表现出来。

为统一大家思想，市委、市政府领导带领相关部门领导到云南考察《印象丽江》演出，实地观摩取经、分析讨论。市委、市政府最后决定邀请“印象铁三角”来武夷山打造“印象”演出。但这毕竟是一厢情愿，剃头担子一头热，大家担心的是：大名鼎鼎的“印象铁三角”能来吗？他们会看中武夷山吗？

人世间有些事总是离不开一个“缘”字，它是一种感觉，也是一种巧遇，上天再一次眷顾了武夷山。

说来也巧，武夷山市胡市长 2004 年在北京清华大学 EMBA 班学习时，认识了北京印象创新艺术发展有限公司负责人。通过他的引荐安排，2006 年秋，著名导演张艺谋答应给武夷山市政府领导半个小时的会谈时间。张艺谋当时正在北京的四方酒店忙着做《满城尽带黄金甲》影片的最后剪辑，能抽出半小时会谈已属不易。

为了这难得的半小时，武夷山市政府做足了功课。当胡市长把与武夷山的山、水、茶和文化紧密相关的一些经典资料摆在张艺谋面前时，这个原本对武夷山没有任何概念的导演一下来了“胃口”，他马上安排几批工作人员到武夷山做前期考察。

北京印象合作方的王导演百忙中抽空接待了风尘仆仆赶来会谈的武夷山市政府领导，会谈气氛很好。洽谈中王导演也说出了她心中的担忧：武夷山是个县级市，是否有足够大的财力来支撑这个项目？

王大导演的一席话也确实是真心话，那几年县级地方财政都不宽裕。当时也急坏了随行洽谈的度假区管委会兰主任，他不由得暗自揪了一把心。他十分清楚武夷山市政府当时的财政收入，也就是够吃饭不够做事的状况，一分钱难倒英雄汉，更何况这是一个投资巨大的项

目。巧妇难为无米之炊呀！他为胡市长捏了一把汗。

武夷山胡市长，一个自喻为看山人的中年男子，年富力强。他热爱武夷山这座美丽的城市，他的骨子里烙印着武夷山的山、水、茶，血液里流淌着九曲溪的清水。他非常清楚武夷山的茶旅产业发展急需这么一个由国家顶级团队打造的高品质、高品位演出项目。

只见他不卑不亢、不急不躁，微微一笑说："我们不怕钱多，我们要的是世界第一，要把这事做好，我们只请世界一流的团队来做。因为武夷山是世界的'双遗产'地，大红袍茶举世无双，而你们'印象铁三角'是能与之相匹配的世界一流团队，当之无愧。"

王导演被眼前这位激情满满、充满自信的市长的一席话所震动。她很少见到这么睿智、真诚、大气的县级市基层领导干部，她心动了，决定和樊导一同到武夷山实地考察体验一番。

度假区管委会兰主任这几天小心翼翼地陪同樊导调研考察。他知道此次任务的重要性，丝毫不敢掉以轻心。考察的每个地点、每条路线，他都亲自推敲、检查、落实；每次接待，他都亲力亲为。

这天，他带着樊导来到正在规划建设的茶博园西南角，崇阳溪畔一座名叫"大唐竹楼"的小竹楼前。在此之前，他们已考察过九曲溪码头和三姑西北端崇阳溪畔两个场地，由于受到景区规划、观众交通、视觉效果等因素影响，都没有看中。

这第三块地是否会被樊大导演看中，度假区管委会兰主任心里没底，他忐忑不安地揪着心。

只见九曲溪、崇阳溪两条溪交汇，溪水清澈透底，涓涓流淌到一片宽阔的沙滩，黄沙晶亮，砾石润滑，绿叶丛中一朵朵灰白色的芦花随风摇摆，婀娜多姿。秀峰侧畔，竹排顺流而下，碧波荡漾，流水潺潺。巍峨的大王峰、俊俏的玉女峰尽收眼帘，白雾袅袅，秀峰翠拔。山色倒映在溪水碧波中，犹如画在水中游，人在画中走，令人产生无限遐想。

樊大导演被眼前这一幅大自然秀美的诗意画卷所折服。他兴奋地大叫："这个地方绝呀！太美了！我来迟了！就定这个地方了。"

就在樊大导演发出"我来迟了"的惊叹时，王导也正在武夷山市两位主要领导的亲自陪同下，第一次走进武夷山景区。她感叹大自然的鬼斧神工，更感动于两位陪同的市领导对武夷山倾注的深情和心血。面对眼前这片青山绿水，两位领导如数家珍。一会儿趴在布满青苔的岩石上，介绍着这独特的良好生态环境；一会儿又跳进溪水中，双手捧起一泓清澈的山泉水吸吮，叙述着这里的山水故事、人文传说。说到动情处，他们像孩童那样开心，口若悬河，手舞足蹈。

当他们站在天游峰顶，望着秀美山川，看着人流如织的游客，品味着岩骨花香的大红袍时，王导心里泛出一阵阵说不出的幸福感。她发出由衷的感叹："真乃人间仙境呀！"此时她才真正明白，武夷山人为什么会这么不遗余力地想要做这个大型山水实景演出项目。武夷山需要"印象铁三角"，"印象铁三角"也需要武夷山。

接下来的时间里，武夷山市项目筹备组和"印象铁三角"北京团队就进入了实质性谈判和项目规划实施推进阶段。

2008年春，武夷山市委工作安排中，一个崭新的工作机构——大型山水实景演出项目推进总协调领导小组成立。景区管委会崔副主任受命，披挂上阵。

崔副主任已年近半百，是武夷山人，自打接手这项工作，就兴奋不已，夜不能寐。张艺谋，一个世界顶级的艺术家，全国老少皆知的著名导演，将参与武夷山梦寐以求的合作演出项目，那可是天大的喜讯。他感觉自己就是哑巴娶媳妇——心里说不出的高兴。

他了解，当下武夷山旅游发展要突破瓶颈，就急需这么一个高品位、能吸引游客眼球的项目。

项目洽谈中，武夷山市政府按要求将第一笔策划费如期打入了合作方的账户。

没多久项目又需要支付创作设计第一期费用，含创作制导费、版税、总导演维护费等。这可是一笔不小的数额。

钱，钱，钱！一个重要而又回避不了的现实问题。

我国近代美学大师宗白华曾说："艺术是精神和物质的奋斗。"为了项目能顺利推进，武夷山市政府愿付出这奋斗的代价。

就在项目向纵深推进时，有人又提出一个想法，想将名人品牌效

应进行知识产权估值，以此作为双方合资股份公司的股份。

面对这个似乎合法合规合理的想法，武夷山项目洽谈组成员陷入了沉思。难点考验着武夷山洽谈组同志们的智慧。硬性回绝，肯定不行。当时“印象”演出项目在全国还是卖方市场，据说全国已有 20 个城市在与“印象铁三角”对接，想做“印象”系列。如果接受，武夷山的财力如何承受？自身利益又如何得到保障？更为关键的是可能因此而耽误项目推进时间。

就在此时，只见胡市长从容淡定，温和一笑，委婉地说：“名人品牌效应作为知识产权入股的想法合情合理，我们完全理解。如按照此思路，武夷山作为世界为数不多的‘双遗产’地，大王峰和玉女峰也已列入世界遗产保护名录，其品牌效应估值也应当是个不小的数字。为使这个好项目合作能尽快推进，早出成效，双方现在都不要考虑这块品牌估值如何？”

胡市长有理有据、不卑不亢的一席话，让这场项目洽谈的参与人员纷纷表示赞同，不再提及此事。

2008 年 6 月下旬，景区管委会崔副主任率领筹备组六位同志飞到北京，与“印象铁三角”北京团队进行关键性商谈。为提高办事效率，他们把公章都带在身上。经过三轮紧张艰难的磨合、磋商，双方终于签订了《印象大红袍》山水实景演出项目制作总承包合同及总导演服务合同。

为防止同质化恶性竞争，确保项目有质有效，双方在合同中特别规定，北京合作方不得在武夷山之外的其他地区创作与《印象大红袍》相雷同的演出项目，在福建省内不再制作“印象”系列演出项目。

三个月后，王导、樊导果然不负众望，拿出厚厚一本《印象大红袍》策划书。

就在双方合作的项目顺利推进时，一个始料未及的“拦路虎”挡在了路中央。崇阳溪畔，一块曾使樊导惊叹“来迟了”的项目用地，却在早些年已合法易主他人。

没地，那岂不是空中楼阁，前功尽弃？土地的新主人一个是香港某房地产公司，一个是省属某企业。俗话说，嫁出去的女儿泼出去的水，如今这覆水能收回吗？

香港某房地产公司老板听了度假区管委会兰主任的汇报和调换地的解决方案，从大局出发，点头同意了。

可没想到，与省属某企业的协商却让兰主任碰了一鼻子灰。

省属某企业领导听了兰主任的汇报和请求后，半天没吭声，只顾低头批阅文件。宽敞的办公室忽然一下变得出奇的安静，空气仿佛都凝固了。只有一股焦躁的闷气在度假区管委会兰主任的胸口不停地往上乱蹿。

他隐忍着，静静地等候着。是呀，那可是一块人见人爱的风水宝地，秀美灵气之地，就是随便搭个茅草屋都很秀美。可如今，自己要夺人之美，怎么会叫人舒服？怎么能不让人思考思考呢？他理解，只能选择静静地等候。

几分钟过去了，几十分钟过去了，对方领导还是无动于衷，没有反应。兰主任实在憋不住，强颜欢笑问了一下：“领导，您看我们《印象大红袍》用地的事能支持下吗？”

忽然，企业领导开口说道：“我们企业早已在那块地上做了高档旅游房地产项目规划。你们说换地就换地呀！那我们的损失谁来承担？”

兰主任只能悻悻而归。眼看项目开工时间日益临近，换地工作还没有什么进展，兰主任只好如实向市委、市政府主要领导做了详细汇报。两位领导听了，没有吱声。对这种挫折，他们早已司空见惯，习以为常。这不是第一次碰到，也不会是最后一次碰到。他们在思考如何解决当下这个棘手的问题。

半个月后，市委主要领导叫兰主任再去一趟那家省属企业协商换地事宜。兰主任忐忑地来到了省属某企业那位领导的办公室。令他惊讶的是那位领导的态度大不同于以往，来了个一百八十度的大转弯。双方协商得较为顺利，领导还专门安排了一位负责人进行跟踪对接。离开办公室，兰主任心里还纳闷，今天是怎么了？太阳打西边出来了，这位领导的思想转弯转得这么快？

原来，武夷山市胡市长经多方打听得知，那家省属企业的领导是他在省委党校时的同学，不是说同学情谊永存吗？他顿感有希望，立即兴冲冲地跑到省城找老同学帮忙。

老同学听明胡市长的来意后，面露难色：“市长，那一块地可是武夷山最好的地王呀。我们已计划在那块地上建高档住宅了，我们也有我们的难处呀。”

胡市长温和地半开玩笑说：“老同学，既然你都说那是块武夷山地王宝地，那就要让更多人享受它的美景。因为武夷山是世界的武夷山嘛！”

那位企业领导虽然心里有所松动，可还是没有松口。

没过多久，省政府领导到武夷山视察工作，市委、市政府主要领导特意安排省领导到崇阳溪畔视察，对《印象大红袍》项目预选地块进行实地考察。省政府领导对该项目给予了充分肯定和赞赏。市委领导看准时机，把当前换地的困难和盘托出。

省政府领导回去后，安排有关部门出面协调武夷山《印象大红袍》用地之事。

就这样，棘手的用地问题在和风细雨中解决了。这真是应了一句话：一把钥匙开一把锁。

秋末的省城福州，连续几天高温天气，街上行人渐少，骄阳似火，酷热难耐，已折腾得人们萎靡不振，真是“秋虎发威风雨少，高温肆虐旱苗多”。

山城武夷山却凉爽得多了。天高云淡，风和日丽，青山绿水，凉风习习，良好的生态环境令大城市的人们羡慕不已，一时间乡村民宿成了他们休闲避暑的好去处。

可度假区管委会兰主任却没这份闲情逸致。近段时间，他反其道而行，明知省城热，还偏向省城行。

这天下午，他又带着一大摞材料，驱车赶往福州，匆匆忙忙来到某省直单位。听说要找的领导在外办事，还没回到办公室，他只好抱着一大摞项目规划材料在办公楼大厅等候。

门卫传达室大爷瞅着这位中年男子有些眼熟，走近一瞧，原来是近期经常抱着一大摞材料在大厅等候领导的人。他关心地询问道："小伙子，你有多大冤情呀？近来怎么老看到你来找领导上访呀？"

兰主任听后啼笑皆非，面对传达室大爷的误解，他只能选择沉默。

然而，令兰主任啼笑无语的事远不止这些。

近来，他感到有种莫名其妙的烦恼和疲惫。为使茶博园和《印象大红袍》项目规划尽早顺利通过，他多次跑到省城向省级部门领导汇报，多次到省直相关部门听取修改意见。可他觉得越听越迷茫，越听越不知怎么干了。

不同的领导，不同的思考，不同的部门，不同的站位，指示不同，建议也不同。而他有求于人，谁的话都要听，谁都得罪不起。他只能恭敬地听，认真地修改。

这几天，他就被《印象大红袍》环评中光源污染的事折腾得够呛。

《印象大红袍》山水实景演出规划里，有不少绚丽多彩的灯光要在不同时段投射到舞台和山峰绿树上。这时有些领导和专家提出反对意见，说强光源会影响动物睡眠，打乱其生物钟。也有人说，短时间照射不会对动物睡眠造成太大影响。又有人提出强烈的光、声、电会影响度假区游客的休息。还有人提出，在景区里搞基建，会影响周边的生态环境。大家各执己见，规划一直不能顺利通过。

兰主任心里那个急呀，就像热锅上的蚂蚁——团团转。他担心这样无休止地讨论，会耽误工程黄金施工期，山区一到开春，就有近半年的雨季无法施工，时间不等人呀。

好在天无绝人之路，省政府一位领导了解到这种情况后，对规划大方向做了肯定，并强调人的重要性。省环境科学研究院的专家们还专程到武夷山实地考察，他们权衡利弊，采纳了武夷山市提出的一些折中办法，最终形成一致意见，如长时间的强光投射，其亮度不要超过八月十五中秋节的月光强度，将原计划在景区内实施的基建项目移到三姑崇阳溪岸边，景区内只做灯光景观项目，这事才圆满解决。

2009 年 2 月 27 日，《印象大红袍》项目历经两年多的筹备，终于

破土动工。工地上没有张灯结彩的开工仪式，只有那隆隆的机器轰鸣声，一串讨彩头的鞭炮声和建设者热烈的掌声。

但是没想到，项目开工不到半个月就停工了。当时，武夷街道党工委李书记被市委副书记一个电话，紧急呼到《印象大红袍》项目施工现场。

只见工地上，前几天还干得欢腾的挖掘机、铲车，现在全趴在地上一动不动，仿佛在哭诉着心中的委屈。十多个村民在工地四周徘徊，东张西望。

街道党工委李书记见此场景，心里已猜到八九分，肯定是附近村民为了某些利益前来阻拦施工。

《印象大红袍》项目组里的一个负责人见到李书记时，非常生气不解地抱怨道："这么好的一个项目，老百姓干吗来阻拦施工？他们想干什么？损失的责任谁来负？"

负责人越嚷嚷，情绪就越激动，原先还是坐在凳子上嚷，一会儿就跳到凳子上嚷，最后干脆坐到桌子上气愤地发牢骚。

李书记见此情景，心里也是沉甸甸的，项目工期已很紧，可村民还来这么一出，这不是添堵吗？他感觉胸口被石块压住，透不过气来，"压力山大"呀！他二话没说，当天就率领工作组进驻三个村民小组，入户做摸排调查工作。

《印象大红袍》项目用地中有一片开阔的河滩，是九曲溪、崇阳溪两溪汇聚之地。当地村民称之为船洲，意思是这片沙滩地势较高，即使发水灾也很少被水淹没，就像一条浮在河面上漂荡的小船。

经过两三天的入户摸排调查，李书记基本捋清了村民阻拦施工的真实原因。这块项目用地涉及公馆村民小组、兰汤村民小组、三姑村民小组三方的利益。村民的主要诉求是那块河滩地的产权，要求政府给予经济补偿，但每个村民小组的具体诉求又有差异。

为了使村民诉求得到更好的满足，三个村民小组商量后集资派工，每天派村民到工地巡查，一发现项目动工就召集其他村民来施工现场，每天给出工的村民补贴误工劳务费 100 元。他们还聘请了福州的一个律师来维权。

德国著名哲学家叔本华曾说：单个人是软弱无力的，就像漂流的鲁滨逊一样，只有同别人在一起，他才能完成许多事业。村民们在共同利益诉求面前，都摒弃前嫌，自发抱团集合在一起。

没想到，李书记第一次下村开会，就碰到尴尬的事。当工作组同志把征地政策宣传单发给村民后，好几个村民当面直接把宣传单折成纸飞机往空中抛，往台上扔。一个个颜色不同、大小各异的纸飞机满屋飞舞，好似天女散花，飘在桌上，落在地上。有几个飘落到前面大妈的头上，大妈扭头怒怼，引发一阵哄笑。

李书记，一个身材魁梧的大汉，性格豪爽耿直，原本脾气有点急躁火爆。可多年的农村基层工作经验告诉他，眼下对这些正在气头上的村民，不能动肝火硬碰硬，也不能简单训斥，否则会适得其反。弄不好，村民争吵起来，拂袖而去，会都开不成。那可真就是一拳打在棉花上——有劲使不上。

但如果此时单纯讲大道理，讲项目的重要性，讲法律的严肃性，作用肯定也不大。

他按压住自己心里蠢蠢欲动的火气，隐忍着。他在静静观察，等待时机。

他常说，要做好基层工作，就要贴近百姓，换位思考，敢于担当，要会讲会争、会硬会软、能屈能伸、找对能帮忙的人。

眼前，他思考着先从哪里入手，找谁帮忙做工作。这好比一个中医给病人把脉后，找到了病症产生的原因，现在的关键是如何下方子。

他决定先从问题简单的兰汤村民小组入手。这天，他先来到兰汤小组老周家，看望前几年结识的这个兄弟。听说，那天现场阻拦施工时，老周的老婆也有参加。

老周，一米七五的个子，身材魁梧，声音洪亮，为人耿直，讲义气。他经营着一家酒店，在兰汤村民小组里有一定的威信。前几年，他因一些事情壮着胆子找到李书记。没想到，李书记爽快地帮他解决了。他觉得李书记平易近人，没有官架子，于是心里对李书记格外感激和敬服。

老周和李书记许久没见面，聊兴甚浓。听了李书记的来意，同时也了解了国家的一些政策法律，老周当场表态，今后不准自己的老婆去阻拦施工，而且答应帮忙做亲戚、朋友的思想工作。

有一次，街道工作组在做兰汤村民小组村民的思想工作时，遇到有人蛮横不讲理、吵闹不休的情况。老周气愤地大嗓门一吼："李书记说了，国家政策法律有规定，沙滩地权属归国家。如果其他村组因那块沙滩地得到土地补偿，他保证一分钱都不会少了我们兰汤村组。李书记的话我信，你们如果再无理取闹，就是和我过不去。"

吵闹不休的人慑于老周的威望，不敢吭声了。有了老周的帮助，征地工作组同志进村入户做村民工作就顺畅起来。

做农村工作有时就是这样，从争吵中明辨是非，理清事情，舒缓情绪，并用人格魅力去服众，后面的工作自然就水到渠成。

稳住兰汤村民小组后，李书记带队来到公馆村民小组。通过仔细调查，他们了解到公馆村民小组有位村民的酒店被《印象大红袍》项目工程指挥部收购了。当初那位村民在建酒店时，老百姓给予了方便和支持，这次见他得到一大笔补偿款，不少人心里痒痒的，也想从中分一杯羹，但遭到拒绝。因此，他们就转气为怒，把火发泄到《印象大红袍》项目工程上，找各种理由来阻拦施工。

李书记和市里领导商量后，承诺用相关项目经费在公馆村民小组建设一个老年人活动中心，并动员那个酒店老板赞助老年人活动中心一些钱，行善积德，给村民留些好印象。随后，在征地中，也依法依规照顾了一些有损失的村民。村民们这才心理平衡，怨气减少。

眼看项目建设工期逼近，工程建设指挥部工作人员心急如焚。一天，他们又仓促在工地开工，并派出城管、公安等部门协助，用红线拉起警戒线，进行保护性施工。

不少村民本身思想就不够稳定，情绪波动大，一见工地开工，心里又不踏实起来，被别有用心的人在后面一怂恿，又聚集到工地上阻拦施工。

村民们来到工地上，见此次气氛异于往常，作业区围起红线，市领导、公安局局长亲自坐镇，一些执法人员在作业区四周来回巡逻。

一些村民还见到几个面孔熟悉的公安干警脸容异常严肃，裤兜里不知揣着什么，在太阳光的折射下，晃眼得让人心悸。他们第一次见到这样的阵势，心中有些紧张和胆怯。没人敢贸然闯进工地作业区，只是在不远处张望、商议。

不知是谁给律师打了电话，回来后在村民面前煽风点火。律师说工地围起来的红线不是公安警戒线，又没有警戒标识，是没有法律效力的。村民们一听，胆怯的心又躁动起来，开始跃跃欲试。

为慎重起见，妇女先围上去，男人殿后。在吵吵闹闹、拉拉扯扯中，三个妇女冲进了工地。一个老大妈本就有高血压病，加上一上午在酷热的太阳下暴晒，激动地冲进警戒区后没多久就晕倒了，被人抬出去抢救。

一个老大姐在冲击警戒区时，随着乱哄哄的人群冲撞，不小心被石块绊倒。工作人员将她扶起抬出后，她嘴里不停地喊："干部打人了，干部打人了。"另一个老大姐试图阻拦正在作业的铲车，被执法人员带出工地。

一场冲击风波就这样被制止了，村民和工作人员陷入僵持状态。

李书记非常理解项目建设指挥部的难处。时间不等人，工期不等人呀，他不好意思责怪项目建设指挥部，怎么能在村民思想工作还没完全做好的情况下就强行开工。要责怪只能责怪自己解决村民思想工作进展缓慢。

一个多月下来，他整夜整夜睡不着觉，高血糖症也越发严重，他心里急呀！

这天，他买了些水果和营养品，先后去看望因阻拦工程施工被太阳暴晒晕倒的老大妈和被石块绊倒的老大姐。她俩见到街道党工委李书记亲自登门慰问，心中不免有些感动，怨气也消了一大半。坐下来拉家常聊事理，她俩都明白了那天行为的后果，表态以后不会再去阻拦施工了。

笛卡儿说过，尊重别人，才能让人尊敬。人心都是肉长的，基层工作中老百姓要的就是政府工作人员的换位思考、平等交流，而不是居高临下、颐指气使的说教。俗话说："良言一句三冬暖，恶语伤人

六月寒。”

现在就剩最后一个难点了。周日，李书记带着市国土部门工作人员来到三姑村民小组。村民闻讯围拢过来，七嘴八舌地说，他们手中有民国时期的土地界碑，证明那片河滩地是他们的。

李书记叫人查阅了土地清册档案，显示没有登记，说明没有法律依据。村民不服气，又叫人把土地界碑搬出来。一块长方形条石板，污旧残缺，板面上泥土包裹，字迹模糊。国土局工作人员用清水洗抹干净，仔细察看，说这是清代的地界碑，不少村民开始嘀咕议论起来。

国土局干部耐心向村民解释，我国宪法第九条规定：“矿藏、水流、森林、山岭、草原、荒地、滩涂等自然资源，都属于国家所有，即全民所有；由法律规定属于集体所有的森林和山岭、草原、荒地、滩涂除外。”再说清代和民国时期的土地档案早就作废，没有法律效力了。我们现在是以现行的国家土地法为依据。

自知依据不足，证据似乎又站不住脚，村民这才安下心来听干部讲政策，情绪也没有先前那么焦躁激动。

李书记见火候已到，是时候开展思想工作了，便提高嗓门说道：“如果清代和民国时期的法律现在还能用，岂不成了反攻倒算了。那革命战争时期，武夷山牺牲的先辈们，包括你们在座有些人的爷爷奶奶、外公外婆、兄弟姐妹，不是都白白牺牲了，我们政府能这么做吗？”

村民们从没见李书记这么激动，又说得在理，都低头不语。不少年纪大的老人还点头表示赞同。李书记话锋一转：“你们要求的土地补偿费肯定是没有的，但土地上种植的果树、蔬菜等，按政策规定，可以领到青苗补偿费。”

村民不再发牢骚，其中几个挑头的人在河滩上多少都种植了些农作物，听李书记讲可以有青苗补偿，也就不再吭声。

至此，征地最难的一个村民小组总算稳定下来了。

市委领导听说李书记把三个组村民的思想工作都做好了，项目建设可以正常开工，很是高兴，准备第二天请征地工作组同志开个座谈会。

李书记回市委领导话，他有事去不了。

领导问：“为什么？”

“几个村民小组组长与17个村民代表要和我座谈交流下。我如若不去，他们会误以为我们把工作做好了就过河拆桥，摆官架子，严重起来还有可能会反悔又去阻拦施工。”

会后，村民组长和村民代表请李书记与大家共进晚餐，李书记看看也不好拒绝，就和大伙边吃边聊，开怀畅谈。两个多月的紧张压抑情绪，此时才得到全身心释放。

李书记以茶代酒给每位村民代表致谢，发自肺腑地说道：“衷心感谢村民的理解和支持，《印象大红袍》要感谢你们，武夷山人民要感谢你们！”村民们见他一个街道党工委书记没有一点官架子，说话实在，讲话算数，为人又耿直义气，都很佩服。餐桌上大家纷纷表态，今后不会再去阻拦工程施工了。

农村的老百姓就是坦诚朴实。他们以自己的方式判断事、分析人、接纳人、信服人。有时可能是一句暖心的话，有时可能是一个亲热尊敬的举动，有时可能是一次豪爽干脆的干杯，便能赢得他们的信赖与亲近。这些细节远比讲一箩筐大道理有用。

李书记眼看村民思想已稳定，干群关系十分融洽，他准备辞行先离开。就在他与代表们告别，快走到门口时，忽然听到桌上“砰”的一声响，一个村民组长很严肃地叫了一句：“不行！”

李书记心里猛地一怔，仿佛十五个吊桶打水——七上八下，忐忑不安起来。怎么了？难道刚说好的事，他们又准备反悔变卦？真是六月天孩儿面——说变就变。

他缓慢转过身，不露声色低沉地问：“老阙，你干吗，又有什么事？”

“你要和我们每个代表拥抱一下才能离开。”老阙狡黠地笑着说道。

李书记一听，悬起来的心这才放下来。

可他一看，17个代表中有15个是五六十岁的老大姐、老大妈，和她们拥抱合适吗？这要是传出去，还不知道会有多少人说闲话。可看眼前的阵势，不答应似乎不行。关键是不答应，怕她们又会误解反悔，那就麻烦了，这几个月的工作可不能因小失大，前功尽弃，功亏一篑。

他爽朗一笑说：“扎钩掉了（系武夷山方言的谐音，意思是豁出去了），抱就抱。”

就这样，每个村民代表乘着兴头，夸张地张开双臂，像老鹰展翅抓小鸡一样，热情地拥抱这位和他们磨了两个多月嘴的街道党工委书记。那位被太阳暴晒晕倒的老大妈在和李书记拥抱时，眼眶里还闪动着泪花。她双手用力地拍了拍李书记后背，一切尽在不言中。

李书记在基层工作几十年，还是第一次碰到这种场面。他感觉喉咙有点发紧、哽咽。他为村民的真诚朴实、理解支持而感动。

多年后，他和姜华聊起这事时还说：“老百姓是朴实坦诚的，没有他们的理解支持，也就没有《印象大红袍》今天的成功和荣耀。”

演出现场，旋转看台观众席上忽然有人小声惊叫：“看台怎么旋转起来了？”

顿时，姜华也迅速地从时空隧道中走出来，回到绚丽多彩、震撼人心的演出现场。

只见舞台前方立着一个身穿红衣红裤的女孩。她手握一根细长竹篙，斜地一插，双手用力向后向下撑去，整个身躯成“X”形弓背蹬腿，似乎用尽了全身力气。这个重600吨的庞大的观众看台，在撑篙女孩双手慢慢攀升中，缓缓转动。人随物转，景随人移，如梦如幻。

首先，跃入眼帘的是两排绚丽多彩、人声鼎沸的明清风格民居——天下第一大茶馆。茶馆上下两层，穿着各式服装的茶客，正在茶馆里幸福地品茶聊天。

没多久，舞台又旋转到一片开阔平坦的绿草坪，美妙绝伦的光、声、电，刹那间汇聚在一片绿竹林中。几十位身着绿衣的少年，双手擎着一根翠绿的竹竿，随着震撼人心的古乐韵律，踩着激荡人心的鼓点，舞步飞翔。绿竹在少年的手中随风起舞，时聚时散，时仰时俯，时倒时立，宛如夜空中绽放的一朵朵绚丽多彩的烟花。两个身穿白衣长袖古袍的斗茶舞者，凌空飞舞，侠骨柔情，把全场观众带到一个充满激情、令人震撼的茶世界之中。观众发出一片低声的惊叹："太美了！太震撼了！"

这就是"印象铁三角"精心打造的全球第一个360°旋转舞台，观众可以多维度、多视角地观看大型山水实景演出。它巧妙地将大自然的山水与现代科技的光、声、电加以完美结合，把夜晚的武夷山变成一幅美妙神奇的水彩画，让近2000名观众真真切切、身临其境地体验武夷山的自然之美、文化之深，享受一场高水平的艺术视觉盛宴。

可谁又知道，为打造这个美妙绝伦的大舞台，多少建设者和艺术家们，为此默默奉献出自己的智慧和辛劳。

2008年年底，一场独具一格的防洪安全论证会在市委三楼常委会议室召开。姜华作为分管水利的政府领导，一进会议室，见书记、市长都在，心里有些纳闷，一个项目的专业防洪论证会，市里党政主要领导同时参加，还真属少见。

会议室的屏幕上播放着著名导演关于"印象铁三角"的舞台创意构想。七个大小各异的舞台，呈北斗七星造型，从崇阳溪畔向船洲沙滩地延伸。导演激情地讲述着每个舞台构想的舞蹈场景和声、光、电配合的效果。唯美的创意，浪漫的构想，确实让参会人员佩服，顶级艺术团队果然名不虚传。

然而，兴奋过后，大家陷入深思，这唯美的创意如何能在现实中实现？尤其是2号、3号舞台立在崇阳溪中央，7号大舞台高十多米，直径几十米，立在船洲河滩地上，整个舞台好似一个拦河大坝，堵在两溪汇流口。

武夷山汛期长，洪水突发性强，水势凶猛，怎么能保证观众和演员的安全？如何保证舞台上游的三姑度假区、市区人民的生命财产安全？

这时，有人提出采取切割法，把这个庞大舞台事先切割成多个小舞台，最后组装起来，就像儿童的积木玩具。待汛期发生洪灾时，可以把舞台紧急拆卸拉到岸边固定住。

不少领导和专家提出反对意见，山区洪水突发性强，仅半个多小时，上游的洪水就会流到演出现场，留给安全操作的时间很短。到时候疏散观众和演员恐怕都来不及，更不用说拆卸这庞大的舞台了。再就是舞台一旦在岸上固定失手，顺流而下，那将对下游公馆大桥、横峰铁路大桥造成摧毁性冲撞，后果不堪设想。

又有人设想，把大舞台改为液压升降式舞台，就像一个千斤顶，待洪灾发生时疏散观众和演员，把舞台降至河床高度过洪。

液压升降法又遭许多人反对，说此法更行不通。一个河床要挖十几米深，几十米宽的舞台基坑本身就难操作。再就是机器长时间浸泡在水里，难保不会腐蚀生锈。待洪灾来时，就不能确保及时正常降下舞台，观众和演员就可能遭遇生命危险。

就在大家你一言我一语，设想、驳斥、再设想、再驳斥时，姜华瞄了一眼导演，只见他的神态由兴奋渐渐转为阴沉。姜华猜出导演的心思，这么好的创意，你们怎么都反对，不支持?

市长也敏锐地发现了导演不悦的神情，于是委婉地提醒大家，还是要解放思想，本着支持态度，思考如何让唯美的创意构想，在保障安全的前提下得以实现。

下午两个多小时的防洪论证会热闹、激烈、科学、严谨，最终集思广益，提出了取消溪水里的舞台，改在崇阳溪岸上建一个大舞台的初步可行性方案。姜华再次瞅了一下导演，他神情舒展，有了笑容。

说来也凑巧，2010 年 6 月 19 日，也就是《印象大红袍》正式公演后三个月，武夷山发生了一次百年不遇的特大洪灾，单日 24 小时降雨量达 350 多毫米，全市八条溪河水位暴涨。可《印象大红袍》大舞台却经受住了洪灾考验，安全度汛，没有发生一起安全事故。

姜华暗自庆幸那次防洪论证会上大家都秉持着科学严谨、敢说实话的态度。这真是未雨绸缪显本色，洪灾危难方安然。

旋转舞台建设方案确定了，可武夷山市的决策者们又面临一个新的难题。

按政府相关规定，一个投资近 8000 万元的工程建设项目需要审核工程造价。可当初为抢时间，迎接在武夷山举办的第二届海峡两岸茶博会，工程建设指挥部已将茶博园和《印象大红袍》项目打包，采取总承包方式公开招标，并下浮中标价 11.99%。当市领导要求建设方把《印象大红袍》项目工程造价报来审核时，得到了这样的回复：这是一个非规件的特殊工艺工程建设项目，艺术家们经常要边看边修改、边设计边建设，许多构件都是非规件，要专门定制，目前阶段还没办法报出实际造价。

建还是不建？这是一个棘手的难题。一边是相关文件规定，一边是艺术家唯美的追求；一边是按规定程序按部就班，一边是创新求美的政治风险。决策者们仿佛站在布满荆棘的雷区边沿，何去何从？

为了这千载难逢的好项目能如期顺利完成，决策者们准备穿越荆棘蹚下雷区。

2009 年年初，市委党政班子（扩大）会上，第一个专题就是研究《印象大红袍》项目推进中的一些重大问题。这一年多，类似这样的会议，已开了六十多场。

这次会议决定，由市纪委牵头财政、审计、监察、建设和项目公司等相关单位，成立《印象大红袍》项目非规件产品定价小组，负责项目建设非规件产品的定价、采购。坚持“询价、监察、审计”三项工作进入，做到关口前移，实行全程跟踪审计监督。决策者们主动戴上“紧箍咒”，划红线，立规矩，这是决策者们当下想到的一个行之有效的好办法。

项目动工建设之日，一个由业主单位度假区管委会和审计、财政、纪委、监察、建设质量等综合部门组成的工程询价组也同步成立。

这天，建设单位准备定制旋转看台的钢构件，询价组两次进驻建设单位杭州佳合公司，实地考察、监督、询价。他们先考察了解人工材料费，再比对全国相类似材料价格和正常合理利润，核算其工程造价。他们用自己的智慧、辛劳、严谨为决策者们的拍板提供技术支持。

陈超，《印象大红袍》项目建设指挥部的负责人之一，一位从事建筑行业二十多年的专业型干部，有生以来还是第一次负责建造这样工艺特殊的、非标件的特殊建筑。他每天不仅要面对十多个不同专业、工种的协调监管，还要与导演沟通，把浪漫的艺术与现实的建设有机相融。

有一天，工地包工头向他抱怨：“第二次改建好的竹林群舞那片演出草坪，导演说还要拆了重建。”

陈超一听，心里也是很不爽。当初导演提出那片草坪要平坦开阔、绿色生态，适应群舞。建设方就设计建成水泥地面，再铺上草坪。导演实地看后说，水泥地面太硬，不安全，不适合演员表演。

导演既然发话了，那就只好改，于是拆了水泥地面，重新建成夯实土、植草格的草坪。

没想到，如今导演看了还是不满意，说草坪地面偏软，易积水，演员表演时会不安全，又要求拆了重建。

要知道这一拆一建，就花去了几万元钱呀！可为了艺术表演的尽善尽美，陈超只好忍痛咬牙，同意又拆了重建。这次改用席纹地砖，在上面种马尼拉草，导演看后，这才点头通过。

几个月的项目建设，陈超切身感受到浪漫主义与现实主义的差距，体会到追求完美艺术与承受财政压力的矛盾。

一天，陈超头戴安全盔在工地上巡查。经过几个月的风吹日晒，他的皮肤更加黝黑发亮，消瘦的脸颊上颧骨凸显，棱角分明，不熟悉他的人都以为他是建筑工人。

忽然，工地上来了一位上级领导。他赶忙迎上去，领导不认识他，可他认识这位地级市的政府领导。

领导见工地上正在灌注水泥，便问：“工期这么紧张，干吗不添加早强剂?”

陈超知道，混凝土早强剂能提高混凝土早期强度，缩减凝固时间。但他担心随着时间的推移，混凝土的强度后期会逐渐削弱，而《印象大红袍》这个项目的演出舞台是要使用几十年的。为确保工程质量，确保人民群众的生命安全，他不准备使用早强剂，结果被领导当场狠狠批了一顿，在场人员吓得大气都不敢喘。

过了一段时间，武夷山市市长陪同那位领导又来到工地视察。当那位领导听完市长介绍，得知陈超是度假区管委会领导后，哑然失笑：“我还以为他是工地的包工头呢！”

为了科学地抢抓工期，项目建设指挥部决定增加作业工人，增加两套浇灌水泥模板，增加劳动作业时间。

8月的武夷山，酷暑难挨，炙热的太阳把地面晒得就像一块滚烫的烧烤板，热气腾腾，只有到了夜晚才稍稍有些凉爽。而此时正是工人加班的大好时机，只见工地上人声鼎沸，金属的撞击声，木板的敲打声，机器的轰鸣声，劳动的号子声，犹如一首激情澎湃的交响曲响彻夜空。高高悬挂的白炽灯，从空中将灯光投射到这片让人热血沸腾的工地上，夜如白昼，众人一同挑灯夜战。

深夜，喧嚣热闹了一天的工地才渐渐安静下来。建设指挥部的兰主任和陈超在场监督财务人员分发每位加班工人的加班费，工地现场办公桌上整齐地堆放着几万元现金。

有人说，每天这样现场发放加班费，既辛苦又麻烦，不如打到卡里。可兰主任却说：“现金有直观的诱惑力，能鼓舞工人干劲，而且实数发放，防止有人吃空饷。”

半年多过去，《印象大红袍》项目工程建设比原定工期提前竣工。

至此，《印象大红袍》项目进入最后关键环节——艺术团演出节目的创作、编排和训练。这就好比主人为准备一桌丰盛的酒席，赶早就安排人去采买洗涮，刀切配菜，诸事齐备，就等厨师来烹调出美味佳肴。

雨果说，每个伟大的艺术家都按照自己的意念铸造艺术。王潮歌导演在考察武夷山时，曾一直思考着如何创作一部有别于前四个“印象”的演出。她想过“印象武夷山水”“印象大王峰”“印象玉女峰”“印象朱熹”。

一次，她和武夷山市胡市长坐在九龙窠茶寮品啜大红袍茶汤，眼望着悬崖峭壁上六棵古老苍劲的母树大红袍树，听着胡市长娓娓道来的大红袍优美传说和唐代诗人卢仝的《七碗茶》诗，她明白了武夷山人的根源所在，看到了大红袍的脉结所在。她瞬间有了想把大红袍故事讲给大家听的冲动。

她感慨于当今社会一些人为了追求成功、追求名利而有意或无意丢弃了许多生活的快乐、生活的温暖。她在心里一遍又一遍地拷问自己："难道人就是为名利活着的吗？"

此时，武夷山人休闲品茶的幸福情景再次浮现在她眼前，人们需要一杯茶，需要一杯放松自己的茶，需要一杯能带来快乐幸福的茶。于是，一场以茶为主线，融光、声、电、歌舞、山水美景为一体的《印象大红袍》大型山水实景演出的创作思路渐渐清晰。她要在70分钟里讲好这杯茶的故事，演绎好这一杯茶的幸福感。

为演绎这一杯茶，艺术团的演员们也将自己的真心真情融入这真山真水之中，用自己的爱去诠释它的真谛。

演员小高，一个"90后"姑娘，每天晨曦初露就起床整理完毕，和其他队员一起去排练厅训练，一直忙到深夜。无论是刮风下雨、暑热秋燥，还是天寒地冻，她都坚持训练。每次回到宿舍，她全身仿佛散了架，没有一点力气，一头趴在床上，话也不想说，吃饭也没食欲。有时回家，父母亲见她累成这样，心疼不已，不理解女儿干吗要这样折磨自己。

"女儿呀，还是回来帮我卖茶叶吧！卖几斤茶叶的收入也比你一个月工资多，还不会这么累！"父亲慈爱地劝说。

可小高不为所动，依然坚持追求自己的艺术梦想。为了这个梦想，她已舍弃了许多。

那还是2009年6月，小高正在艺术学校读书，听说家乡《印象大红袍》艺术团招募演员，她动心了。男朋友希望她毕业后一同去大城市打拼，劝她放弃。可她冲着张艺谋导演的名声，凭着浓浓的家乡情怀，毫不犹豫地报了名，一考试就被导演看中。艺术的梦想，人生的追求，眨眼间就有实现的希望了，她高兴得几天睡不着觉。

然而，接下来的准军事化管理和魔鬼般的高强度训练，却让她与几百个姑娘们经受了一次火与水、血与泪的洗礼。

盛夏，武夷山骄阳似火，毒辣的太阳肆无忌惮地炙烤着大地，行人走在路上好似蒸桑拿，一会儿就大汗淋漓。

刚组建不久的"印象大红袍"艺术团由280多位演员组成，此时都在武夷学院室外水泥广场上进行舞蹈基本功训练，头顶着烈日站卧躺仰，一招一式丝毫不敢马虎。

“一度空间训练（贴地）”是舞蹈专业必不可少的基础训练，也就是要求演员贴近地面训练各种不同姿势的舞蹈基本动作。

小高身子刚贴近地面，立马感到地上一股热浪扑面而来。要知道，此时地面温度超过40℃，热浪直冲脑门，令人头昏眼花。她瞬间汗流浃背，手掌和腹部传来灼热的疼痛感，地上流淌的汗渍湿了干，干了又湿。她和大家一样，成了活生生的“铁板烤肉”。

她渐渐感觉双臂酸胀难忍，开始发抖，偷偷左右瞄了两眼，队友们都坚持挺着。她也只好咬牙硬撑着，真怕自己一泄劲就会趴在地上瘫软得起不来。她想哭，可又不敢哭出声，眼角溢出的泪水混杂在汗水中滑落到嘴里，酸的、咸的、苦的。

忽然，前排队伍中有一个小演员脸色苍白，手脚颤抖，终于体力不支跌倒在地。旁边的工作人员惊叫“有人中暑了”，紧接着就是赶忙把病人送往医院。

训练场上演员们没有因此而散乱，依旧原地不动，坚持贴地趴着，一分钟，二分钟，五分钟……她们没听到导演叫停，谁也不会起来。

第二天训练场又传出有人中暑倒地被送往医院的消息，然而其他演员仍然坚持训练，丝毫没有退缩。

有时训练碰到倾盆大雨，演员个个淋得像落汤鸡。导演不叫停，她们就巍然不动立着，肢体动作和面部表情仍要保持着演出训练的状态。狂风携带雨水猛烈地抽打着每个演员的脸庞，泪水、汗水、雨水混在一起流淌而下。

“为了今后舞台上的绚丽多彩，为了能听到月光下的掌声，就必须这么刻苦训练。”他们牢牢记住王潮歌导演的这句话，咬紧牙关坚持着每天十多个小时的高强度训练，无怨无悔。

演员小陈姑娘，有一次彩排时，因劳累过度晕倒了。醒来时，发现自己躺在床上，导演正忙着联系车，准备送她去医院。小陈坚决不同意，哭着请求导演留她继续彩排。她不想因为自己的缺位而影响当

天的彩排。

当她从小溪里打起一桶水，跑向茶馆二楼时，因体力不支，脚底踩空摔倒，一桶水泼洒到脸上，顺着脖子流向前胸后背。此时正值初冬，山里的溪水特别寒凉，冷风一吹，寒气透入骨髓，她不由自主打了一个寒战，瑟瑟发抖。但她没吭声，咬住牙关，坚持到彩排结束。

小姜姑娘，当初因好奇跟着学姐去参观艺术团招生，结果被团长一下看中选了进来。这无心插柳的举动，圆了她想当演员的梦。

可每天高强度的训练，让小姜感觉有点吃不消。一天，她瞒着团长，说是请假回家休息调整一下，实际上跑去参加高速公路管理单位招聘面试了。结果面试通过，她高兴得不得了，终于可以解脱，不再受苦了。

可当她回到团里，看到亲如姐妹的队员们依旧坚持训练，看到慈爱如母的吴团长时，她内心又矛盾纠结起来。是走还是留，仿佛两个小矮人在她心里打了几天架，她失眠了。

艺术团吴团长原先是延平区文化局的领导，年过半百，还有半年就退休了。可为了艺术之梦，她远离家乡，远离亲人，毅然决然来到武夷山《印象大红袍》艺术团，就这样一干就是十多年。

她为人特别善良慈爱，对团里的每位小姑娘就像自己的女儿一样，无微不至，细心照顾，习惯称呼她们“孩子们”。姑娘们都亲切地叫她吴妈妈。

吴团长听小姜说要辞职，很是舍不得，两个人像母女一样，抱着哭了好久。吴团长说等她帮忙了解一下招聘单位情况，然后再做决定。

没多久，吴团长回话，说那个单位不错，工作轻松，工资又高，适合女孩子上班。然而小姜舍不得离开艺术团，舍不得离开吴团长，她最终还是决定留下来。

2009 年深冬的一个夜晚，武夷山天气格外寒冷。已是后半夜了，寒霜凛冽，冷气逼人，《印象大红袍》艺术团的演员们还在室外露天彩排。

惨白的月光，阴冷冷地洒在地面上、溪水中、舞台上。刺骨的寒风夹裹着阴湿的寒气，肆虐地掠过。人站在演出现场，不一会儿身上就结了一层薄薄的冰霜，脸上就像被刀子划过，疼痛难忍，手脚瑟瑟发抖，身子都变得有些僵硬。而演员们依旧身穿单薄的演出服在凛冽寒风中，一丝不苟地表演着每一个动作。

就在此时，武夷山市两位主要领导忙完工作接待，来到演出现场，静悄悄地坐在观众席上看彩排。当他们看完节目彩排片段后，竟不约而同地站起来，双掌环握成喇叭状，激动地朝着大王峰和玉女峰，朝着台下演员，运足力气，放声呼喊："谢谢你们！武夷山人民感谢你们！"

全体演员都被市领导的真情呼喊感动得热泪盈眶，也朝着山川河谷齐声呐喊。巨大的声浪穿透黑色的夜空，传向遥远的天际。刹那间，山峰震颤，谷壑齐鸣，溪河欢笑，绿树摇曳。

在场的导演王潮歌、樊跃也被眼前这一幕感动哭了。王潮歌面对着舞台，面对着群山河流，发出肺腑之音："我们很辛苦，但我们很幸福；我们很累，但我们很幸福。为了这里的山、水、人，就是拼了命干，也心甘情愿。"

2010 年 1 月 24 日，《印象大红袍》大型山水实景演出在武夷山正式试演。不少市民看完演出，给武夷山市胡市长发短信："看完演出，我真的感动了，很震撼！谢谢市长！""我第一次感觉到自己的家乡竟有如此强烈的感染力。""我还想再来看一次，带着爸爸妈妈来看。""武夷山养了一只金母鸡。"

胡市长每次收到市民发来的短信或看到市长信箱里的留言，就感觉身上有一股暖流直往胸口涌。当初，有人对这个演出项目的质量如何验收提出异议，他顶住压力说："艺术质量最好的验收标准就是观众的评价。"如今总算大功告成，把心放下。

同年 3 月 29 日正式公演，"印象铁三角"张艺谋、王潮歌、樊跃又再聚武夷山。

那天，姜华拿出当天公演的演出票券，请"印象铁三角"三位著名导演帮他在票面上签下大名，留作纪念。他要珍藏纪念这蕴含了真山、真水、真情的历史画卷。

多年后，姜华又专程去旋转看台观看新改版的《印象大红袍》演出，再次感受茶文化的魅力和艺术的震撼力。

演出散场，姜华碰到《印象大红袍》演出公司郑总经理。他欣喜地告诉姜华，《印象大红袍》从2010年正式公演到2022年，12年来共演出4807场，有656万人观看，收入9亿元。黄金周长假期间，一晚演出3~4场，而且经常是一票难求。2016年，公司正式在新三板上市；2019年，荣获第十一届“全国文化企业30强”提名奖，成为福建省唯一入选企业；2021年，入选“第十届福建省文化企业10强”。真可谓一舞带三业，旅游、文化、茶产业三业喜丰收。

姜华又一次被震撼了。一个茶旅融合的舞台，能在文化传承与创新的浪潮中，创造出如此骄人的业绩，他为之骄傲，为之自豪。

触景生情，姜华想起当年那些为这旋转舞台默默奉献的决策者们、建设者们、艺术家们，正是因为有了他们那浓浓的武夷山情怀和爱岗敬业、勇于担当的精神，这个舞台才更加绚丽多彩。姜华情不自禁地在心中对他们呼喊：“你们辛苦了！你们现在可以把心放下了！把烦恼放下了！把痛苦放下了！为了这杯幸福的茶，武夷山人民感谢你们！”

他们正在华丽转身

① 占地170亩、建筑面积6万多平方米的园林式茶旅观光工厂香江茗苑，终于圆了陈荣茂的茶旅融合之梦。（香江茗苑供图）

② 2021年11月23日，首批国家高级评茶师王顺明与智能泡茶机“茶魔方”进行人机对决。（福建省茶科技研究院供图）

③ 正在规划建设中的瑞泉号茶博物馆是黄圣辉心中更大的梦想。（黄圣辉供图）

“好雨知时节，当春乃发生。随风潜入夜，润物细无声。”用唐朝诗人杜甫的这首诗来形容当今武夷山茶产业的转型升级，似乎再贴切不过了。茶产业的转型升级宛如春雨，正悄无声息地滋润着许许多多有志于创新发展的茶人。他们沐浴着春雨，思考着未来，拷问自己：企业路在何方？

“西瓜”的“蜕变”

陈荣茂，武夷山人。用他自己的话说，就是一个喝武夷山水、品武夷山茶、吃武夷山米长大的，地地道道的武夷山茶人。

可奇怪的是，在武夷山，甚至在茶界，知道陈荣茂本名的人并不多，但要是提起“西瓜”和“曦瓜大红袍”，那可是无人不知、无人不晓。

“西瓜”是陈荣茂的小名。据说，他小时候脑袋长得大而滚圆，又偏爱吃西瓜，大家就给他起了个绰号“西瓜”，一来二去，“西瓜”也就成了他的小名。

然而，真正使他扬名茶界的，不是“西瓜”这个名字，而是他与茶的不解情缘。

5月，正是武夷山最浪漫秀美的季节。在碧溪环绕、千岩竞秀的山峦沟谷中，星散着采茶姑娘、古老的苔藓拱桥、石径上流动的挑青工，在金黄色阳光的映衬下，溪水潋滟，丽影摇晃，构成5月茶乡独有的诗意画卷。空气中弥漫着清甜细幽的茶香，吸引着全国各地的游客和茶人。

在武夷山市郊四十多里处，有一个工业园区。往年此处是烟囱林立，机器轰鸣。可近年来，园区一改常态，出现接连不断的大巴车。车上满载着游客，川流不息地来到一个工厂参观。高峰期，每天游客多达三四千人。这是一个什么样的工厂，能吸引如此多的游客前来观光体验呢？

一块高耸宽大、气势雄伟的牌坊立于工厂入口处，“香江茗苑”四个烫金大字特别引人注目。香江茶业有限公司总经理陈荣茂就是香江茗苑的老板。

宝剑锋从磨砺出，梅花香自苦寒来。陈荣茂从小就与茶人打交道。1991 年，刚满十八岁的他到“武夷山岩茶厂”当学徒，正式拜武夷山素有“老茶怪”称号的陈礼昌为师。后来又得到姚月明、陈德华等诸位武夷山茶界大师的点拨。陈荣茂不仅做茶技艺突飞猛进，而且擅长管理，被厂长叶以发视为左膀右臂。

1994 年，武夷山岩茶厂按照上级部门要求实行个人承包责任制，陈荣茂被叶以发厂长聘任为副厂长。两年后，叶厂长离任，陈荣茂正式接手承包岩茶厂。俗话说，一个篱笆三个桩，一个好汉三个帮。陈荣茂真诚地邀请师兄弟徐秋生、刘安兴入伙打拼。日后威震江湖，在武夷山茶叶界鼎鼎有名的“曦瓜三兄弟”就是从这个时候开始捆绑在一起的。

创业之初，陈荣茂白天与挑青工一起上山挑茶，翻山越岭，涉溪蹚水，夜晚通宵加班做茶。白天一身泥，晚上一身汗。一个多月的连轴转，使他累得都脱了形。除了身体的累，更让他头疼的是，生产资金的短缺常常使他窘迫不堪，一分钱恨不得掰成八瓣来花。

那几年茶叶不值钱，又没几个人知道大红袍岩茶。年底结账时，陈荣茂吓了一跳，账上余款所剩无几。明年开春后，急需一大笔资金用于春茶采摘加工。春茶可是武夷山茶农一年的主要收入来源呀，到时候没钱怎么生产？

当家才知柴米贵，这个平时喜欢嘻嘻哈哈的小伙子，此时才懂得一分钱难倒英雄汉、巧妇难为无米之炊的困苦。他焦急万分，四处借钱筹款，可东借西凑，资金还是有缺口，怎么办？

一天夜晚，心烦意乱的陈荣茂和几个朋友在大排档吃夜宵，喝酒消愁。酒桌上，有两三个人在议论着喝喜酒随份子钱的事。酒兴正酣的他，脑子忽地一热：对呀，我何不安排自己结个婚，有了礼金钱不就可以解决燃眉之急了吗？

第二天，他把这想法告诉了未婚妻，未婚妻十分生气，将他好一顿数落。结婚是人生中的一件大事，怎么能如此草率随性呢？可她还是架不住陈荣茂的软磨硬泡，开始慢慢理解眼前这个男人对茶叶的情怀和心思。在没有更好办法的情况下，只能按他的想法先跨过眼前这个坎，她终于点头了。

为了推销武夷山茶叶，尽快打开销售局面，陈荣茂把生产的担子交给了徐秋生和刘安兴。他常常独自一人闯广东、跑码头、钻街巷，风餐露宿。

2000 年，陈荣茂在广州芳村茶叶市场举办了首届武夷岩茶“茶王赛”。功夫不负有心人，在他的努力下，武夷岩茶在广东茶叶市场开始声名鹊起。在广东打响名声后，紧接着他又把目光瞄向香港。在香港，他看到了当地市场的诱惑力。香港人火爆的购物场面，令他羡慕不已。他像哥伦布发现新大陆一样兴奋。香港经济繁荣，香港人旺盛的购买力正是他所需要的。他决定去香港市场闯一闯，推销大红袍茶叶。

2001 年，陈荣茂第一次到香港工展会参展。他深知舍不得孩子套不住狼。虽然手头不宽裕，但为了向香港同胞展示武夷岩茶的良好形象，他还是咬咬牙投了不少钱，请人把展馆设计装潢一番，还聘用当地的一位茶艺小姐泡茶卖茶。当时的香港有规定，展馆里内地人是不能自己直接售卖产品的，被抓到后轻则经济处罚，重则拘留。

为了节省费用，陈荣茂连旅馆都舍不得住。白天他是老板，晚上他却和陌生人挤在一起打地铺，汗酸味和咸臭味，烦人的呼噜声，折腾得他彻夜难眠。

展馆布置妥当，陈荣茂扫了一眼价格牌上的价格，一级大红袍一斤 17 元，他想了想，斗胆偷偷在“17”后面加了个“0”，变成 170 元。开馆第一天，来到展位前的人寥寥无几，他心里惴惴不安，焦急万分。

他有好几次想把价格牌上“17”后面的“0”涂抹掉，最后还是忍住没动。第二天是周六，开馆没多久，到展位前来购物的人就接踵而至，到高峰期时还要保安赶过来维持秩序。他虽然忙得筋疲力尽，可心里却乐开了花。

展销结束，他带来的几千斤茶叶全部卖完了，粗略算了一下账，净赚 15 万港币。这可是他人生中第一次赚这么多钱。望着这些花花绿绿的港币，他高兴得不行，兴奋得手舞足蹈。

尝到闯市场甜头的陈荣茂这才领悟到人们常说的，会做茶是徒弟，会卖茶才是师父。从此，他参展进行市场营销的干劲一发而不可收。此后的两年，他又连续参加了两届香港工展会，每届销售额都突破了 50 多万港币。

为进一步提升武夷岩茶在香港的知名度，2004 年第 39 届香港工展会开幕前，陈荣茂又想出一个奇招，建议武夷山市政府在香港工展会上策划、组织一场母树大红袍茶叶拍卖会，作为武夷山市政府在香港的一次品牌宣传活动。他的这个想法获得了市领导的认可与支持。但由于当时武夷山市的财政并不宽裕，市领导表态，仅将 20 克母树大红袍竞拍款项用于拍卖宣传活动，不足部分由陈荣茂自行解决。

这是母树大红袍第一次在市场上拍卖，也是唯一一次在国际市场上拍卖，不仅吸引了许多香港市民，还吸引了“香港香江国际集团”董事长杨孙西等一众香港企业界、金融投资界大佬，可谓盛况空前。经过激烈角逐，最后 20 克母树大红袍茶叶成功拍卖出 16. 6 万港元的天价。武夷山大红袍一下轰动海内外，被各级新闻媒体争相报道。陈荣茂的“西瓜”大名也随之传遍香港茶界，不仅大大提高了武夷山在香港的知名度，还让更多香港市民喜欢上了武夷岩茶。

最让陈荣茂意想不到的是，正是因为这场拍卖会，他结识了人生中最重要的合作伙伴——“香港香江国际集团”杨孙西董事长。虽然在拍卖会上，杨老先生与他只进行了简单的寒暄，没有更多的深交，但陈荣茂那干练与稳重的行事作风，给杨老先生留下了深刻的印象。也正是这场拍卖结缘，让杨老先生萌生了去武夷山看看的念头。

随着广东、香港岩茶市场的打开，陈荣茂的茶厂也逐渐走上正轨。企业如何才能发展壮大，以及如何创建一个能够在茶叶市场上叫得响的企业品牌，成为他冥思苦想的事。可惜他绞尽脑汁，也没想到应给自己的品牌起什么名字。

2005 年，恰巧省委领导到他的企业调研，了解到他的设想和苦恼，省委领导温和一笑，说道：“我看就用你的小名‘西瓜’做品牌名吧，名字好记，响亮又接地气。只是‘西瓜’的‘西’字，改成

‘曦’就更好了。”一字之改，含义就大不相同，意义得到了升华。“曦”取自晨曦之意，寓意早晨初升的太阳，孕育着希望，走向辉煌。从此，“曦瓜大红袍”名声大振。“曦瓜”也就成了陈荣茂的代称。

品牌和名气有了，陈荣茂的心也开始活络起来。他也想像其他茶企业那样抓住时机，多开垦些茶山，扩大企业规模。可天不遂人愿，2008 年，武夷山市政府一道禁止开垦茶山的禁令，让他顿时就像热锅上的蚂蚁——没有了方向。他后悔犹豫，甚至苦恼彷徨，神色凝重，眉头紧锁，额头上的“王”字皱纹更加清晰了然，乌黑炯亮的双眼注视着碧翠的茶山和旖旎秀美的群峰，陷入沉思。

他心里明白政府提出的“控制茶山总量，提高茶产品质量，延伸茶产业链，提高茶叶附加值”茶产业转型升级思路是非常正确的。可说容易，做就难啦！企业如何转型？转向哪里？他一下没有了头绪。

几天来，他在三姑度假区里转悠。有几次他看到一些旅行社把一辆辆大巴车上的游客拉到那些偏僻的茶叶“补刀店”时，内心充满了愤怒和无奈。他知道那些茶叶“补刀店”的经营潜规则就是导游拿高额回扣，茶叶店卖劣质的茶，茶农只有微薄的利润。这种经营恶性循环，不仅仅坑害了消费者，更损害了刚刚建立起来的武夷岩茶品牌。他懊恼自己无力改变这种状况。

忽然，一个大胆的设想跳入脑海：“我为什么不能自己建立一个茶旅融合的观光园呢？市里不是说，茶产品营销要由单一营销向茶旅观光综合营销转变吗？把来武夷山旅游的游客吸引到自己的茶叶观光园中的经营模式，不仅能让游客愉快地参观，沉浸式体验，放心地买茶，而且能实现以茶带旅，以旅促茶，互惠共赢，何乐而不为呢？”

思路决定出路，他为自己头脑中冒出的这个大胆创意而兴奋。于是他第一时间就把这个想法告诉了在景区股份有限公司任副总经理的大哥，并得到了大哥的大力支持。

思深方益远，谋定而后动。此后，陈荣茂用了一年的时间，跑遍了福州、泉州、湖南、湖北等地的知名茶叶观光园考察学习，可看来看去，总觉得不满意，因为他心中的梦想之园更为庞大。

一天，陈荣茂从电脑上查到，四川峨眉山有一个规模宏大的茶庄园。他喜出望外，当即带了做茶机械、茶包装、茶设计、茶旅游等茶叶相关行业的八个朋友，赶往四川峨眉山竹叶青集团参观考察。

此时，已是隆冬时节，凛冽的寒风夹杂着透凉的湿雾，贴着皮肤往身体里钻，使人不寒而栗。可看到眼前这个占地 500 多亩，气势宏大、景色秀雅、小桥流水、碧茶绿竹、花簇锦绣的茶庄园时，他惊诧得目瞪口呆，热血沸腾。行云流水的现代茶叶生产流水线，优美的茶艺舞蹈，络绎不绝的观光游客，一下让他激动得手舞足蹈地高声说道："我的梦想就是要建设这个样子的茶叶观光园。"

2009 年冬，姜华带着十多家茶企业赴香港参加第 44 届工展会。其间，陈荣茂邀请姜华同他一起去与香江国际集团的两位高管见面，洽谈合作投资一个大型茶旅观光园项目。

姜华惊讶地戏笑他道："土老帽也学会傍大款了？"

他习惯性地摸了摸那滚圆的脑袋，嘿嘿一笑："要实现心中的梦想，仅靠自己的力量难呀，只有依靠招商引资、借船出海才行。"

没想到才几年时间，一个土头土脑的茶农，如今也知道招商引资，借船出海了。真是士别三日，当刮目相看！姜华仔细与他聊了起来，这才知道事情原委。

2005 年，一个港澳高级考察团来武夷山考察，香港香江国际集团杨孙西董事长是考察团副团长。一到武夷山，杨董事长就迫不及待地向负责接待的武夷山市委统战部部长询问打听，请求其帮忙联系武夷山"西茶厂"的老板。

统战部部长脑子转了个遍，也没有想起武夷山有个什么"西茶厂"。她叫相关部门立即核查，结果也是查无此厂。

统战部部长犯起愁来，这是怎么回事？

忽然她想到"西瓜"陈荣茂，武夷山人叫"西瓜"顺口了，也经常有人把他的武夷山岩茶厂叫成"西瓜"茶厂。杨董事长打听的是不是这家"西瓜"茶厂呢？

第二天，统战部部长把她的想法向杨董事长做了反馈。他想了想说："对对，就是'西瓜'茶厂。"

统战部部长急忙叫办公室通知陈荣茂赶到酒店来。就这样，杨孙西老先生和陈荣茂在武夷山再次会面。一个七十多岁的老人，与一个三十多岁的青年茶人，因相同的志向、奇妙的茶缘、相互欣赏与信任成了莫逆之交。

在接下来的几天考察中，杨董事长就由陈荣茂负责陪同重点考察武夷山的茶产业，两人越谈越融洽，越谈越投机。于是两人一拍即合，考察工作还没有结束，杨董事长就已决定投资武夷山茶叶，与陈荣茂合作做茶叶生意。他当即指示集团总部给陈荣茂汇款 500 万元，用于收购茶叶。500 万元在那个年代是一笔巨款，有了这笔巨额资金的注入，陈荣茂胆气十足，如鱼得水，准备放手一搏闯市场。这一年他的公司销售茶叶 30 多万斤，创历史纪录，赚得盆满钵满。

初次合作的成功，让杨董事长对陈荣茂刮目相看，认准了他是个会做事、能成事的难得人才。所以，当陈荣茂向杨董事长提出在武夷山打造一个茶旅融合观光园项目构想时，杨董事长当即表态将全力支持。

在香港酒店的客房里，茶桌上、床上铺满了关于未来茶叶观光园的构思草图。香江国际集团的两位高管和陈荣茂各自从不同的视角、不同的价值取向、不同的利益取舍出发，你一言我一句，激烈地沟通争辩，原有的草图改了画、画了改。陈荣茂一会儿神情严肃，据理力争，一会儿嘻哈耍笑，云淡风轻。洽谈结束后，两位高管欣喜佩服地对姜华说："这个'西瓜'越来越厉害了！"

然而，理想很美好，现实却很骨感。陈荣茂第一次操盘投资 3.2 亿元这么大一个项目，没有经验，缺乏人才，更缺资金。他把家底全部押到与香江国际集团合作的项目中，并从银行贷款 5000 多万元，可谓背水一战。项目从 2013 年开始动工，在三年的建设中，他不分白天黑夜地忙，既是老板，又是一个打工仔，方方面面都要亲力亲为。有好多次压力太大，无法排解时，他就独自在夜晚饮酒寻醉，以求一夜安眠。

有一次，姜华在一个会场碰到他，只见那原本浑圆的西瓜脸已变成了棱角分明的楔子脸，皮肤黝黑发亮，腰身瘦了一圈。只有那嘻嘻哈哈、自得其乐的神态依然，乌黑炯亮的双眸里透出的还是坚毅愉悦的目光，额头上的“王”字显得那么的舒展霸气。他乐呵呵地对姜华说：“自己挖的坑，自己跳，乐在其中。”

一个优秀的企业家曾说过：“选择了高山，就选择了坎坷；选择了执着，就选择了磨难。”

告别时，他向姜华潇洒地挥挥手，说道：“没事！”

有志者，事竟成。2016 年 10 月，一个占地 170 亩、建筑面积 6 万多平方米的香江茗苑茶叶观光园终于竣工试营业。气势宏大的武夷风格建筑群，白墙、红梁、青瓦，生机盎然。小桥流水，曲径回廊，花团翠柳，碧湖荡漾，一副江南园林气派。先进的现代茶叶生产流水线，优美的传统岩茶制作技艺互动表演，独特的茶文化展示区，相得益彰。茶叶观光园一开业，就吸引了全国各地游客前来体验打卡。

自 2016 年香江茗苑竣工至 2019 年，三年来，香江茗苑的荣誉厅挂满了“福建省首批观光工厂”“国家 AAAA 级旅游景区”“全国茶旅金牌线路”等金字招牌。企业终于度过了艰难困苦的时期，开始赢利分红，陈荣茂 5000 万元的银行贷款也已还清。香江茗苑的成功，让合作方香江国际集团的杨董事长万分高兴，称赞陈荣茂有战略眼光。后来，他常以“西瓜”成长的故事来教育激励家族后辈。

“瑞泉号”是怎样诞生的

2009 年春，《印象大红袍》的山水实景演出项目成功落地，好似春风乍起，吹皱一池碧水，让本就躁动不安、跃跃欲试的有志茶人们，纷纷按下了企业转型升级的启动键。

话说天心村瑞泉茶业有限公司，当年还是一个名不见经传的小型茶企业。2008 年仲夏的一天，姜华接到上级部门接待处一位熟悉的老领导张秘书长的电话，她在电话中邀姜华到瑞泉茶业喝茶。姜华愣了半晌，脑海里一时半会儿没想起武夷山有这么家茶企业，更不知道这家企业在哪里。

事后，张秘书长还调侃姜华身上有官僚主义作风。姜华急忙辩解道："全市近千家茶企业，凡纳税 1 万元以上的茶企业我都知道。这瑞泉公司没入我的脑子，说明企业规模太小。"

瑞泉茶业有限公司掌门人黄圣辉出生于岩茶世家，家族十几代人做茶，他本人又是一个满腹经纶、胸怀大志的文化茶人。2000 年，他从父亲肩上接过一家之主的重担。随着近几年企业规模逐步发展壮大，他也接触了不少文化名人。俗话说："你能走多远，取决于你与谁同行。"他开始不满足于现有家族企业的传统经营模式，想来一个大的飞跃，立志带领家族走向一个全新的里程碑。

2007 年的一天，他在慎重考虑之后，召集家族长辈和兄弟开会，提出创办茶文化馆的设想。一石激起千层浪，族人纷纷提出自己的顾虑，大抵不过一句：做文化，谈何容易！

"昔日龌龊不足夸，今朝放荡思无涯。"古人尚且如此，何况如今刚摆脱困境、苦尽甘来的亲人们。同辈年轻人思想活跃有拼劲，出于对成熟稳重的老大哥的信任倒好说服。但刚苦尽甘来的上一代人就不一样了，他们怎么肯为一个年轻接班人的远大理想去承担巨大风险，弄不好，辛辛苦苦几十年积攒下的家业，一夜回到解放前。

对于亲人们的质疑，黄圣辉早有心理准备，没有半点责怪和怨气，他理解大家的心情。沉默片刻，他推心置腹地说："茶产品没有文化就没有价值，没有品质就没有生命。在这个瞬息万变的时代，只有扎好茶文化的根基，企业这棵大树才能枝繁叶茂。"此后好长一段时间，他不断地向家族亲人们输出自己的规划和落地方案。

一向沉稳、寡语、威严的老父亲，静静地听着儿子满怀激情的叙述，嘴角上叼着一根烟，"扑哧、扑哧"地吸着，浓重的香烟焦油味呛得老人家不停地咳嗽。他心事重重，担心地问了句："搞文化要投很多钱呀？"

"钱的事不用您老担心，我已有运作办法。"黄圣辉干脆利落地回答道。他知道这也是家族亲人们都担心的事。

老父亲最终先松了口："你有十足的把握吗？"

"没有把握的事，我不做。"黄圣辉再次干脆利落地回答道。

老父亲知道儿子的秉性，认准的事十头牛也拉不回。他终于点头，前提是："要想做文化可以，但别搞虚的，要做就做传统的东西，要有'泥巴味'！"

2008年，黄圣辉以高出其他竞买者35%的价格，果断地从一个台商手中，买断了地处黄柏溪畔景区内的一处旧房产。那里面临崇阳溪，背对武夷群峰，风景独此一份。站在这块武夷最美大地上，他的心胸豁然开朗，梦想越发清晰：他要在这块峰峦叠嶂、松竹掩映、清幽雅致的风水宝地，实现自己第一个梦想——创建茶文化展示馆，把武夷茶文化传播出去，使之遍地生香！

在接下来近两年的时间里，黄圣辉和父亲黄贤义风里来雨里去，爬岭过滩，走街串巷地到农户家中去淘"古董"，收购和茶有关的传统老物件。不得不说，正是黄家父子俩历经千辛万苦"淘"来的这些老古董，成就了后来"瑞泉岩茶博物馆"的灵魂。

有一次，黄圣辉听说有一个偏僻的高山村，村里一个农户手中有一件宋代的茶器。他立马驱车前往，跑了几十公里崎岖的山路，好不容易寻找到那个农户说明来意，可农户不买账，推托说没有。黄圣辉碰了一鼻子灰，可仍不气馁。一趟不行就两趟，两趟不行就三趟。最后还托熟人帮忙做工作，软磨硬泡，好话说了一箩筐，农户终于被他锲而不舍的诚心所感动。又听说他买去是为了办茶文化展示馆，终于同意把茶器出让。

与此同时，黄圣辉斥资聘请文物专家组成团队，搜集鉴定唐宋元明清茶器；在那个不怎么讲究品茶意境的年代，专门辟出几间茶室，搜集并存档世界各地不同语言不同体系的茶书；搜集旧茶具，还原一整套乌龙茶的传统制作工艺流程；每年还存下一部分茶叶，标注上采摘时的天气、温度和制茶的师傅，以及茶叶的年份和产地信息。

2009年秋，他得到消息，日本一个拍卖行要拍卖一套日、英文版的有关中国唐宋茶器的图书，还是孤本。他迅速飞抵日本京都，经过激烈角逐，最后以20多万元高价拍回这套图书的上、中、下三册。

闲暇时间，他望着仓库里近5000件茶文化物品，内心甜滋滋的。

2010年，他投资400多万元，精心打造了一个占地8亩、建筑面积3000多平方米，精雅别致、独具一格的茶文化展示馆——瑞泉岩

茶博物馆。这座博物馆终于不负所望，于景区内落成。

土墙、黑瓦、木地板；水筛、竹架、炒青锅；茶蒡、马门、揉茶桌；焙笼、焙窟、炭火堆——全套原汁原味的非物质文化遗产武夷岩茶（大红袍）传统制作技艺展示，让游客穿越时空，领略先辈们的智慧。

宽敞宏大的茶窟，独树一帜，从清代光绪年间的茶样到民国时期的整箱茶品，琳琅满目。典雅幽静的书库，层层叠叠排列着历代典藏书籍，令人叹为观止。

装饰高雅的现代茶器展示厅内，唐、宋、元、明、清多个年代的茶器，形状各异，独领风骚千百年。最后，风格迥异的大小茶室，优美的茶艺表演，又让每位游客享受一次高雅的茶视觉盛宴，品尝一杯韵味悠长的大红袍茶。

开馆半年时间，瑞泉岩茶博物馆声名鹊起。在后来的几年里，它成了武夷山最优秀且最完善的传统茶文化集中展示区。每当市里有重要接待，瑞泉岩茶博物馆就成为首选接待地。几年来，从党和国家领导人、港澳特首到商贾大亨、集团高管、文化名人、影视明星，总有不少人亲临这家文化展示馆参观考察。

孙中山有句名言："人能尽其才则百事兴。"黄圣辉以自己不同凡响的才能和胆魄，把茶文化和经济有机地结合起来，用创意把茶产品作为一种文旅产品销售出去。

十多年来，瑞泉茶业有限公司的茶产品，都是以独有的私人定制销售模式发展壮大的。2019 年，瑞泉茶业被评为"2019—2020 年度南平市农业产业化市级龙头企业"。2020 年，黄圣辉荣膺"第十八届福建省优秀企业家"称号，134 位当选者中，茶企业家仅 3 位。2022 年，企业年纳税额一下跃居全市茶行业第五名。无论是从文化角度还是从企业理念角度，瑞泉茶业都走在最前端。黄圣辉可以说是将武夷山茶文化、茶产业有机融合的开创者之一。

无名小卒弄大潮

2016年元旦，阳光明媚，空气清新。武夷大道旁的华夏民族城会场，车如流水，人头攒动。可容纳800人的会场座无虚席。主席台上方“进一步推动茶产业转型升级大会”14个醒目大字，彰显了会议的重要性。

会议召开前，姜华曾疑惑地问市委马书记：“会议是定在元旦召开吗?”

马书记听出了姜华话里的意思，坚决地点了下头：“一年之计在于春。元旦是一年之首，选择这天开会，让大家放弃半天休假，就是要强化茶企老板和机关同志对茶产业结构转型升级重要性的认识，而且这次市委专门以一号文件的形式下发了茶产业转型升级文件。”

姜华忽然感到脸颊一阵泛红。

转型升级一下成了茶企业老板们最关心的热议话题。一个时期以来，转型升级项目也如雨后春笋般涌现。武夷星中华茗园、正山堂茶业综合实践区、叶灿茶业有限公司茶言精舍等产业转型升级项目纷纷竣工。茶民宿从无到有，忽地一下发展到700多家。

星村镇朝阳村有一茶农小陈。一天，小陈邀请姜华和另外几个朋友去他的茶厂游玩喝茶。小陈的茶厂规模不大，坐落在朝阳溪畔的一座月牙形环抱的茶山中。

前几年，小陈只懂做茶，不懂市场营销，更没有品牌意识。生产的茶叶基本上是给他人做嫁衣，赚不到多少钱。有一年，看到别人抢挖茶山，他也眼红了，于是就偷偷摸摸违规私开茶山几十亩。被市里发现后，私开的茶山被整治，他损失惨重。茶厂发展举步维艰，每年一到春茶采摘加工时，他就愁生产资金，要去银行贷款。有时贷款衔接不上，他还要去借民间的高额利息贷款，俗称“过桥费”。可谓是年年辛苦年年愁。

2015年，福州一家医疗公司看中了小陈茶山的优美环境和正在兴起的茶旅观光游，于是提出与他合作的意向，准备投资创办一家茶旅观光民宿。

小陈犹豫不决，他想尽快改变企业当下的困境，可又担心合作万一失败，岂不是雪上加霜？就在他举棋不定时，几个朋友知道这事后，都鼓励支持他，他终于下定决心，迈出了合作的第一步。通过资产评估，他以现有资产入股，与福州那家医疗公司合作创办了一家茶旅观光民宿。

小陈自从合作创办了茶旅观光民宿后，生意兴隆，发展势头不错。一个周末，姜华和几个朋友相约去他的茶厂。

一进茶厂，面貌焕然一新得让大伙都傻了眼不敢认。茶厂门口，原来杂乱无序、凹凸不平的土坡，已被建成花团锦簇、绿草如茵的小花园。青砖铺设的小路，翠竹细柳，曲径通幽。路径左侧原有的制茶车间，已被改造成岩茶传统制作技艺生产展示互动区，使人耳目一新，游客可在这里学习做茶。路径的右侧，是一个具有江南园林风格的民宿区。跨入庭院圆拱形大门，一个中式庭院映入眼帘。绿坪、秀石、盆景、小桥流水相映成趣。

院中央有一个四角茶亭，几名游客正在茶亭中品茗听曲，一副悠然自得的神情。一排回廊贯通六十多间客房，房间陈设简洁质朴，带有浓浓的乡村风情和茶乡特色。窗外一条小溪涓涓流淌，推动着溪上的古老木架水车“嘎吱、嘎吱”慢悠悠地转圈。水车声伴随着哗啦啦的流水声，宛如一首舒心的小夜曲。

民宿的后山，就是如同月牙形环抱的高标准生态茶山，碧绿如毡，桂花飘香，十几个游客正在茶山上观景游玩。半山坡上，一棵古樟树下立有一个小凉亭，在此观景听泉、品茶聊天尤为惬意。

独具一格的茶旅观光民宿，使这个远离市区几十公里的偏僻小山村的茶厂，顿时游客盈门，热闹非凡。每逢节假日，游客还要提早预订客房。离开繁华都市的喧嚣，游客在这里观茶山、学制茶、品香茗、游乡野，寻找到一份属于自我的安宁，放飞心情，享受一段轻松休闲、自由自在的时光。

茶民宿的兴旺，也带动了茶叶产品的销售。小陈悄悄告诉姜华，这几年茶叶生产量和销售量都比过去翻了一番。他现在也开始做自己的企业品牌了。饭桌上，他高兴得左一杯、右一杯地喝酒。姜华知道他的酒量不是很大，看来今晚他要一醉方休了。不过这不同于过去用酒解千愁的醉，而是发自内心舒畅的醉。

11 月中旬，第十届海峡两岸茶业博览会开幕式一结束，姜华便陪同省政府分管副省长去了天驿古茗茶业公司调研。其间，市委马书记叫姜华汇报茶产业工作。第一次当面向副省长汇报工作，姜华心中不免有些紧张，忐忑不安。要知道在座的还有他的直接上级市委书记和分管的副市长。望着领导信任鼓励的目光，姜华顿时有了底气，轻松了许多，就像聊家常一样，如数家珍，把武夷山市茶产业转型升级“六个一工程”和“三个转变思路”一股脑向副省长倒了出来。

副省长仔细听完，和蔼的脸上露出满意的笑容：“你们做好一个工程，我们省里就支持你们一个工程。”在场领导都舒心畅怀地大笑。姜华如释重负，舒舒服服地吐了口气。

半年后，省政府果真支持了武夷山市 2000 万元，用于扶持正在筹建的国家茶叶质量检测中心项目。

一天，老朋友小邵约姜华喝茶。他是一个在武夷山拼闯二十多年的外乡人。他办过印刷厂，做过杂志出版，还曾研究禅学，入寺庙当过俗家弟子。

在三姑度假区东南角，有一幢独立的三层房屋，屋前有一个较大的庭院。庭院篱笆上布满了粉色、红色、紫色、黄色的三角梅，花瓣冶艳，迎风招展，笑迎宾客。院内小巧别致的假山秀石、喷泉、石拱桥悦目怡心。袅袅的白烟穿行于山石间，若隐若现。小桥精巧，流水清澈，鲤鱼戏逐，甚是欢畅。鹅卵石曲径通幽至入门处，只见一个木牌坊上书“谁家院”三个大字，引人注目，耐人寻味。姜华若有所思，驻足观望。

“良辰美景奈何天，赏心乐事谁家院?”刚进入茶室落座，小邵似乎看出姜华心中的疑惑，随口吟诵明代汤显祖的戏剧《牡丹亭》中的一句唱词。

原来他现在已改行做茶民宿，民宿名字取自唱词中的“谁家院”，意思就是要把这民宿打造成一个景色宜人、风格独具的庭院，让每位宾客赏心悦目，宾至如归。谁都可以把这里当作自家小院，无拘无束，放松心情，快乐地享受茶乡生活。

民宿主题突出茶研学。一周的旅游研学，从茶文化、茶品种、茶加工制作到茶冲泡与品鉴、茶专业评审，令游客在观光中学习，在学习中观光。独具特色的经营方式，使这家小规模的茶民宿经营得风生水起，四面八方的游客慕名而来。大家都想在欣赏武夷山秀丽风光的同时，领略武夷山茶文化的魅力，忘却尘世间的喧嚣浮躁，静下心来泡杯香茶，品茶汤、看茶艺、走茶路、学制茶，体验茶乡的快乐生活。

国内一些大企业，乃至日本、韩国的一些社团组织都纷纷前来定制“谁家院”的茶研学。有一位台湾老人参加了三四次茶研学，因而喜欢上武夷山，爱上大红袍茶，于是干脆在武夷山购置房子，定期来度假休闲。

2021 年国庆长假期间，姜华再次来到香江茗苑、瑞泉公司和小邵的“谁家院”中做客。老朋友相聚，品茶聊天，格外惬意。姜华在与朋友品茶畅谈时，感觉耳目一新，肃然起敬。

香江茗苑的陈荣茂，一见面就兴致勃勃地讲述他的下一个梦想之园，他准备在香江茗苑附近投资 50 亿元，打造一个占地 3800 亩的中国武夷茶旅小镇，创建一个世界茶树种子资源基因库，创办一个茶食品加工厂，实现旅游观光、研学教育、文化创意的融合发展。

陈荣茂兴致勃勃地对姜华说：“做茶要看青做青，每个品种的茶青都有自己的特点，肉桂要轻摇，水仙要重发酵。做人也一样，要想有大作为，干大事，心中就要有大格局，大气包容。我心中的梦想，就是要把小树叶做成大产业。”

陈荣茂说完这话，一脸踌躇满志、意气风发的神态，当年那个懵懂青涩、土头土脑的样子荡然无存。

瑞泉公司的黄圣辉也是等姜华刚落座，就兴高采烈地把一个宏伟蓝图展现在他眼前。宋代风格的宏伟建筑群，翠绿葱茏，碧湖环绕，占地 85 亩，投资 4 亿元……这张瑞泉号茶博物馆设计效果图，令姜华赞叹不已。

2017 年，瑞泉公司斥巨资拍下了景区内黄柏溪畔一块 5 万平方米的土地，计划建一个更大规模的茶叶博物馆。据说博物馆建成后将是全国最大的私人茶叶博物馆，同时还将开展茶文化、茶科技、茶产业等研究，把武夷山的茶土壤、茶空气、茶植被、茶生态、茶品质全部做成科学数据，促进中国茶产业往更科学、健康、良性的方向发展。他们不仅要为当地人，更要为整个中国的茶产业做一个标准化的模板，让全世界喝中国茶的人都懂得，每一杯中国茶都被倾注了大量心血，不仅可以放心喝，还可以喝出价值，喝出中国品质。

瑞泉企业这艘“茶舰”在短短十多年间逐步发展壮大，这与瑞泉掌舵人黄圣辉一直有着超前理念和前瞻性思维是分不开的。

现如今，当大家开始意识到做文化的重要性时，他已将目光转向将传统岩茶与科技、经济相融合。而这一场看似无意的转型，离不开这二十几年茶文化的积淀。他不停地调整手中的舵，为的是让企业这艘舰的航向更为精准。他常说，到了他们这一代茶人，做茶应该带着使命感，心中所想，眼中所见，都应有所超越。

看着眼前神采奕奕、胸有成竹的瑞泉茶叶公司掌舵人黄圣辉，姜华感慨万千。一个土生土长、名不见经传的茶人，在日新月异的产业转型升级变革的时代，扬帆破浪闯出了一片属于自己的新天地。再回味自己十多年前说过的话，不免生出了“莫欺少年穷”的感慨。

科技与传统的现代茶业对决

在邵长泉的“谁家院”，他很自豪地向姜华展示了他的发明创造，已获得十多项知识产权专利的智能泡茶机——茶魔方。2021 年该设备在杭州国际茶博会上首次亮相，市场反响很好。他现已成立一家饮享科技有限公司。

邵长泉深思熟虑地说：“在当下快节奏的工作生活中，许多人没时间泡茶，也有的人不会泡茶。现在不用苦恼了，我的智能泡茶机就帮他们解决了问题。”

临了，他用一句诙谐的广告语结束了他的介绍：“喝茶要简单，

就用茶魔方。”

没多久，小邵的茶魔方就轰动了茶界。

2021 年 11 月 23 日，福建省科技厅在武夷山皇龙袍茶业公司的“三茶”展示中心，专门组织了一场“茶饮流程自动化与传统冲泡对比分析实验”科研项目的验收活动。这次科研项目验收一改常规做法，采取了独特的人机对决的比赛方式。刘国英、刘保顺、王顺明、杨丰、王剑峰、江乃发等六位岩茶、白茶、红茶国家级大师亲自披挂上阵，与智能泡茶机进行一对一的巅峰对决。

老百姓玩起了高科技，无名小卒也敢弄大潮。闻讯而来的茶友挤满了“三茶”展示中心。五名国家级茶叶评茶大师在评审席上正襟危坐，静静等候人机对决的茶汤，准备盲评。他们和大众评委及现场观众一样，事先都不知道哪泡茶是智能机泡的，哪泡茶是大师泡的。

第一个上场对决的是杨大师，这个来自白茶故乡政和的白茶制作技艺非物质文化遗产传承人，制茶几十年，还是第一次参加这种人机大战，既感觉新鲜又有点紧张。尽管比赛前他已按要求将自己的泡茶技艺流程赋能给了智能泡茶机，但自己能否在比赛现场胜过机器，他没有把握。

他忽然觉得心里有点忐忑，泡茶的手指有点僵硬迟缓地拿捏着盖杯，动作也没有平日里流畅。他稍稍停顿片刻，深深地呼了几口气，稳定了一下情绪，开始娴熟地把握着沸水冲泡白茶的速度和坐杯时间。

工作人员将杨大师泡的五泡茶和智能泡茶机泡的五泡茶拿到另外一个房间，重新打乱编号后盛在专用的公道杯中，恭恭敬敬地端到专家评审席上。

五位评审专家知道今天的比赛意义非比寻常，它不单是茶叶品质的品鉴，更代表着传统与现代的碰撞，理念的更新和突破。他们都不敢掉以轻心，小口啜汤，细细品味茶汤在口腔里的感觉，用自己敏锐的味蕾和嗅觉，去区分两种茶汤的香气、滋味与汤色那细微的差异变化，逐一打分。

当评审结果汇总出来后，大家都感到十分诧异，杨大师与智能泡茶机竟然打了个平手。

观战人群中，一些事先不怎么看好智能泡茶机的茶友，此时不再叽叽喳喳争辩个不停，而是悄然无声地观望着。

紧接着，第二个上场的是中国制茶大师刘国英，他是首批国家非物质文化遗产武夷岩茶制作技艺（大红袍）传承人，他泡的是肉桂茶。经过十几分钟的对决，刘大师以 0.4 分的微弱之差败于智能泡茶机，观众的心顿时又悬了起来。

第三个上场的是首批国家高级评茶师王顺明，他泡的是私房茶武夷茗枞。这个与武夷岩茶打了四十多年交道的老专家，也是第一次碰到人机泡茶比赛，没想到会角逐得如此厉害。他不敢掉以轻心，打起十二分精神，最终以 1.7 分的微弱优势胜了智能泡茶机，观众中不少老茶客不由得轻轻松了口气。

“有意思，看来这场人机大战是跌宕起伏、胜负难分呀！”观众席上一阵骚动。

紧接着国家首批非物质文化遗产武夷岩茶制作技艺（大红袍）传承人、大红袍无性繁殖参与者刘宝顺泡的大红袍茶，正山堂茶叶公司技术总监江乃发泡的武夷红茶，高级评茶师王剑峰泡的水仙茶，也都上场与智能泡茶机泡的茶逐一对决。

经过六轮巅峰对决，胜败此起彼伏，紧张的气氛弥漫在空气中，姜华也在心里暗暗为大师们捏了把汗。

比赛结束，当评审专家组组长宣布，智能泡茶机以 3 胜 1 平 2 负的成绩战胜大师时，观众席上一片哗然，大家纷纷直呼没想到。

有一个郝女士抑制不住兴奋的心情，大声说道：“以前只听说过机器人阿尔法狗与围棋大师进行人机大战，今天目睹了泡茶人机大战，而且机器还胜了大师，这真是不可思议。”

省科技厅张副厅长用一句精辟的发言概括了这场人机大战：“科技引领生活，科技改变生活。”

返回市区的路上，姜华想起这些茶企业，感慨万千。像“西瓜”、圣辉、小陈、小邵等当年初出茅庐、狂野不羁、懵懂羞涩，甚至还有点土里土气的茶农们，如今在产业转型升级的浪潮中，都各自踏着自己喜爱的冲浪板，无畏不惧，乘风破浪，勇往直前。他们迎着一朵朵浪花，以一个优美、无畏的姿态，华丽转身，向着另一个更高的浪头冲去。“长风破浪会有时，直挂云帆济沧海。”

正应了武夷山茶人常说的一句话：“没有最好，只有更好；没有最高，只有更高。”

香江茗苑内的北宋斗茶表演　　江书华摄

第十二章

薪火传承茗更香

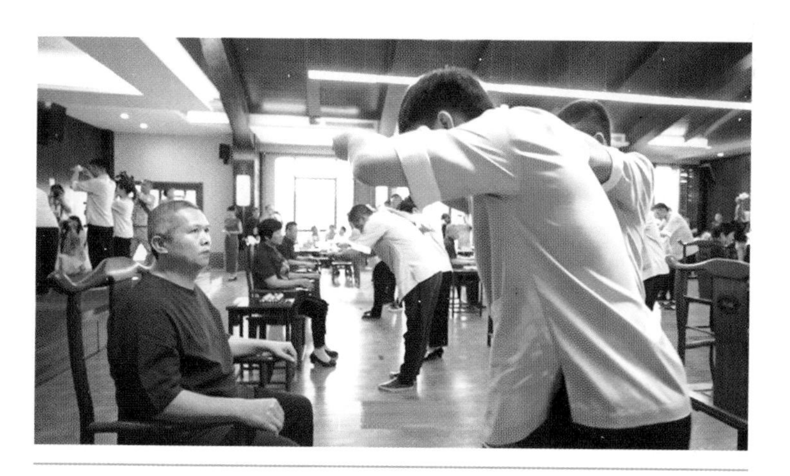

2020 年 5 月 21 日，“世界茶日”武夷山第二届传承者、武夷岩茶（大红袍）制作技艺制茶大会，拜师仪式上，48 位年轻的传承者手执拜师帖，恭恭敬敬地向师父敬帖、三敬茶。

（武夷山新闻视频截图）

2014年9月中旬的一天，阳光明媚，空气清新，在距离市区较远的生态工业园区里，一个叫幔亭茶厂的厂房里忽然热闹起来。

茶厂制茶车间前的草坪上，一大早就堆放了几十筐茶青叶，齐聚了近百号人，有男有女，有老有少。他们或三五成群谈笑逗乐，或三三两两散坐在石块上闭目沉思，还有两个人避开热闹的人群，独自在僻静处双手紧握竹筛摇晃。

说来奇怪，现已不是武夷山制茶的季节，幔亭茶厂此时一下聚集这么多人干吗？

武夷岩茶制作技艺是全国六大茶类中最为复杂的，它有着一千多年的历史，是中国茶文化的瑰宝。中国茶叶泰斗陈椽教授曾说过："武夷岩茶的创制技术独一无二，为全世界最先进的技术，无与伦比，值得中国人民雄视世界。"

2013年7月，市委梁书记给姜华布置了一项工作，抓紧开展武夷岩茶（大红袍）制作技艺第二批代表性传承人的申报认定工作，也就是茶业界通常说的岩茶制作技艺国家非物质文化遗产（简称"非遗"）传承人的申报认定工作。

梁书记就任武夷山市委书记以来，十分重视武夷岩茶（大红袍）制作技艺国家"非遗"传承人的品牌宣传。在他的提议下，市政府还专门组织了第一批武夷岩茶（大红袍）国家"非遗"传承人的斗茶赛。这场高手过招、巅峰对决的茶赛，在新闻媒体上着实火了一把。市委办公室还专门印制了精美的国家"非遗"传承人宣传资料，配合茶旅营销活动进行宣传，使武夷岩茶（大红袍）制作技艺国家"非遗"传承人的知名度和美誉度一下大幅提升。

非物质文化遗产是优秀传统文化的重要组成部分。然而，武夷山茶人对武夷岩茶（大红袍）制作技艺国家"非遗"传承人的品牌认知却经历了一个从低到高、从浅到深的过程。

记得2007年年初，姜华刚调到武夷山市政府工作不久，就听到不少茶人对2006年申报认定的首批武夷岩茶（大红袍）制作技艺国家"非遗"传承人有不同的看法，甚至少数人还颇有微词。当时很多茶人不知道国家"非遗"传承人是干什么用的，担心当了传承人要多缴税费。因此，大家的申报积极性不高，有的还相互谦让。

时过境迁，今非昔比，随着近几年武夷岩茶（大红袍）品牌知名度的上升，武夷岩茶（大红袍）制作技艺国家“非遗”传承人的品牌热度也是水涨船高，茶人申报认定“非遗”传承人的主动性、积极性空前高涨。此时市里开展“非遗”传承人的申报认定工作，就好似在热灶膛里添进干毛竹——热闹了。

姜华自从接受任务以来，就不敢掉以轻心。几天来，他仔细翻阅了上级有关国家“非遗”传承人申报认定的文件，一下陷入了茫然不明的状态。

相关文件中只有针对所有传承人申报认定的条款，说得很宏观，很笼统，缺少具体刚性条款，而且没有与茶叶类传承人相关的具体条款，实际操作中很难认定，真是大姑娘上轿——头一遭。

看文件，似乎只要是会传统岩茶制作技艺的师傅都能被认定为国家“非遗”传承人，而代表性传承人是传承人中的佼佼者，只能是极少数。在这种供需极不匹配的情况下，如何使申报认定工作做得令上下满意、令茶人信服，成了姜华苦思冥想的问题。

这天，姜华召集了武夷岩茶（大红袍）制作技艺国家“非遗”传承人评审领导小组成员会。不出所料，会上具体负责此项工作的主管部门文体新局的林局长刚开了个头，说了一些思路，大家就各持己见，激烈交锋，真是公说公有理，婆说婆有理，众说纷纭，莫衷一是。

茶业部门说，已有七八年没开展“非遗”传承人申报认定这项工作了，许多茶人都想当“非遗”传承人，现在机会难得，还是放宽条件多些名额为好。

主管部门文体新局说，代表性传承人只能是极少数，否则就没有了意义，且这样做含金量也不高。他们建议这次认定名额控制在3～6名。

有人接话提出，要想控制名额，那就要结合当地实际，具体量化上级部门文件精神，设置一些国家“非遗”传承人申报门槛和条件，比如相关的职称、证书等。

也有人反对，说传承人过去都是师父带徒弟带出来的，哪来的职称和证书。

主张设置门槛的人还是据理力争，认为如不设置一些具体条件、门槛，那申报的人就会很多，不仅实际难操作，而且难以做到公平公正，一年半载也评不完。

一个问题没讨论完，另一个问题又冒了出来。

林业、国土、建设、质量监管等职能部门提出，政府开展武夷岩茶（大红袍）制作技艺国家“非遗”传承人的申报认定工作，那就要和政府当前强调部署的政策导向中心工作相结合。以此为抓手，对那些违法违规者，以及被政府部门列入“黑名单”的人，就要限制其申报认定，弘扬正能量。

对此，又有人担忧，如此限制，会株连一些优秀的岩茶制作技艺传承人，使他们难以入围。

这真是正戏还没开场，场外锣鼓声已喧闹响起一片。知易行难，在没有同类“非遗”传承人具体操作文件可供参考的情况下，怎么开展工作呢？真是宠了媳妇又怕得罪娘——两头为难，上下为难。

夜晚，办公室里清静了许多，晚风习习，使人不仅颇感凉爽惬意，还释放了一天的焦躁和疲惫。姜华再次静下心来，认真研读上级有关文件。

忽然，文件中有几行曾被他忽略的文字让人豁然开朗：“爱国敬业、遵纪守法、德艺双馨”，“坚持以人民为中心，弘扬社会主义核心价值观”。这些传承人的申报条件要求，不正为那天讨论会上辩论不清的问题指明了解决方向吗？看来设置一些能体现弘扬正能量的门槛和条件符合上级相关部门的文件精神。

方向明了，事情就好办了，经几次商讨，一个申报认定工作方案和认定管理办法的文件初稿形成了。

2014 年 5 月，武夷岩茶（大红袍）制作技艺代表性传承人认定与管理实施办法，经市委常委会研究通过并正式实施。

会后，文体新局林局长悄悄与姜华耳语，为了一个文件，市政府开了五六次会，市委常委会又专题研究两次，市领导如此重视，他还是第一次碰到。

这个曾担任过乡镇纪委书记的领导，知道此次工作的难点和关注焦点是什么。他专门建议市纪委、监察委派人进入申报认定工作领导小组，全程监督。

第二批武夷岩茶制作技艺“非遗”传承人申报认定工作一启动，可忙坏了办公室负责申报工作的小张姑娘。

这天上午，她刚到办公室，门口已聚集了十多名等待报名的制茶师傅。小张不敢怠慢，紧张地忙碌起来。这时，一位年逾花甲的老汉在儿子的陪同下来到办公室，递交了申报材料。小张仔细审核后，发现老大爷缺了两项必备材料。询问后，老大爷说没有。因此小张婉拒了老大爷，说他不符合申报条件。老人请她通融一下，小张无奈地摇头说道：“没办法。”

老大爷一听，顿时焦躁冒火，口吐粗语。这时，前面有几个年轻人也因为违规开垦茶山或违章建设等原因，被审核认定为不符合申报条件，不能报名。他们心里窝着火，也跟着起哄指责起来。

小张是个刚参加工作不久的姑娘，性格开朗，说话如银铃般清脆好听。可连续几天对聚集的申报者进行报名审核，对每一位申报者都要耐心解释，她早已口干舌燥，相当疲惫，干哑的喉咙一开口就有撕裂般的疼痛感。面对眼前这些起哄指责的茶人，她理解他们因不符合规定被淘汰而产生的沮丧愤怒的心情。然而对于文件的规定，她无权变通，只能委屈地忍受着众人的指责，耐心小声地解释着，喉咙的干痛却使她无力多说什么。

“就让他们发泄一下牢骚吧，不愉快的情绪宣泄了，也许就好了。”她在心里这样安慰着自己。

没多久，这些怒火就烧到姜华这里来了。

一天，姜华办公室的电话响起。接通电话，传来一个熟悉的大茶企老板的声音，姜华知道，这大老板今天亲自打电话来，肯定有什么重要的事情要他协调。

果不其然，茶企业老板说他公司这次有两个人申报“非遗”传承人，可有一个初审没通过，原因是没有相应的资格证书，要姜华通融一下。可没容姜华解释几句，听筒那边已经传来很不耐烦的声音。那些粗声粗气的牢骚、质问，鱼贯似的窜入姜华的耳朵。

第二天，两个熟人来到姜华办公室，小声地告诉他说，他们昨天在那个茶企喝茶，老板当着他们的面发了一通牢骚。他们似乎在好心提醒姜华要灵活处理下。

此时，姜华好像忽然明白了什么。武夷岩茶（大红袍）制作技艺“非遗”传承人的申报认定工作，本属于文体新局主管负责，而文体新局不属于他的工作分管范围。按常理，此次申报认定评审领导小组组长应该是分管文体新局的市领导，可市委偏偏选定他这配角来担任主角，看来此事有点微妙。

然而，箭已出弦，不容更改。姜华心想，既然组织已如此安排，现在自己也只能尽心尽责完成好这项工作了。

话说这天幔亭茶厂聚集近百号人，原来是准备进行武夷岩茶（大红袍）制作技艺国家“非遗”传承人实际操作考核。参加实操考核的24位选手，是从众多报名者中经初审、复核挑选出来的，有点百里挑一的味道。他们也知道这次市里只选拔认定6位“非遗”传承人，机会来之不易，所以每个人都不敢大意松懈。

草坪上，评审委员会专家组组长刘国英在仔细检查实操考核前的每个环节和物质准备。他深知此次申报认定工作中制茶技艺实操考核的重要性，有不少人在关注，有许多双眼睛在盯着。因此，他不敢有一丝一毫的懈怠。

为确保这次实操考核的评判能够客观公正准确，他把24位选手随机编号，然后以抽签的形式安排在两个专家考评组里，要求每位评委按规定的评分标准独立客观地评分，并签上名字才有效。统计分值时，采取去掉一个最高分和一个最低分，取其余分数平均值评定的方法。

为便于选手有异议提出申诉时有档可查，他特地安排了两台摄像机，专门对实操全过程进行录制备档。能想到的细节，他都想了。临开考前，他又在脑海里捋了一遍，看有无缺漏。

上午9点，他宣布实操考核正式开始。

第一个考核的实操项目是传统岩茶制作技艺中的开青。开青，顾名思义就是把茶青叶子放在竹筛（即水筛）中均匀地散开，它主要分摇开和抖开。

这是一个看似简单，却很有讲究的动作。摇重了不行，易伤到茶青叶，影响做青品质，也会摇散到地下，不符合规范操作；摇轻了也不行，茶青叶不能均匀地散开，会影响凉青、萎凋的质量。

上场的 1 号选手是一个中年男子，短平头，小圆脸，面带笑容，一副轻松开心的神态。他把茶筐的茶青叶倒入茶青湖里。茶青湖是一个形如海碗的圆弧形竹筛，直径约 160 厘米，深约 40 厘米。他双手从茶青湖中捧出一把茶青叶放进开青的水筛后，两手一端一摇。可不知怎的，茶青叶不听他使唤，没有散开。他心里一急，两手用力一摇，茶青不散反而聚拢成一堆，一些茶青叶还从水筛的边沿掉落到茶青湖中。眼看开场不顺，中年男子笑容顿止，眉头紧锁。他加快加重连摇几下，茶青叶才勉强散开，可还是东一堆西一撮。他知道，这是不符合开青规范要求的。没办法，他脸色泛红苦笑了一下，放下水筛，用手摊平茶青，这让周围观看的人发出一阵哄笑。

第一个开场就出现如此状况，让一些原本对开青不以为意的选手开始紧张重视起来，有两个选手赶紧躲到厂房后面去练手。

第二位上场的选手是一位年已五十多岁的妇女，她短发齐耳，露出几缕银丝，身穿一件黑白条纹短袖，精气神十足。只见她不慌不忙地拿起六七个水筛，靠放在茶青湖右侧，然后捧一把茶青放入水筛中，轻轻摇晃两下，茶青叶就非常乖巧地均匀散开，整套动作干净利落。

几个评委也频频点头称赞“开得不错”。顿时，给这有些紧张压抑的考核现场，带来一阵轻松舒缓的气氛。

回春茶厂的张师傅是倒数第二个上场的，他的开青手法与众不同。只见他左手一抬高，右手一低倾，合力一抖，茶青就散开一边。接着，他右手一抬高，左手一低倾，合力又一抖，茶青又散开一边。看似轻松，却要用足手腕上的巧劲。旁边的评审专家告诉姜华，这是抖开，前面几位用的是摇开。

进入第二项摇青考核，轮到来自香江茶业公司的制茶师傅刘安心上场了。他十八岁就拜武夷山“老茶怪”之一李乐林为师，苦心学茶二十年，今天终于得到施展技艺的机会。只见他身穿一件黑色短袖T恤，面带微笑。随着主考官一声“开始”，他从容地用双手端起水筛，身腰微弓前倾，两手高低交替绕着弧形摇晃，茶青瞬间螺旋式匀速转动，整套动作行云流水、一气呵成。

9号选手刘德喜静静地观察着前面选手的考试操作。他出生于五夫镇一个偏僻的小山村，家里有十个兄弟姐妹，他排行第九。人口众多带来的沉重生活压力，使这个贫困的农村家庭更是经济窘迫。他小学都没读完，就在家帮助父母干农活。长年的辛劳，练就了他吃苦耐劳、不畏困难的精神。

一天，同村的刘保顺问他是否愿意出来学做茶。刘保顺是茶叶科班出身，在市茶业总公司工作。刘德喜一听，高兴得满口答应。他早想走出大山，学门技艺，以便将来可以养家糊口。就这样，他拜刘保顺为师，以后又拜刘国英为师。在两位制茶师父的精心传授下，他凭着吃苦耐劳的精神，终于学到一门制茶技艺。

市里这次公开选拔岩茶制作技艺“非遗”传承人，让他兴奋了好几天。他听说“非遗”传承人代表着制茶技艺最高水准，而且两位师父是首批“非遗”传承人，他好生羡慕，如今机会降临，他跃跃欲试。

当考完第一个开青项目后，他丝毫不敢松懈。在第二项摇青开考时，他就默默地在旁观看别人实操，总结他人的得失。尤其当2号选手刘安心考核结束后，他心里着实增加了点压力。但他也看到了临场发挥心态稳定的重要性，便长长呼了两口气，调整好情绪。

轮到刘德喜上场时，他显得很沉稳，没有一点慌乱，仿佛此时就在自己茶厂制茶一样。他两手熟练地端起水筛，先轻轻地摇动几下，后逐渐使力加重摇动。茶青叶在他双手的摇动下，轻轻悬浮于筛底呈螺旋状快速转动。一片片茶青叶你追我赶、上下翻飞，好似一群身穿绿衣裳的茶仙子飞动水袖，翩翩起舞，好看极了。让人似乎忘了这是在进行制茶技艺考核，仿佛是在欣赏一场舞蹈艺术表演，引得周围观看的选手一片喝彩。

这是静与动的结合，破与立的碰撞，是茶叶生命的延续和升华。

摇青是确保武夷岩茶优异品质的基础，是形成“绿叶红镶边”的关键环节。武夷山制茶先辈们总结了“看天做青，看青做青”的智慧经验。也就是说，制茶师傅要根据制茶时茶青的品种、采摘时间、天气等诸多因素，凭经验灵活掌握，没有一成不变的模式。因而，每位制茶师傅都很重视手工摇青的技艺。

姜华也曾到茶厂学过手工摇青，可笨拙的双手一端起水筛就不听使唤。僵硬的胳膊就像两根木棍夹着水筛在乱晃，怎么也摇不好，茶青叶旋转不起来，还散落满地。如今见到刘德喜师傅娴熟稳重的摇青手法，他赞叹不已。俗话说，台上一分钟，台下十年功。刘德喜师傅十多年勤学苦练的手艺，今天终于一展风采，成功赢得评委和观看选手的满堂喝彩。

功夫不负有心人，几天的实操考核下来，刘德喜以专业技能最高分的好成绩，成功夺得岩茶制作技艺专业考核项目的头魁。

接下来考核的是传统制茶技艺中的手工炒青揉捻。要求选手在一口230℃左右的高温铁锅里，徒手翻炒茶青四五分钟。炒茶师傅按压锅里茶青叶的力度和分寸要掌握得恰到好处。按重了，手指贴到铁锅会瞬间被烫伤；按轻了，茶青翻炒不匀，茶的品质会受到影响。这考的不仅是技艺，更是选手的胆气。真可谓是半天云里演杂技——艺高人胆大。

前面实操考核时，有几个年轻的选手就显得有点手忙脚乱，步伐不稳，翻炒不匀，锅台上、地面上都有掉落的茶青叶。有一个选手刚翻炒两下，听到铁锅里“噼里啪啦”的声响，见茶青冒出热腾腾的雾气，便慌忙地拉电闸熄火降温，看得大家忍不住想笑。

说话间，大坑口茶厂的苏德发上场，他是首批岩茶（大红袍）制作技艺国家“非遗”传承人苏炳溪老人的儿子，子承父业。

只见苏德发站在锅台边，先用手背隔空感受了下锅里的温度。当感觉到手背上有点灼热刺痛感时，他就知道此时温度已达到230℃左右了。只见他不慌不忙，双手抓起一把茶青，轻放进高温锅里，马步一站，挺直腰，背微弓，全神贯注，麻利地徒手按压住茶青，来回挪动、翻炒、抖散。热腾腾的雾气在手指间升起散开，他双掌后端并拢，有板有眼地翻炒着，锅台上、地面上干干净净，没有掉落的茶青叶。渐渐地，锅里冒出茶青香气，他迅速用双手捞起锅里的茶青叶放进助手准备的茶虏中。整套动作干净利落，没有一点拖泥带水。

身旁的评委王顺明老师和叶启桐老师告诉姜华，老苏这个炒青手法才是传统手工技艺中的规范操作。姜华偷偷瞄了一眼，几个评委都给老苏的这个环节打了较高的分。

几天岩茶（大红袍）制作技艺巅峰对决，比的是技艺娴熟，拼的是临场心态稳定，看得姜华是眼花缭乱、耳目一新。从这些参赛对决的选手身上，他看到了古代制茶先辈的智慧光芒，也看到了现今茶人传承的匠心精神，正是这种精神，才使得岩茶（大红袍）制作技艺生生不息、代代相传。

岩茶（大红袍）制作技艺四个项目，现场实操考评全部结束，最后一个环节是参赛选手口述每个项目技艺的技术要领。姜华想，这基本是一道送分题，自己刚才怎么做的就怎么说，没什么难的。但没想到还真是考倒了不少人，让他大跌眼镜。

首先进考场的小伙子，刚坐在考场椅子上，就显得局促不安，不停地左右张望，额头上还微微冒汗，还没说上两句，就结结巴巴，停顿半天说不出话来。评委专家组组长刘国英见状，与评委商量后，让选手先退出考室，出去放松平复下情绪，等下再来考。

接下来几位选手，面对着眼前一排的评委专家，有几个人不知道是真答不上来，还是不由自主地紧张，在口述技术要领时，不是要点不突出，拖泥带水，就是漏项缺项，语无伦次。

刘组长不断安慰着几位选手："不要紧张，就把我们这些人当作你的学生，你是怎么教他们做茶的就怎么教我们。"

结果还是有几位选手表述不畅，丢三忘四。第一个因紧张出去休息的选手，重新回到考室后，刚说了两个技术要领，后面两个又结结巴巴说不清楚。小伙子喉咙口不停地发出"咯吱"的声响。他想掩饰下内心的焦虑，结果还是不如人意，只好面带羞涩地站起来，惨淡地笑笑，退出考场。

此情此景，使姜华想起这项工作刚启动时的那场激烈争论会。如果说当时有些人不理解为什么在传承人申报认定的条件中要设置文化水平和相关证书，那么眼前的考试应该能说明一些原因了。

传承人不仅要掌握这项技艺，而且要传承这项文化，新时代的传承人更应与时俱进，只有这样才能将优秀传统文化传承创新，发扬光大。

一场茶界关注、众人瞩目的岩茶（大红袍）制作技艺最高水准的巅峰对决，就在几天激烈的比拼中落下了帷幕，选手水平高低终见分晓。姜华也暗暗松了口气，心想此项工作基本大功告成了。

然而，接下来发生的事却是波澜曲折，令人伤神费力。

一天，姜华正在政府会议室开会，忽然手机响了，新上任不久的市委马书记叫姜华会后到他办公室去一下。

马书记的办公室在三楼，姜华推门而进，见会客室沙发上正坐着一个熟悉的年轻人。一个多月前，姜华在幔亭茶厂岩茶制作技艺“非遗”传承人的实操考核中见过他。

前不久，文体新局林局长就向姜华汇报过，自从电视台公示了第二批岩茶（大红袍）制作技艺国家“非遗”传承人前七位候选人的名单和考评总分数后，就时常有人来申诉和反映问题。

有两三个没进入前六名的人，对自己的专业实操评分有异议，眼前的这位年轻人就是其中一个。当林局长把录制存档的视频调出来给他们看时，申诉者的怨气、怒气基本上就消散了许多。俗话说，不怕不识货，就怕货比货，和那些优胜者相比，他们看到了自己的差距。

此时，姜华见这个年轻人坐在沙发上，心里已猜到七八分。

当岩茶（大红袍）制作技艺国家“非遗”传承人考评总分第一次公布后，姜华的电话和办公室就没有清静过。

有一次，天心村参与选拔的老陈师傅急急忙忙地来到姜华办公室，一见面就说道：“领导，这次要帮下忙啊。”

老陈师傅两年前在政府制作岩茶国家标准实物样时，给予了制作工作很大的支持，为此姜华还专程登门致谢过。如今这么着急找他帮忙是为什么事呢？

姜华一了解，原来老陈师傅有一项茶叶评比奖励分，评审委员会审核后认为没达到市委文件规定要求，决定不予采纳加分。老陈师傅感到委屈，来找姜华协调。了解情况后，姜华也只能再给他详细解释一遍。他那项茶叶评比奖是甘肃省的一个茶叶协会评比的。该奖项不符合市委文件规定的条件，只能请他谅解。

老陈师傅软磨硬泡了半天，见毫无效果，只能悻悻离开，看得出他离开时有点伤感和不悦。

老陈师傅前脚刚走，后脚某茶厂的张师傅和他妻子就进来了。夫妻俩一进门就急切地询问，前不久他们提出的个人申诉情况是否已得到核实。张师傅上次向评审委员会反映，他在个人成就奖、茶叶评比奖、诚信等五个方面的评分有漏项误项，使他的总分位列第七名，名落孙山。

一周后，评审委员会对张师傅的申诉事项逐项调查核实，结果采信了四项，否决了一项。复核后，张师傅的总分为 86.86 分，位列第六名，从名落孙山变成榜上有名，他好不欢喜。

回到正题，马书记见姜华进来，用手指着会客室里坐在沙发上的年轻人说道：“姜副市长，你把他反映的问题调查核实解决一下。”

年轻人申诉，他在第一次考核成绩公布时是第六名，怎么第二次公布时变成第八名，落榜了？他找到评审委员会咨询，反馈是有人反映他的诚信茶企荣誉弄虚作假，被取消奖励分 2 分。

“姜副市长，第一次召开诚信茶企成立大会，我有参加，还和大家合影了。怎么说我弄虚作假呢？”年轻人一脸委屈，愤懑地向姜华诉起苦来。

姜华宽慰了他几句，当即打电话给市诚信茶企协会周会长核实。原来诚信茶企是采取茶企业自愿申报入会，再由市里组织相关部门审查考核的方式认定。对符合条件的茶企业，协会才授予“诚信茶企”的证书和牌匾。了解完情况后，姜华问年轻人：“你有诚信茶企协会授予的证书和牌匾吗？”

“没有。”

“那你参加会议后，没有走申报考核程序吗？”

“没有。”

怎么会这样呢？姜华把获批诚信茶企的资格和条件及相关申报考核程序给年轻人做了一番细致解释。

年轻人听后，懊恼万分：“唉，我那天有事，所以开会中途离场了。原以为到场开会合了影就是诚信茶企了。”

年轻人知道自己做错了，怨不得别人。他脸色微微泛红，用羞愧懊恼的目光望着马书记和姜华说道：“是我弄错了，申诉到今天为止，出了门我就不说了。”

从榜上有名到名落孙山，喜与悲的跌宕起伏，悦与恼的折磨交替，使年轻人有些黯然失神。看他垂头丧气地离开办公室，姜华心里也暗暗替他惋惜。

2015 年 11 月中旬，在凯捷茶城广场，第九届海峡两岸茶博会民间斗茶赛的舞台上，有 6 个人特别引人注目。刘德喜、刘安心、詹仕权、周启富、苏德发、张回春等 6 位制茶师傅，在历时近两年的岩茶（大红袍）制作技艺国家“非遗”传承人申报考核评比中，过关斩将，脱颖而出，荣获了第二批岩茶（大红袍）制作技艺国家“非遗”传承人称号。这荣誉来之不易，这称号的获得过程十分艰辛，这是对他们几十年匠心制茶的最好回报。

舞台上 6 个人身披鲜红的绶带，脸上洋溢着幸福自豪的微笑。当他们从市委马书记、市政府徐市长手中接过那金黄色的牌匾时，激动万分，双手高举着牌匾在头上不停地摇晃，胜利者的喜悦溢于言表。

随着礼炮声响起，彩带腾空飞舞，台下是一片赞誉声和欢呼声。羡慕的目光，犹如万顷波涛把台上 6 位“非遗”传承人推向幸福的巅峰。

“这次政府评定武夷岩茶（大红袍）制作技艺国家‘非遗’传承人还算公平公正。”台下几个年轻人一边鼓掌，一边亲切地交谈着。

第二批武夷岩茶（大红袍）制作技艺国家“非遗”传承人的成功评选，极大地激励了武夷山年轻制茶人学习传统技艺的兴趣和热情。

2020 年 5 月 21 日，国际茶日。在这个具有特殊纪念意义的日子里，武夷山文体旅局和武夷山茶产业发展中心联合举办了一场别开生

面的纪念活动。

这天上午，春光融融，绿草芳香。在香江茗苑四楼会议大厅里，人头攒动，热闹非凡。高大宽敞的会议大厅正中间摆放着16套红色古式茶几、茶椅，16位武夷岩茶（大红袍）制作技艺国家“非遗”传承人身穿酒红色对襟短袖衫、酒红色裤子，在司仪的导引下，整齐列队，面对着舞台正中央金黄色绸缎罩着的香案，虔诚肃立，手捧高香，朝香案上端坐的茶神雕像躬身作揖，齐拜祖师。这是传承人对祖师的敬重，对先辈的敬仰致谢。礼毕，他们回到各自的茶椅上，正襟危坐，神态庄重。

随着古乐奏响，会议厅高高的大门缓缓打开，48位身穿浅灰色和粉红色对襟短袖衫的男女青年传承者分为两列，每人捧着一卷拜师帖，仪表端庄，步履轻缓，小步进入大厅。此时的他们，已没有了世俗的繁闹和浮躁，只有一颗宁静虔诚的心。他们要在这神圣的大厅里，向自己尊敬的传承人投下拜师帖，明心立志做个好茶人。

一位眉清目秀、脸廓饱满的年轻传承人兴奋地走上台，代表48位年轻制茶后辈，激情满怀地宣读了拜师帖：“久慕师父武夷岩茶制作技艺超群，德艺高尚……愿执弟子之礼，谨遵师教，团结同道，刻苦钻研，传承通备技艺，弘扬武夷文化，爱心兴茶，光大武夷。”

刘德喜这个刚入选第二批武夷岩茶（大红袍）制作技艺国家“非遗”传承人的制茶大师，此时也端坐在茶椅上，感慨万千，心潮澎湃。想当年，自己也是在师父的精心传授下，不断成长。今天能坐上这把拜师椅，收徒传业，他从心里无限感激师父，同时也情不自禁地生出传承的责任心。尽心尽责、尽其所能是武夷岩茶传统制作技艺代代相传、生生不息的关键所在。

48位年轻传承者手执拜师帖，恭恭敬敬地站立在自己投拜的师父面前，双手高捧，躬身向师父敬帖，再躬身向师父三敬茶。

刘德喜和众师父一样，庄重接过三个徒弟敬上来的拜师帖和香茶，轻抿一口，欣慰地放下茶杯，拜师收徒仪式就在这一敬一捧、一端一抿中完成了。它唤醒了传统的记忆，诠释了传承的精髓。

事后，姜华碰到武夷岩茶（大红袍）传统技艺制茶拜师仪式的创意者和组织者，文体旅局的邓局长，饶有兴趣地问道：“你们怎么会想到组织那场拜师仪式？”

她撩了下垂搭在耳边的秀发，皓齿微露，沉思了一会儿，深有感触地说：“传承人是武夷茶文化的重要载体，传承者是传承人延续的纽带。传承者传承的不仅仅是师父的技艺，更是尊师敬老、匠心制茶的传统茶文化。只有一代代薪火相传，传承创新，武夷茶文化才会发扬光大。”

姜华从心里真心为这位热爱武夷茶文化的女局长点赞。

前不久，姜华去看望“非遗”传承人苏德发。他儿子小苏，一位三十多岁的年轻茶人，是市里第二批传承者之一。小苏送来了一泡茶，开汤一泡，幽香四溢。姜华端杯细品，滋味饱满，冲撞力强，满口生津。他情不自禁地脱口而出：“好茶！”一瞧茶泡袋，标有“三代传承”。

老苏瞧姜华若有所思的样子，意味深长地说：“我从父辈身上传承了制茶技艺和吃苦耐劳、认真严谨的精神。如今，我又把这些技艺和精神传承给儿子。这泡茶就是为了纪念我们祖孙三代匠心制茶而专门取的名字——三代传承。”

老苏的父亲苏炳溪，是天心村一位老实巴交的老茶人，也是首批武夷岩茶（大红袍）制作技艺国家“非遗”传承人中年龄最大的一位。老人身材矮小，性格倔强，做茶极为认真严谨，一生热爱茶叶，八十多岁高龄时还会到制茶车间里转悠，指导年轻人制茶。

老人做茶一辈子，离世后没有留给子孙万贯家财，只留给子孙一门制茶技艺和吃苦耐劳、认真严谨的匠心精神。每当老苏聊起父亲时，乌黑的双眸里饱含着深深的怀念和无限的崇敬，黝黑粗糙的脸上总是洋溢着满满的幸福与自豪感。

老苏说，他十六岁时，父亲就带他学制茶。当年家里经济困难，大米不够吃时就用地瓜凑，所以他长得身材瘦小。春茶采摘时，天刚蒙蒙亮，父亲就叫他起床一同进山。他背着一个半人多高的茶篓，走在悬崖峭壁的羊肠小道上，心里害怕极了，双腿忍不住地发抖，要是一不小心摔倒掉下山崖，那不死也要落下残疾。

晨曦初照，他到了茶山，父亲又把每畦茶叶都仔细查看一遍并做了记号。他好奇地说了几句话，被父亲狠狠瞪了一眼。他当时被父亲严厉的目光吓蒙了，不知是怎么回事。等父亲用手里的秤杆指了身旁的几畦茶叶后，他便跟随着几个采茶工开始采茶。过了一会儿，身旁的采茶工悄悄告诉他，带山师傅看山时我们是不能说话的，会冲撞了山神，要挨骂受罚的。只有在带山师傅用秤杆指了茶叶，示意可以开始采茶后才能说话。

他跟着身旁的采茶工学采茶，从里到外、从下到上地采摘茶叶。等采完这片茶山茶叶，父亲过来验收开称，发现他的茶篓里有两支“鸡腿”茶叶，当场训斥了几句，并要扣罚他的工钱。

“鸡腿”茶叶是武夷山茶人对老梗茶叶的俗称。短老梗的茶叶称“鸡腿”，长老梗的茶叶称“马腿”。如果把老梗茶叶混杂在好的茶青中，在手工摇青时，老梗茶叶就会挂在水筛上摇不起来，进而影响茶的品质。

当年传统做茶的师傅分带山师傅、做青师傅、焙火师傅。老苏的父亲想培养儿子熟练掌握全部做茶技艺，因此白天带他上山，晚上叫他到厂里学做茶。有一次做青时，他劳累得体力不支，疲倦困乏得倒地睡着了，被父亲发现后挨了狠狠一顿揍。父亲语重心长地说：“做茶不吃苦、不认真，就做不出好茶。”

父亲这句话一直铭刻在老苏心里，也激励鞭策了他一辈子，如今他又把这句话传授给儿子。

这是多么好的“三代传承”。古有孟母断机教子，而今我们的制茶先辈们言传身教，制茶技艺代代相传。从老苏身上，姜华看到了武夷茶人生生不息的匠心精神。

技艺的传承只是有形的物质存在，而精神的传承才是无形的宝贵财富。精神永远在激励、唤醒和鼓舞着后面的人。当年政府组织的武夷岩茶（大红袍）制作技艺国家“非遗”传承人的选拔赛，其宗旨不就是传承精神吗？姜华由衷地为老苏感到高兴。

千载儒释道，万古山水茶。有着千年璀璨茶文化的武夷山，一批批“非遗”传承人和传承者在此传道授业，匠心制茶。他们把传承的灵魂倾注于一杯茶汤中，滋味甘醇，香飘五洲。

第十四章

茶博会终于『脱拐』前行

2020 年 11 月 16 日，第十四届海峡两岸茶业博览会在中国茶旅小镇新建的“武夷会展”馆隆重开幕。

（武夷山新闻视频截图）

2017 年 4 月 27 日，武夷山市行政服务中心交易拍卖大厅热闹非凡，多家公司为争夺海峡两岸茶博会第二轮战略合作运营权展开了激烈角逐。

海峡两岸茶博会良好的发展态势，吸引了全国八家有实力的专业会展公司前来竞拍。这是一场实力的较量，智慧的考验，信心的比拼。

经过第一轮竞争性磋商，其中六家参拍公司被淘汰，无奈出局。第二轮角逐就剩下深圳华巨臣公司和厦门一家会展公司。

深圳华巨臣公司是一家筹办茶展的专业会展公司，并获得过国际展览联盟认证，是当年国内唯一获得该认证的茶展企业，在全国 20 多个城市举办过茶博会，而且是海峡两岸茶博会第一轮五年运营的合作商。厦门的这家会展公司则长期与农业部合作举办大型会展，有着丰富的会展经验，实力也不可小觑。而且这次厦门会展公司的董事长、总经理、总监三位高管一起出马坐镇武夷山，大有志在必得之势。

两家竞标公司可谓是旗鼓相当，各有所长，运营权最终花落谁家还是个未知数，拍卖大厅里大家都在焦急地观望等待。

政府有偿服务竞标，说白了就是政府花钱买服务，通过竞标方式用最少的钱买到最优质的服务。此次茶博会战略合作五年标的上限额度为每年 80 万元，五年共计 400 万元。

厦门的会展公司一举惊人，异乎寻常地直接报价，五年有偿服务费每年 1 元钱，五年共计 5 元钱。

“哇——”竞拍厅里的观众发出一声长长的惊呼。

“一年只要 1 元服务费，这公司不是白替政府打工吗?”

惊呼声，赞叹声，唏嘘声，疑问声，在拍卖大厅此起彼伏。

看来这茶博会第二轮战略合作运营权的中标者非他莫属了，观众席上有人在低声议论，厦门会展公司三位高管也隐隐露出会心胜利的微笑。

就在人们准备为厦门会展公司鼓掌庆贺时，一个令人意想不到、匪夷所思的戏剧性变化出现了。

一个令人瞠目结舌，低得不能再低的报价惊现在竞拍会主持人手中。

这是竞拍会主持人从没见过的低价标，他唯恐自己看错，特地叫工作人员上去验证一下。“没错呀!”工作人员看了两遍。确定无误后，竞拍会主持人兴奋地提高嗓门，特意拉长了清脆高昂的声调，报出“深圳华巨臣实业有限公司报价，每年 1 分钱，五年合作期有偿服务费共计 5 分钱”。

霎时间，全场人员目瞪口呆，半晌没回过神来，会场出现了短暂的沉默，大家还不敢确信这是真的。

按照政府有偿服务招标采购规定，竞拍者报价不能为零，更不能是负值，否则就视为无效标。

看来深圳华巨臣公司是认真仔细地研究了拍卖规则，背水一战，直接报了一个有效的极限低价，打得对手措手不及。

最后，主持竞拍的专家评审组组长根据技术评分、商务评分、报价得分三个因素，综合得分结果，激动地宣布:“海峡两岸茶博会第二轮五年战略合作运营权，由深圳华巨臣实业有限公司中标。”

顿时，拍卖大厅里掌声雷动，全场人员欢呼雀跃，情绪亢奋。欢呼声、叫好声响彻大厅，大家为华巨臣实业有限公司鼓掌，为他们的实力与智慧鼓掌，为他们的勇气与自信鼓掌。

当日，中华茶人网、搜狐网等众多媒体竞相报道或转载新闻“海峡两岸茶博会第二轮战略合作运营权 1 分钱中标”。

事后，市政府采购中心刘主任意味深长地对姜华说:“1 分钱中标，这是武夷山市政府公开招标以来最经典的一次招标。”

俗话说，台上一分钟，台下十年功。姜华深知创造经典背后的智慧与艰辛。它虽然是偶然，但偶然中却有着必然。这一经典的成就是十年茶博会品牌影响力的沉淀积累和探索市场化运营成效的回馈，是武夷山茶产业的厚积薄发。

深圳华巨臣集团杨总裁当年曾经高兴地评说:“武夷山海峡两岸茶博会，专业茶展总规模在全国位列第四名，县级城市和原产地举办规模是全国第一名。”

一天，姜华正在机关食堂吃饭，忽然，旁边一位领导满脸疑惑地问：“姜副，会展公司每年只收1分钱服务费，那他们靠什么赚钱？他们肯定是不会为政府无偿打工的。”

姜华心想有这个疑问的肯定不止他一人，于是回答：“会展业发展成熟了，会展公司赚钱的方式主要是靠良好的专业性服务让展会产生经济效益，从而吸引大批客商前来参展，展位费和广告费就是他们的主要盈利点。”

这时一个曾分管过财政的老领导插话：“海峡两岸茶博会刚开始几届是行政办展，政府花了不少钱扶持，茶博会开始探索市场化运作后才慢慢减轻政府财政压力，如今这局面很是喜人呀！”

老领导的一番话开启了姜华的记忆闸门，他静思往事，历历在目。

2010年春节假期结束，头天上班，姜华就被通知参加市委召开的第四届海峡两岸茶业博览会筹备工作会。据说本届茶博会省里决定由武夷山市独立承办。

海峡两岸茶博会全称为福建省海峡两岸茶业博览会，是由福建省人民政府和农业部、国台办等七个部委，以及台湾农会等五个茶业协会组织共同主办，全省十七个厅局和地市人民政府协办的茶业盛会。前三届茶博会是泉州、武夷山、宁德轮流举办，第四届茶博会举办地重返武夷山。

有的说这是新一轮巡回办展的开始，也有的说省里想改变办展方式，固定在一个地方举办。为此，省内几个产茶大市都在暗中较劲，想争取举办权。这无形中给本就万众瞩目的茶博会添加了几分压力和悬念。

听完姜华的汇报和其他领导的发言，市委书记深思熟虑地说道：“武夷山承办本届茶博会，要突出生态特色，讲好茶故事。来个节会一体、以节带会、以会促节。”真是一语中的，说得大家频频点头。

他继续补充：“武夷山是茶旅城市，我们要把茶博会办成一个茶旅文化节，让整个城市茶香四溢、活泼动感，形成一个欢乐的茶城。”

入夏以来，武夷山发生了一场百年难遇的大洪灾。繁忙、紧张的抗洪抢险、生产自救工作压得人们透不过气来。姜华作为分管农业农村工作的领导更是忙碌得疲惫不堪。

仲夏之夜，银盘高挂，静谧的夜空宛如一个巨大的摇篮。忙碌、劳累了一天的人们，伴随着习习凉风，早已在摇篮中宁静、舒适地入睡。

姜华却躺在床上久久难以入眠，辗转反侧得腰背肌肉都酸痛起来。不知道自己这种半睡半醒的状态持续了多久，也不记得这已是第几次起床了。他起身开灯，随手拿过床头柜上的笔记本，用笔记下几行刚才突发奇想形成的茶博会工作要点，不然天亮起床后又忘记了。年纪大了，加上工作上的压力，姜华老觉得自己近期得了健忘症。明天周一是茶博会筹备工作组开例会的日子，他要在会上进行部署安排，这种半夜醒来随手记事的习惯不知不觉已持续几个月时间了。

进入9月，茶博会筹备工作就进入了紧张的倒计时。面对首次独立承办这么一场嘉宾如云、客商如织的大型茶业盛会的艰巨任务，每个工作组的负责人都打起十二分精神，不敢有丝毫懈怠。

第一次接手独立承办这么大的茶业盛会，谁也不熟悉，谁也没经验，一切都得从头学起。

越是临近茶博会开幕时间，姜华越是食不知味、夜不能寐，感到自己似乎被一团乱麻裹住。丝丝线线、千头万绪的缠绕，压迫得他有点窒息，惴惴不安。

周一下午的工作例会，和往常一样紧张有序、热闹激烈。

“姜副市长，现在展位安排是件麻烦事。”说这话的是展览展销组陈副组长，一位勤奋、务实的局领导。

“怎么啦?”

“参展商都争着要主展馆高尔夫会展中心的展位，次展馆茶博园馆没人愿意去。而高尔夫会展中心的参展商又争着要主通道上为数不多的好展位。这几天上下各方领导来说情、打招呼，甚至施压，电话都快打爆了。”陈副组长一脸的无奈和怨气。

“哇，你们展览展销组这下吃香了，美差呀！”有人半真半假地开起玩笑。

会场传出一阵窃窃私语。

“来打招呼的都是些部门或领导，我们也不好拒绝。”见大家不以为意，陈副组长急了，“要不，帮我调换一个组，这美差另请高明人来做。”

会场上没人接话。

说归说，笑归笑，可大伙心里都清楚，这是个老鼠钻风箱——两头受气的差事。

陈副组长继续说：“还有武夷山的本地茶企业，也争着要高尔夫会展中心展位。100多家茶企争夺40多个展位，僧多粥少，不好分配呀。不少茶企开始发牢骚说：‘自家门口办茶博会，都进不去参展，干脆不要办。’”

茶博办衷主任悄悄与姜华耳语：“听说这几个晚上，展览展销组为安排展位的事，争论到深夜十一二点。”

姜华心里明白，参展企业争着要主展馆和主通道的好展位，就是为了有更多机会争取客户和商机，提高企业的知名度，这种心情可以理解。可高尔夫会展中心是突击抢建的非标准展馆，资源有限，要满足全部企业所需肯定是有难度的。

目前这种以行政为主导的办展模式在资源配置有限的情况下，出现行政干预似乎不可避免，问题是现在怎么来化解这个矛盾。

茶博办衷主任说：“原则上展务方案已切块分配给各设区市的展位不能变，否则一变准乱。至于哪个茶企安排在主通道上，由他们自己定，我们不管。”

“放任不管也不行，那样会出现杂乱无序的情况，主通道展馆毕竟关系到展会形象。”有人担心地提出异议。

姜华认真听取大家意见，思考了一番说：“你们展览展销组可以研究一个展馆形象设计布置方案下发各地。你们负责审核把关。对于武夷山茶企要多做宣传，茶人要有茶叶的包容性，我们要创造各种优惠环境，吸引全国各地茶商来武夷山参展，自娱自乐的展会是没有生命力的。‘缘聚武夷、茶和天下’是海峡两岸茶博会的宗旨。本地参展茶企可以由茶业局按年纳税贡献大小，依次按名额分配安排。”

“这个办法可行。”会上大家点头赞许。

一波刚平，一波又起。

嘉宾组小吴紧接着发言：“现在报名要来参加茶博会的行政嘉宾人数有增无减。近期电话、信函邀约需求雪花似的飘来，我们又不好推辞。可照这样下去，财政招待经费要大大超出预算。”

小吴的一席话，使姜华想起前不久市里召开的一个专题会上，负责嘉宾组的一个处级领导满腹怨气地说：“上级有一个茶业协会，不仅协会30多号人马全部参加，还要求武夷山向他们指定的对象发出邀请函。粗略统计，这个茶协会共邀约70多人参加茶博会。”

“哇，这么多人呀！如果每个部门都跟样，那武夷山的酒店都住不下了。”姜华心里寻思，这有点像老家农村吃清明的感觉。

市里主要领导听后，一脸愠色说：“行政嘉宾要尽量严格控制，要多邀请一些客商，尤其是重要的采购商来参加茶博会。”

武夷山是著名茶乡，又是旅游胜地。四天的茶博会免费接待，有谁不想来呢！可他们之中，又有几个人会去考虑茶博会主办方的财政支出压力和实际效益呢？可作为东道主，武夷山就不得不去考量权衡，要在现实与未来、形象与效益、关系与商机中权衡得失。这里如何把握好适度与适时就显得尤为重要。

姜华心里明白，武夷山首次独立承办茶博会，需要各方领导和部门的关心支持，尤其是在今年这个关系到今后海峡两岸茶博会举办地花落谁家的关键时刻，不能一招不慎，满盘皆输。

唉！又是一个上下两难、左右难办的问题。

“这样吧，行政来宾实行报备审批制。上级部门邀请的行政来宾报上级市政府办审批，武夷山市邀请的来宾报茶博办审批。从严掌握，减少多头邀请、多头指挥乱象。”姜华继续说，“报备审批制度由我来与上级领导协调。”

话是说出来了，可自己心里也没底，上级领导会同意他的想法吗？管他呢，走一步算一步，尽力而为吧。

接下来，后勤保障组、宣传组、安全保卫组等七个专项活动组逐个发言提问，商议对策。每周的工作例会就是这样紧张而繁忙。

这是临考前的忙碌，也是大战在即的紧张。

离茶博会正式开始还剩六天时间，姜华和茶博会的工作人员把办公室前移到三姑酒店，有点靠前指挥的味道。

这天，姜华率领茶博会筹备办相关人员来到高尔夫会展中心，检查参展商的布馆、消防和防盗安全等工作。

步入高尔夫会展中心，平日高大空旷的展厅，此时已成为沸腾热闹的加工厂。展厅入口处，满载货物的卡车川流不息，装卸工人往来穿梭于各个展馆。各展馆前，工人锯、刨、吊、钉、钻十八般兵器齐上阵。尖利的锯声，沉闷的刨声，刺耳的钻声，嘈杂的人声，充斥着展厅的各个角落，如同一首昂扬向上、催人奋进的劳动交响曲。

会展中心正门前的大厅，几家大企业的参展馆已初显容貌。有的豪华大气，有的简洁雅致，有的时尚科技，真可谓别具一格、各展风姿，尽显大企风范。

忽然，大厅左侧有几个人在吵吵嚷嚷，争论不休，展览展销组陈副组长在耐心地解释着什么。

“那边出了什么事，我们过去看看！”姜华对身边的几个人说。

“姜副市长，你看都这时候了，他们还提出要调整展位。”一照面，陈副组长就十分不悦地对姜华诉苦。

眼前一个八九十平方米的空地上，散落着一些木板、木条及未拆封的包裹，两个工作人员还在喋喋不休地争辩。

原来这个特装馆展位里有一根圆支柱，影响了展馆形象美观。工作人员向市里汇报后，市领导要求他们找组委会调换展位。

姜华对那两个工作人员说：“请打通你说的市领导电话，我来给他解释。”

不一会儿，工作人员手机递过来：“我们市委陈秘书长电话。”

“你好，我是茶博会筹备组，你们有什么问题需要我们帮忙协调解决吗？”

“你们怎么把我们市的展馆位置安排在大柱子边上，就不能想办法调换一个好点的地方吗？”

看来外地这个陈秘书长还没到高尔夫会展中心实地看过，姜华耐心地解释道：“我们高尔夫会展中心是临时搭建的钢结构展馆，展厅不够标准规范，空间跨度大，展馆内有几十根大圆支柱，展位碰到柱子是难免的。”

“茶博会期间会有许多领导到我市展馆视察品茶，到时候领导责怪下来，谁来承担责任？”

“我们正是考虑到贵市的特殊性，所以把贵市展位分配在展厅正门主通道左侧，方便领导视察品茶。至于那根圆柱，你们可以巧妙设计处理下，形象也不会差。”姜华继续解释。

“那不行，如果你们不调换展位，所有责任由你们承担。明年茶博会我市也就不去参加了。”手机那头传来陈秘书长盛气凌人、震耳欲聋的训斥声。

顿时，姜华耐心散尽，一股焦躁火苗突突地直撞胸口，怎么压也按压不下去。

近一段时间的劳累已使他身心疲惫，胸闷烦躁，医生说是肝火太旺。首次负责茶博会筹备工作，采取的又是一个以行政为主导的运作模式，每天要应对各式各样、不同层面的行政指挥、干预、批评、责怪，还不能反驳否定，他已心力交瘁，忍无可忍。

如今，碰到这么一个官不大脾气不小、蛮横无理的人，他压抑许久的烦躁心情似乎找到发泄出口，一下沸腾起来，像山洪暴发奔腾宣泄而出。“你这领导怎么这么不讲理。我告诉你，海峡两岸茶博会是福建省人民政府主办的，而不是武夷山主办的，你们明年来不来是你们的事，不用和我说。”说完，姜华用劲狠狠地摁下手机键。

事后，茶博办几个人员说：“领导，你那天怎么发那么大火，脸色难看得吓人。”

“唉！真是江山易改本性难移，我这急躁的臭脾气怎么都改不了。”姜华自知刚才的行为错了，无奈地摇摇头笑笑。

幔亭招宴是武夷山传说中历史最悠久的宴席。相传秦始皇二年中秋，武夷君、皇太姥和魏王子骞等武夷十三仙在武夷山幔亭峰顶设彩屋、幔亭数百间，大宴乡民，仙凡高聚，幔亭招宴由此而得名。

近年来，武夷山市政府大力挖掘茶旅文化元素，将幔亭招宴作为市里重要的接待欢迎宴席。南平市茶博会嘉宾接待组张组长决定将幔亭招宴作为本届茶博会开幕式的欢迎晚宴，这天姜华随同张组长等人审查晚宴程序并试菜。

红绸布、红辣椒、红灯笼、红喜烛，宴会厅一片喜庆祥和的氛围。弹奏古乐、捧“敬亲茶”、挥毫献名、烧洞点卯、敬燃喜烛、抬米缸酒、开启封坛、鸣锣开宴，环环相扣，庄重典雅。冷碟出、热菜上，色香味样样俱全，乡土美食道道精美。

试菜结束，张组长与众人商讨拟订出席欢迎晚宴人员名单，可上增下减、左调右补，折腾了半天，人员名单还是难以确定。

“唉，这样不行，照这样排下去，500 人都收不了场，酒店宴会厅也容纳不下。”张组长左右为难，望着众人长吁了一声说道，“大家有什么好办法?”

“是不好办，参会的嘉宾谁都想来参加欢迎晚宴，吃饭事小，露脸争面子事大。”有人叹息说。

“都是领导、大老板，减了谁都得罪人呀!”有人附和道。

“控制总人数，除去上级刚性重要领导人数，其余的按类别切块分配名额，具体人员由他们自己定，我们不管。”姜华建议道。

“有道理。”张组长欣然同意，“你们按姜副市长意见试拟订下名单看看。”

经过近一个小时的斟酌推敲商讨，欢迎晚宴人员名单终于定稿。

张组长是个心思细腻、工作充满激情的女领导，常说接待工作无小事，这一点在她身上得到完美诠释。

夜已深，喧哗热闹的高尔夫酒店安静了许多，参加茶博会报到的嘉宾兴奋忙碌了一天，也大都早早安歇。可此时酒店 311 房间的灯光依旧明亮，武夷山嘉宾组四五个工作人员还在忙着第二天早上开幕式的准备工作。有两位女同志眼皮直打架，嘴里不停地打哈欠，手中还在不停地折叠席卡。

“怎么还不休息，没忙完吗?”姜华见状问道。

“在等上级领导审定明天早上的开幕式和主席台嘉宾的站台方案。”市委办小梁一脸倦态，无奈地回答道。

姜华抬腕瞧了下时间，已近深夜12点。

嘉宾站台方案看似是小事，却相当重要，某种程度上显示出来宾身份的尊贵，相当一部分人很看重这点，看来办公室的同志又要忙到大半夜了。

凌晨1点半，姜华接到南平市杨副市长电话，得悉第二天上午的开幕式和嘉宾站台方案已经上级领导审阅同意，嘉宾组人员正在紧张准备。

清晨7点，姜华又接到他的电话通知，领导临时对上午开幕式方案做了调整，将原定的四人手触球形式改为八人推杆形式。

放下电话，姜华很无奈，只觉辛苦了嘉宾组的同志们。

一场来之不易的茶博会，让武夷山全市都动了起来，忙了起来。“五加二，白加黑”，加班加点，不计名利地奉献，无怨无悔地付出，大家只有一个信念——当好东道主，办好茶博会。政府推动、行政主导机制的强大优势，此时得以充分发挥与展示。

11月16日上午9点08分，第四届海峡两岸茶业博览会暨武夷山茶节在高尔夫会展中心广场前隆重举行。全国政协一位副主席宣布开幕。

展馆内，观众川流不息、熙熙攘攘，茶香满堂，座无虚席；展馆外，人潮涌动、欢声笑语，九曲巡游，国际禅茶节、重走晋商万里茶路、品牌高峰论坛等十多场活动纷纷亮相。武夷山俨然已变成一个欢乐的茶城。

会后，省政府的一位领导在接受媒体采访时表示：“武夷山的茶，具有悠久的历史。武夷山能将整个生态环境、茶产业、茶文化与旅游结合起来，所以将茶博会永久落户武夷山最为适宜。”他宣布从此海峡两岸茶业博览会将永久落户武夷山市。

消息传出，南平市和武夷山市上下沸腾，全市欢庆。

“总算没有白忙活。”这是胜利后的喜悦，是大家见面时说得最多的一句问候语，一句发自肺腑的感慨。

接下来的几届茶博会，武夷山继续运用着驾轻就熟的行政办展运营模式推动展会前行。海峡两岸茶博会在业界的知名度、美誉度迅速提高，人们已习惯称其为“武夷山茶博会”。

随着海峡两岸茶博会知名度的逐步升高，行政办展大包大揽的弊端开始凸显，组委会经费支出逐年增大，财政实力本就不强的武夷山市渐渐感到压力倍增。

四天的茶博会热闹非凡，赚足了人气。可四天后它能对茶旅产业的发展起到多少实质性推动作用？行政主导的办展模式引导人们关注的焦点是什么？财政统包运营的展会模式能走多远？这一连串的问题引发了武夷山市领导的深思。

姜华作为茶博会筹备工作的主要执行者，察觉到近两届茶博会上有实力的优质参展企业在逐年减少，专业买家、采购商数量正逐年下降，而无关紧要的行政来宾却逐年增多，只赚吆喝不赚钱的茶博会能有生命力吗？

2012 年武夷山市委、市政府决定探索社会化办展、企业化管理的运作模式。经多方调研考察、综合平衡，决定引进深圳华巨臣实业有限公司作为茶博会的战略合作伙伴。这一改革想法得到上级领导首肯，南平市海峡两岸茶博会组委会副主任、市政府分管杨副市长更是全力支持。

杨副市长是一位援藏六年归来的领导，雪域高原的寒风练就了他吃苦耐劳、务实能干的工作作风，黝黑粗糙的脸庞总是给人留下沉稳、干练、憨厚、坚毅的印象。

记得两年前，武夷山市刚接手独立承办海峡两岸茶博会时，为能招到参展商，杨副市长亲自带领茶博会筹备组人员去几个产茶大市招商引资，耐心倾听各种诉求、协调解决各种问题已成为筹备组工作的家常便饭。

一次，一个产茶大市的茶业协会会长提出，要把他们市参展的五十多家茶企业展位都安排在高尔夫主馆的主通道中，同时对那些展馆装饰好的企业还要给予一定的资金补助。见茶博会筹备组人员没吱声，末了，他丢下一句不软不硬的话：“如果这事没协调好，这次茶博会有点难办，很多企业可能都不愿去参展。”

面对这两项要求，茶博会筹备组人员心里都知道无法答应。高尔夫主展馆的展位分配都是先按照维持区域平衡，向重点产茶地倾斜，统筹兼顾各方的原则制定展位分配方案，后上报省茶博会组委会批准执行。

大范围调整改变，那可是牵一发而动全身的大事，如果擅自进行，弄不好就会“按下葫芦起了瓢”，全乱了套。至于展位装潢补助更是无法应许，此口一开，那茶博会承办方的财政支出将大大超出预算。此时筹备组人员真是宠了媳妇得罪娘——上下两难，左右为难。

这种有求于人的行政招商是酸甜苦辣咸，五味杂陈，不是一个“累”字所能涵盖得了的。

杨副市长一听说第六届茶博会准备市场化运作，高兴得立马就带领筹备组人员到深圳考察。之前，他也是被行政招商的困窘折腾得有苦难言，一直在思考如何突破行政招商的短板，如何用市场这只手来招到好商。

深圳华巨臣实业有限公司是一家专业经营各种大型展会的公司。茶博会、酒博会、珠宝展是公司三大核心会展业务。尤其是茶博会，当时他们已在全国十多个城市策划举办，实行专业茶叶代理经销、加盟、投资一站式交易平台服务，拥有专业买家资源 50 多万个，是公司的核心竞争力。

华巨臣公司杨总经理犹豫不决地对姜华说：“武夷山茶博会规模体量不大，展会的硬件配套设施也不完善，企业运营成本较大，市场化运作有难度。”看来市场化不是说做就能做的。

姜华想起前不久，在政府一次专题研讨会上，有的领导说，展会既然实行市场化运作，政府就可以放手不管，由企业自己办。也有领导提出，展会既然实行企业化管理，那企业每年就要上缴点利润给财政。

姜华对这两种“一刀切”的观点都不赞同，并进行了分析阐述：“武夷山目前的展会设施很不健全也不配套，企业一下子要完全独立进行市场化运作有难度。政府为企业创造良好的外部环境是职责所在。政府这个‘拐杖’现在还不能脱，不能因为探索市场化运作，就当甩手掌柜。武夷山会展经济的市场还没培育成熟就叫企业上缴利润更是不现实。一分为二辩证地看问题是马克思主义哲学的精髓，我们现在只能创造优质环境，帮扶企业尽早实现市场化运作。”

面对杨总经理的疑虑，姜华还是鼓励道：“武夷山拥有世界‘双遗产’地、著名旅游胜地、著名茶文化艺术之乡等多项金字品牌。企业只要能在这里发展，前景就一定可观。这三届海峡两岸茶博会的举办反响就是一个很好的例证。”

杨总经理笑而不语。

姜华继续说：“杨总，您担心的配套设施等外部条件，市政府正在制定发展会展经济的一系列优惠政策，近几年就会逐步完善。政府和企业优势互补，强强联合，海峡两岸茶博会一定会办成国内一流、国际有影响力的盛会。”

精诚所至，金石为开，杨总经理终于点头表态。

2012 年 10 月，武夷山市政府与深圳华巨臣实业有限公司正式签订战略合作协议，合作期五年。

从此，每年一届的茶博会筹备工作例会上，多了一个行政体制外的独立部门——武夷山海峡国际会展公司，这是深圳华巨臣公司专门在武夷山成立的会展公司。它的加入，使武夷山茶博会犹如一潭静止不动、已无生机的湖水被春风吹拂，荡起层层涟漪，活力与生机在动荡中延伸扩展。

有偿服务、成本核算、投入与产出比、市场交易额、参展商与采购商比值，这些往届被筹备组人员忽视的专业术语，不知不觉地在茶博会筹备工作例会上频频出现。市场经济效益比重逐渐增大，运营机制的转变是理念的更新。

展位改无偿使用为有偿销售，使没实力蹭热度的参展企业望而止步。

好展位要卖好价格，使行政干预，企业找关系、打招呼的现象销声匿迹。

行政来宾限额控制，超额自费，提高了来宾的含金量。

增加采购商，优选参展商，使展会商机无限，产销共赢。

专业媒体加盟，广告植入，使展会财政性支出逐渐减少。

“这几届茶博会，我们的耳根子清净了许多。”这是市场化运作以来，展览展销组陈副组长对姜华说得最多的一句话。

姜华自己也深有同感。自从实行会展公司专业化管理以来，再也没有接到各种打招呼说人情的电话，更不要说听那些盛气凌人的埋怨和责怪了，一切都按市场经济规矩办。

然而，事物的发展并不总是一帆风顺。

一天，茶博办袁主任告诉姜华，会展公司和各组工作衔接出现矛盾：“展览展销组说还要考虑些政治影响，台湾馆展位目前不能收费。”

“采购商如要增加，按采购商与参展商 8∶1 的最低比值要求，目前一下子难以做到。”后勤保障组说道，财政增加经费有限。

“增加专业媒体，我们难把控。”宣传组说。

“主街道广场增加广告量很难审批。”相关部门说，“领导交代要讲政治，不能太商业化。”

……

行政管理的惯性思维，正与悄然而来的市场化运作机制发生强烈的磨合、碰撞。变与不变、适应与不适应均在博弈。市场经济这只无形之手，好似一个外科医师，正在慢慢医治长久以来行政体制管理的弊病。

泓林大酒店位于三姑度假区，是一家准五星级酒店。第九届海峡两岸茶博会 VIP 采购商正下榻于此，岩茶主题品茗会晚 8 时正在酒店大厅热闹举行。

台上美女古筝、纤指妙弹，古乐和鸣。台下茶席 20 余张，座无虚席，品茶论价，一派繁忙景象。倚墙而立的桌台上，摆放着各家茶企生产的岩茶，品种繁多，明码实价。生产商与销售商零距离接触，促发了无限商机，一个澳大利亚的采购商当场洽谈了 20 多万元的采购意向。

类似泓林大酒店的红茶、白茶、普洱、绿茶等各种茗茶专场主题品鉴会，茶博会期间每天都在采购商下榻的酒店举行。这是近几届茶博会中会展公司为采购商量身定制的“三百活动”（入百个茶村、走百个茶企、进百个茶店）。据粗略统计，每届茶博会的专场主题品鉴会洽谈采购意向达400多万元。

传承人和制茶大师的岩茶品鉴会更是“人气爆棚”。网络报名人数不到一小时就已超额，只好关闭网络。然而品鉴会当天，传承人、制茶大师的品茶室还是出乎意料地人满为患，里三层外三层，站满了采购商与茶客。许多人自带品茗杯来蹭茶，他们说：“听大师讲茶，蹭一杯好茶，品一下岩骨花香，是莫大的愉悦和幸福。”

采购商，这个活跃于市场的主角，陡然间已成为茶博会最受欢迎的主要贵宾。市场化运作以来，海峡两岸茶博会采购商从1000家增加到7000多家，其中VIP采购商与参展商的比从0.64∶1上升到7.4∶1。

“爆单”，一个不曾听说过的术语，在第九届茶博会现场多次出现。

“咦，这是怎么回事，才开馆一天多，这两个包装企业馆就收摊了？”一次姜华到次展馆凯捷展馆巡馆后，对随行的会展公司经理提出疑问。经理满脸笑容，掩饰不住内心的兴奋说道：“这两家包装企业开馆第一天就成功签约了一年的生产量。他们说爆单了，现在要赶快回去立即安排生产。”

姜华忽然想起中午和两个宜兴紫砂壶参展企业的老板聚餐。他们也是简单用膳后，就匆忙赶回展馆，说：“昨天展馆摆的几十件紫砂壶，开馆那天就被采购商统包采购，约定今天下午来收货。”

当初华巨臣公司杨总经理曾对姜华说：“当采购商和参展商的比达到8∶1时，展会商机就大，市场交易就会活跃。”这句话如今看来是有道理的。

一天，茶博办衷主任向姜华汇报：“据客商反映，会展公司的客商接待标准有‘走水’现象。”

“怎么回事？”姜华急忙询问。

“接待酒店低标高报，餐饮标准也大打折扣。茶博办准备成立一个专门监督组，针对客商接待酒店开展明察暗访，并对会展公司的工作进行考评，最后按查处的错误率处罚会展公司。”

衷主任曾负责过市政府接待工作，熟悉业务，且心细，责任心强。

企业追求利润最大化并没有错，但前提是不能损害茶博会的品牌形象。古人云：“君子爱财，取之有道。”

在第九届茶博会的开幕式上，主席台巨大的主背景板上的一行字吸引了不少嘉宾关注的目光，背景板上除往届主办、协办固定单位名称外，在协办单位名称里新增了一个“某某公司”。

上级部门一位老领导惊讶地问姜华：“你们怎么敢把企业名称标在这么高规格的茶博会主背景板上？”

老领导的担忧不无道理。

记得海峡两岸茶博会刚落地武夷山初期，有一届茶博会开幕前的傍晚，一位上级领导视察高尔夫会展中心后，发现正对面酒店的顶层立着闽南一家茶企的巨幅商业广告牌，十分抢眼，顿时十分恼怒地责问道：“这么严肃的开幕式现场怎么能有商业广告？马上拆了！”

姜华意味深长地对老领导说：“时异事殊呀！”

2015 年，福建省政府退出海峡两岸茶博会主办单位，变更为南平市人民政府主办，武夷山市晋级为承办单位。晋级的好处就是武夷山有了更多的自主决策权，而姜华又是一个给点阳光就灿烂的人。于是，茶博办适时加大了市场化运作力度，推出企业赞助资金 100 万元以上可列入茶博会协办单位、赞助 100 万元以下的可视情况酌情安排专项活动的冠名或协办的举措。

广告作为市场经济的重要载体和表现形式，历经几年的磨合，终于登上海峡两岸茶博会的大雅之堂，大到协办单位、活动冠名，小到旗杆、幕墙、信函、证卡，广告无处不在。它不仅激活了展会经济，而且转变了行政管理者的观念。

2016 年第十届海峡两岸茶博会上，一场别开生面的专场活动——“厅长市长推介茶”吸引了众多媒体的关注。

平日里严肃的行政领导此时都放下身段，当起热心、专业的茶叶推销员，并且还有模有样。近三个小时的推介宣传，400 多家采购商参加。现场交易十分活跃，会议大厅的电子屏幕上不停地闪烁着变动的意向采购数额，最后以现场采购意向 5.2 亿元圆满收官。这项活动轰动一时，还上了中央电视台一套《新闻联播》节目。

忽如一夜春风来，千树万树梨花开。市场经济的活力宛如春回大地，催促着海峡两岸茶博会生机盎然、欣欣向荣。

“姜副，可以呀！茶博会运营权‘一分钱中标’的新闻都上了网络热搜榜。”

食堂里忽然响起一声愉悦的叫嚷声，把姜华从往事的长河中牵上了岸。

刚进门的宣传部部长饭还没盛，就笑容满面、兴奋不已地嚷开了。

“网络上评价如何？”在这信息爆炸的时代，姜华很怕出什么名，往往物极必反，事与愿违。

“不错！基本上是满满的正面表扬。”

海峡两岸茶博会历经十年的探索磨合，渐渐步入一个政府引导、市场主导、政企优势互补的良性发展轨道。其知名度、美誉度、品牌效应，一跃进入全国专业会展的前列。

台湾农会的欧主任欣喜地跟姜华说：“台湾方面，大家一谈到茶博会，就会想到武夷山茶博会。”

台湾省茶商业同业公会联合会的游理事长由衷地告诉媒体：“在中国办的这么多场次的茶博会，只有在福建武夷山办的规模是较大的，而且在同业方面，也是茶业里最专业的。”

海峡国际会展公司自从第二轮运营权中标后，在管理服务专业化方面更上心了，招好商、招大商、招满商已成为公司的首要任务。2016 年当年茶博会 1230 个标准展位招商首次提前半个月全部落实到位。接下来几年，更是顺风顺水。

茶博会的市场化运营日趋成熟，然而在大伙正想松口气时，新的问题又接踵而至。

11 月初，一个产茶大县的包装协会会长一行人找到茶博办。该会长一进门就迫不及待地说：“上届茶博会，我们包装协会就想要 200 个标准展位，可预订迟了，只拿到 40 多个展位。今年我们提前近一个月预订展位，反馈还是‘没有’。现在想请组委会帮忙想想办法解决点展位。”会长情真意切，脸上流露出期盼、恳切的神情。

姜华很理解会长此时的心情，这几天接二连三地处理这类事。要知道这在过去是不可能出现的情况。以前行政办展时，他们是外出上门招商，满脸堆笑还招不到好商。

记得 2008 年南平市筹备第二届海峡两岸茶博会期间，市里组织招商考察团到台湾考察调研，姜华发现团队里有一个南平市政府办的领导，他也是茶博会筹备办负责人。他每到一个地方就到茶叶店里去询问茶叶的价格和产量。当时姜华很纳闷不解，问他为什么要这样做，他摇摇头苦笑着说：“茶博会组委会已决定给台湾地区参展商免除展位费，并免除吃住费用。可台湾客商还不满意，提出要组委会承诺兜底购买参展交易后剩余的茶叶。”

姜华惊讶地反问道：“还有这种事啊？”他说：“现在是我们有求于人，台商不来参加，那海峡两岸茶博会不就成了独角戏。我这次出来考察调研，也就是想找个解决方案供领导决策参考。”

时过境迁，今非昔比。十年过去了，如今海峡两岸茶博会是客商找上门还要不到展位，台商花钱买展位也供不应求。真是三十年河东，三十年河西呀！

姜华望着会长焦急的目光，询问会展公司谢经理：“有解决的办法吗？”

谢经理身材瘦高，举止温文尔雅，长形小脸上有双总是透着诚实、闪动着智慧光芒的眼睛，全身上下透着潮汕人特有的精明强干。经过五六年茶博会的历练，他已成为一个专业、成熟、稳重的公司领导。他仔细地思索了下说：“目前要想再扩增展位，就只有停掉次展馆凯捷馆的表演区舞台建设，改建标准展位。另外，我们再最大限度地优化下展馆通道布局，这样可能扩增 20 多个标准展位。”

姜华和茶博办衷主任商量后点头赞许。

包装协会会长一听诉求解决了，喜出望外，连声道谢，高兴地离开了。

“领导，如今茶博会最突出的矛盾是展位满足不了需求，这个瓶颈问题如不尽快解决，将制约茶博会今后的发展壮大。”

茶博办衷主任的忧虑不无道理，她已连续七八年负责茶博会具体工作，亲眼见证了茶博会的发展壮大。就近几届茶博会的举办情况来看，展务方案优化了再优化，展位数增加 10%，而且招商落位时间都比以往提早了两个月，可还是一位难求。如果不未雨绸缪，那将来茶博会的进一步发展就会受阻。

这位为茶博会倾注多年心血的女领导，用武夷山人热爱家乡、喜爱岩茶的特有情怀和强烈的事业心、责任感，精心呵护着茶博会的成长。

2020年，经过三年多的努力，一个由南平市和武夷山市共同投资9亿元、建筑面积11.2万平方米的新展馆——武夷会展，在武夷山茶旅小镇正式落成。

2020年年初，姜华已退休。11月，在第十四届海峡两岸茶博会举办期间，他特意来到新展馆武夷会展看看。只见展馆高大宽敞，雄伟壮观，白墙红瓦，挑梁挂柱，独具武夷建筑风格和特色，典雅、秀气、简洁、灵动。屋顶好似翘首仰天的竹筏，载着武夷茶人的梦想乘风破浪前行。

在展馆一层大厅，姜华遇到海峡国际会展公司的谢经理。他掩饰不住内心的激动，兴奋地说个不停：“姜副市长，本届茶博会又是大丰收，1800个标准展位，比上届增加了35%，811家参展商，8000多家采购商，三项指标均创海峡两岸茶博会历史之最。”

梁天雄摄

“市场效益如何?”姜华问道。

谢经理喜笑颜开:“展位费比上一届提高了50%,展位还是供不应求。茶博会期间意向采购交易额达73.77亿元。其中,现场交易额2.47亿元。”

真是一组令人欢欣鼓舞、心情舒畅的数据。

政府的作用是超越市场,引导市场发展。美国经济学家阿瑟·刘易斯认为:“政府的失败,既可能是由于它们做得太少,也可能是由于它们做得太多。”这多与少的平衡,应由每个经济的实践者亲自去探索、把握、总结。但有一点是肯定的,在中国特色社会主义市场经济的转型变革中,政府的职能就是从直接干预转向间接调控,用“有形之手”保障“无形之手”。这转型变革之路的探索永无止境。

离开展馆,姜华看到草坪上一个刚学会走路的儿童,正踉踉跄跄、跌跌撞撞地往前冲。父母没有再为孩子保驾护航,而是不断用掌声、笑声给予鼓励。

姜华若有所思,想到了海峡两岸茶博会这十多年来走过的坎坎坷坷、风风雨雨,想到了政府这么多年精心呵护其成长,如今它终于能“脱拐”前行,心中甚感欣慰。

正如鲁迅先生所说:“其实地上本没有路,走的人多了,也便成了路。”

2008年11月16日第二届海峡两岸茶业博览会暨武夷山旅游节在武夷山隆重举办

江书华摄

第十五章

小人物，大情怀

2021 年 11 月“朱子杯”斗茶赛上，王小明（中）在专家组进行茶样评审。

（王小明供图）

武夷山的茶企业中，近90%为小茶企、小作坊。人们口中的茶老板，其实也就是一个小茶农。王小明，就是武夷山岩茶核心产区天心村的一个小茶农，四十多岁，貌不惊人，业不足齿数，在众人眼中就是一个小人物。他和武夷山许多普通的茶农一样，恪守本分，把诚实、低调、守业作为为人处世的信条。

一个偶然的机缘让姜华和小明相识了，一来二去，他们就成了相熟相知的茶友。

2016年6月，姜华因工作关系调离了武夷山，与他见面的次数明显减少。有一次他忽听武夷山一个朋友说，小明近年来茶叶生意做得很不错，新买了一辆豪车奔驰S450，言语中充满了羡慕与赞赏。姜华不以为意，揶揄了一句："又买豪车臭显摆。"

临近2023年春节的一天，姜华在星村镇一个朋友的茶厂内喝茶，又听人说，小明2022年成了全市茶企业纳税前50名的纳税大户。姜华心里为之一振，一丝欣慰愉悦掠过心头。他知道，2022年全市大大小小的茶企业有7000多家，纳税能进入前50名，那可是千里挑一的荣誉了。而姜华以前所熟悉的小明的企业，充其量也就是个小茶企业，年纳税不到1万元。短短几年的时间，竟发展得如此之快，着实让姜华深感意外。他决定抽空专程去看望下小明。

2023年初春的一天，姜华邀约了三四个茶友，来到天心村角亭安置小区内小明的茶厂喝茶。

天心村角亭安置小区在武夷山三姑度假区的东北角，依山傍水，景色宜人，里面居住的都是因景区世遗二期改造项目而搬迁的茶农。

1996年，武夷山市开始申报世界自然遗产与文化遗产。在当时各项申报条件都十分难满足的情况下，武夷山市委、市政府以"就是砸锅卖铁也要申报世遗成功"的雄伟气概和胆魄，贷巨资，将景区大山里分散居住的7个自然村组、400多户、2000多位村民搬迁到景区外。该举措为武夷山市成功申报世界"双遗产"地奠定了基础。当年那些蜗居在崇山峻岭、悬崖沟壑里的大山农民，积极响应政府的号召，举家迁出大山，扎根于新村。小明一家就是居住在新村的一百来户搬迁者之一。

小车沿着宽敞整洁的村庄道路穿行。姜华已有很长时间没来三姑角亭新村了，村貌焕然一新，还真有点让他找不着北。

一幢幢装修高档的别墅和绿荫庭院在车窗外闪过。现代豪华式、古朴典雅式，建筑风格迥然不同，各具特色。但所有高楼深宅都有一个相同之处，那就是在房屋最显眼的地方，都竖立着一块“某某茶厂”“某某茶业公司”的商业广告牌，五颜六色，炫目耀眼。每当夜幕降临，华灯初上，这里流光溢彩，茶香四溢，满庭笑语回荡在繁星点点的夜空，分外迷人，令人舒心惬意。

轿车左拐右转，在新村南侧一幢仿徽派建筑的五层高楼前停住。白墙青瓦，挑檐挂柱，简洁大气，舒适典雅，这就是小明的茶厂。

小明的茶厂是一幢集生产、生活、休闲功能于一体的楼房。一楼生产制茶，二楼品茶办公，三楼、四楼生活起居，五楼仓储。这也是角亭安置小区内大多数茶企业的标配结构。

姜华一行人穿过一个盆景叠立、花草芳香、流水潺潺的小庭院，刚进入厂门，就被一丝绵长醇厚的岩茶炭香所陶醉。小明说，这两天他正在忙着为山东一个客户炭焙一道茶叶。

二楼有三间品茶室，大、中、小各有其用，装饰布置雅致，环境舒适宜人，颇有特色。

他们来到一间雅室坐下。只见室内咖啡色的茶桌、太师椅，油光锃亮，端庄大气，线条简洁、流畅。一条朱红色的茶巾铺展在茶桌中央，茶巾上的兰、梅图案，将茶桌衬托得更显雅致。两个可爱的福娃和水果茶宠各置一方，妙然成趣。右侧依墙而立的弧形博古架上摆放着各式各样、大小不一的紫砂壶，有褐色的石瓢、朱红色的西施、黄色的供春，令人眼花缭乱、爱不释手。墙角处的一盆兰花，纤枝碧叶，亭亭玉立，淡黄色的花瓣散发出沁人心脾的幽香。他们刚入座，一种静心品茗的渴望油然而生。可谓是“茶香远古游人醉，饮室闲情逸致开”。

面对这熟悉而又陌生的茶室，姜华不禁思绪万千，十多年前的往事，像过山车似的在脑海中飞驰，历历在目。

那还是2008年初夏，一个外地朋友托姜华买两斤正宗的大红袍茶叶。那时，他初到茶乡不久，对茶叶的鉴识才刚入门，为了不辜负朋友的期望，买到优质实惠的正宗大红袍茶叶，他叫司机小李帮忙引荐去熟人那儿买茶。在小李的带领下，他们来到了天心村小明家。

这是一幢火柴盒式的老旧砖混楼房，房屋建筑已有些年头。外墙立面脱落了许多，裸露的砖土上遍布被雨水冲刷的道道伤痕，门外堆放着一些杂乱农具。在小李的急切喊叫声中，十几分钟后一楼厅堂的大门才缓缓打开，走出一个瘦高个、小平头、长条脸、小眼睛、皮肤糙黑的年轻人。他揉着惺忪的眼睛，满脸倦态，看来是还没睡醒就被小李的喊声叫起。

第一次带领导到朋友家就遇到如此尴尬的情景，小李脸上有点挂不住，嗔怪道："都 10 点多了还睡懒觉，昨晚肯定又去泡吧唱歌了吧？"

年轻人神色愧疚，不置可否，只是"嘿嘿"地干笑两声，掩饰过去。

那几年，武夷岩茶在市场上刚开始走俏，茶农好似范进中举——喜疯了。很多人赚得盆满钵满。有了钱，腰杆都直了，说话中气十足，建新房、买豪车，潇洒自如。年轻人纵情享受现代生活，酒桌欢聚、舞厅泡吧成为时尚。

年轻人急匆匆地开门迎客，推开厅堂中间的摩托车，把他们引到东侧的一个品茶间，手忙脚乱地移开茶桌上摆放的杂物，抹净尘土。他们这才坐在一个根雕茶盘上喝茶。

听小李介绍才知道，年轻人叫王小明，是天心村佛国岩村民小组的茶农。虽已成家，但还未立业，只是和哥哥在父亲的帮持下租了一个厂房做茶。种茶制茶卖茶叶是这三个家庭养家致富的主要生计。

小明拿出两款制茶工艺不同的大红袍茶叶，开泡品茗。他不善言语，也不懂如何引领客人品饮茶，只是低头冲泡，偶尔"嘿嘿"笑几声呼应。倒是司机小李热情熟练地为姜华讲茶，听了他的建议，姜华买了两斤轻火且香气好的大红袍茶叶。

没多久，朋友来电大加赞赏说："茶叶品质不错，工艺也较好，是价廉物美的好茶。"他叫姜华再帮忙买几斤。但也给了姜华一些建议，包装没档次、缺乏美感，和大红袍品牌的知名度、美誉度不相匹配，建议加以改进。

说来也是，刚从岩茶市场低谷困境中走出来的茶农们，只希望早赚钱、赚快钱，哪有心思去研究什么品牌包装、形象设计。山里人没见过什么世面，一下搞不懂，也没太多精力和实力去弄懂。

有一次，姜华带了三个客人到小明的茶厂喝茶。客人中有一位将军，为做好接待，姜华特地提前半天通知小明做好准备。

没想到，当姜华走进他家茶室时，顿时眉头紧锁，怒气升腾。只见茶盘上，茶杯东立西放，杯中残汤未净，茶渍遍流。茶桶中残留的茶叶、果皮、烟蒂堆满一摞。茶几上丢弃着一堆散乱的扑克牌，空气中还散发着呛鼻的烟草味。看来提早通知他准备也是盲人点灯——白费蜡。

事后，小明诚惶诚恐地向姜华道歉解释："那天几个朋友在茶室喝茶玩牌，正在兴头上，我不好意思叫他们走。"

姜华很严厉地批评了他："一个年轻人只想到玩，是成不了大事的，玩物丧志。一个企业不懂得品牌形象经营，这个企业也是没有前途的。"

自从那次接待后，姜华有很长一段时间没去小明的茶厂，似乎有种恨铁不成钢的感觉。

事过两年，有一天，姜华应邀到星村镇一个茶叶农民专业合作社做讲座，讲座的内容是"浅谈武夷山茶叶营销中应注意的几个问题"。这个专业合作社是黄村一位叫黄正华的茶农创办的，他自己的茶企业慢慢壮大后，看到村里不少茶农还是小作坊单打独斗，没办法闯市场，所以就牵头组织 120 户茶农，创办了一个农民专业合作社，抱团取暖。

几十年的基层工作经验告诉姜华，要想转变农民的思想观念和思维方式，仅靠高谈阔论、讲大道理是没什么效果的。最行之有效的方法，就是用农民身边的人讲身边的事，用身边的事教育身边的人。这样农民才能看得见，摸得着，听得懂，学得到。

姜华将自己这么多年率领茶企业走南闯北搞茶旅营销、参加会展而观察总结的武夷山茶叶营销中存在的十个问题进行剖析，并用生动鲜活的事例、通俗的语言，深入浅出地做了个专题讲座。都说农民最讨厌领导上台做报告，说得累，听得烦，不一会儿就拍拍屁股离了场。然而令姜华惊诧的是，这场两个多小时的讲座，没有一个茶农离席。看来专业合作社的茶农，还是给了他一点面子。

姜华瞥了台下一眼。忽然，一个熟悉的脸孔跃入眼帘，小平头、小眼睛、长条脸。小明！他怎么也跑几十公里路到隔壁乡镇来听课了？在姜华的印象中，他可是一个固执己见，有些自傲自负的年轻人。

记得有次姜华和几个茶友在他的茶厂喝茶，茶友觉得他的两泡茶苦涩感太强，评价是制茶工艺有缺陷。他很不服气，振振有词地辩解道："我这两泡茶用的是正岩山场的茶青，正岩茶都有苦涩感，不苦不涩不是好茶。"

茶友笑笑，没与他争辩。姜华当初不是很懂茶，就带着这疑问，先后多次请教制茶大师和制茶"非遗"传承人。他们的共同观点是，岩茶如果茶汤苦涩感强，久化不开，就说明制茶工艺有缺陷。形成苦涩感的原因很多，如采摘的茶青太嫩，雨天做青没做好，水没有走透或焙火没焙好，等等。姜华二盘商似的把学来的知识倒转给小明。他听后没吱声，嘟着嘴，看他那神情，姜华想可能他心里还是不服气。

就是这么一个执拗倔强的人，今天也会主动跑来听讲座，这真是太阳打西边出来了。

下了课，姜华和小明交谈，才得知在他父亲去世后，兄弟俩分家立业了。他分到 100 多亩茶山，独自在角亭安置地建了一个茶厂，生活的重担让他沉稳了许多。

俗话说，不当家不知柴米油盐贵。眼瞅着兄长和周围邻里伙伴的茶叶生意做得红红火火，而自己还在原地踏步，他的内心焦急万分，好似猴屁股扎蒺藜——坐立不安。

在一个夜深人静的晚上，小明独自坐在房屋的阳台上，喝着茶、抽着烟，遥望星空。品茶、品味、品人生，他想了很多，从未有过的挫败感深深扎痛了他那颗玩世不恭、混日子的心。他意识到，为了这个家，为了自己的前途，该是奋起直追的时候了。

2015 年，小明的一个好朋友，省农业厅一位处长来电话说，省农业厅有一个乡村振兴帮扶项目，计划选拔组织一些农村青年和企业家去福建农林大学学习经济管理，学制三年。这真是正瞌睡送来了枕头——正是时候。他经过努力，争取到了学习机会。

三年的大学学习，他仿佛久旱逢甘霖，学得特别用功。为弥补自己初中文化底子薄的不足，他在省城买了很多课外书看。遇到不懂的知识，他就以茶为媒向人讨教。茶不仅有养生功效，还具有交友魅力。两个陌生人常因茶结缘，相识相知。茶中遇知己，无声却有情。

有一次，小明听说省农业厅的那个处长朋友要来武夷山开会，便急忙拿着书本找他，晚上硬是厚着脸皮，挤到他下榻的酒店房间合睡一屋，虚心讨教了两夜。处长虽然觉得有些烦，可内心还是很欣赏佩服小明这股学习的倔强劲，笑说："锲而不舍，金石可镂。孺子可教也!"

功夫不负有心人。三年后，小明如愿以偿，拿到福建农林大学经济管理专业毕业证书。毕业晚宴上，他喝醉了，醉得很开心，醉得很放松。

学成归来，小明变了很多，糙黑的脸上多了些谦和的笑容，执拗的眼神中多了些自信和从容，闲暇之时也多了些秉烛夜读的习惯。

此时，姜华想到家乡山里的春笋，历经夏干、秋燥、冬寒的磨砺，被一夜春雨催出土来，无论上面顶着多么重的石块，春笋都能奋发向上，破土而出。

2017 年，小明得到一个消息，南平市人社局职称改革领导小组准备开展第三届制茶工程师职称考试。他动心了，想再次提升自己。一天做茶时，他悄悄问姜华："能不能帮忙引荐一下，让我到某岩茶制作技艺国家'非遗'传承人的茶厂里学几天做茶?"当姜华知道他的用意后，乐意玉成其事，帮了他这个忙。常说机会往往是留给有准备的人，小明又顺利获得了南平市制茶工程师职称证书。

没多久，办公室里一个同事小吴找到小明，说他山东一个朋友想买些高档岩茶作为礼品，还特别强调要单价 6000 元以上的茶叶。中国人送礼都好个面子，似乎只买贵的不买对的。

当年，武夷山当地茶企业，茶叶出厂价每斤能卖6000元以上的那可是顶级岩茶了，闻名茶界的“牛肉”“马肉”也不过就这个价。过了几天，小明拿了五六个茶样给小吴，价格最高每斤4000元，最低每斤1000元，工艺有轻火、中火、足火。小明建议小吴先把茶样寄给对方，看哪款茶适合他，只有适合的才是好茶。

姜华知道后疑惑地问小明：“人家不是叫你选单价6000元以上的茶叶吗？你怎么都选些价格不到6000元的茶叶呢？”

小明微微一笑说道：“我了解了一下，烟台那地方喝岩茶的人还不多，他们更喜欢香气好、口感淡些的茶，重香不求味，而价格高的岩茶往往都是滋味厚重、重味求香。他们目前可能一下子适应不了这口感，别到时候人家花了高价钱，没达到好效果，甚至适得其反，给人说闲话，那就不好了。”

小明一席话，让姜华耳目一新，刮目相看。他变了，变得大气、周全、仔细，也更加诚实守信。眼看到手的钱他不赚，却还在为消费者考虑。古人云，君子爱财，取之有道。如今他也有了些君子之风。

果不其然，过了几天，同事小吴聊天时说，小明挑选的那几款4000元左右的茶叶，外地朋友喝了说有锅巴味，口感太重，喝不习惯，还是喜欢那款最便宜的大红袍茶，买了点作为礼茶送出去，反应很好。小吴还把小明选茶的故事告诉了山东的朋友，对方听了很是感动，连声说：“难得，难得！诚信可嘉。”以后两三年，小吴山东的朋友每年都从小明茶厂购买100斤大红袍茶。

2017年年初，武夷山市政府首次开展茶叶评审专家申报考试录取工作，名额有限。消息传出，茶人纷纷跃跃欲试。虽然这次所遴选的茶叶评审专家只是地方人才，可它代表的是官方认可。有了这个资格证书，那就是一个名正言顺、名副其实的专家了，以后不仅能经常风风光光地参加各种茶事活动，提高自己的专业素养，而且能借此平台广结人脉，展示宣传自我。因而几天时间内，报考人数就达几百人。

正式开考的那天，观战的人在考室外扎成了堆。市茶业局聘请了省农业厅、省茶科所等知名重量级茶叶评审专家任考官。考试采取现场盲评五泡茶的形式，考生要在规定时间内，在不知底的情况下，当场评审出这五泡茶是什么茶，并对茶的品质进行鉴定。

据说有几位武夷山茶界小有名气的大师和传承人，临考时忽然放弃考试，不禁引发众人猜测。姜华想更多的原因，可能是他们怕万一马失前蹄，考场判断有误，传出去会失去面子，也有损当下的名气，为保险起见，还是选择不参加考试。真是应了武夷山茶圈里流传的一句话："新手怕熟手，熟手怕高手，高手怕失手。"

考试结束的第二天，小明给姜华打了个电话。电话那头传来他喜滋滋的声音，说他考试通过，等近期公示结束，没什么其他问题，就能正式成为武夷山茶叶评审专家。

姜华也替他高兴，全市这次评审专家考试共有几百人参加，正式录取的才 33 人，又是一个百里挑一、来之不易的荣誉。

2018 年秋，姜华参加省外一个茶博会。随行的茶博办同事告诉姜华："小明这次也参展了，还做了个简单的特装馆。"

乍一听，姜华还不相信，将信将疑地问："哪个小明？"要知道武夷山姜华熟悉的茶人中，叫小明的有四五个。

同事回答："角亭御茗茶厂的王小明呀！"

姜华一时有点蒙。

记得 2013 年年底，小明兴奋地给姜华来了个电话说，他刚刚买了一部豪车宝马 X5，言语之中充满了欣喜和自豪。

放下电话，姜华怎么也高兴不起来，心里五味杂陈，说不出什么感觉。

小明的茶厂当初也就是个艰难创业的小企业，年生产茶叶只有七八千斤，年底还库存积压，有近一半卖不出去。

武夷山茶人有句口头禅："茶叶卖出去了才是票子，没卖出去就是叶子。"要拓展市场，就要搞产品营销、广告宣传。据姜华所知，小明的企业每年都没有安排市场营销宣传，究其原因，就是缺钱和观念老旧。小明常挂在嘴边的一句话："卖茶叶靠的是关系人脉，广告宣传是浪费钱。"

可如今，他忽然心血来潮，贷款 80 多万元，不用于生产和营销宣传，反而先买豪车享受起来，本末倒置。这好比一个饿了几天昏倒在路旁的妇女，忽然间，有好心人赠送她一大笔钱救命，她拿到钱，没有去买食物，反而是跑到商店买了一大堆化妆品。匪夷所思，真是无可救药的家伙。

几天后，姜华碰到小明说："你本来就有一辆广本轿车了，跑业务也够用。如有那 80 多万元，每年安排 10 万元做市场营销，连续做个七八年，你看下到时候企业是什么样子！舍得，舍得，只有舍出去，才能得到。等赚了钱，再买豪车也不迟呀。"

小明听了"嘿嘿"地干笑两声，没有反驳，悄悄解释说，那天几个朋友在一起喝酒，酒酣耳热，正在兴奋中，有人提议，明天大伙都去买一辆豪车，潇洒炫耀一下。大伙都兴奋地举手赞同，在歇斯底里的叫好声中释放出土豪的气派。于是，小明也跟风买了一部宝马车。

姜华的心拔凉拔凉，无言再语。

就这么个宁愿贷款买豪车，也不愿花钱做市场的人，如今也会参加茶博会展销？这真有些让姜华意想不到。

姜华兴冲冲地来到会展中心，果见一个简装展馆里，一个熟悉的身影正在给茶桌前的客人泡茶讲茶。

姜华站在不远处，观望着小明，心里升腾起一阵喜悦与宽慰。见客人要起身离开，他便上前打了个招呼。

见姜华到来，小明黝黑的脸庞泛起了潮红，小眼睛里散发出无尽的欢喜。就像春雨过后破土而出的春笋，裹着浅褐色的外衣，头戴着装饰着黄穗子的帽子，傻乎乎地笑，可爱极了。

"姜副市长，看来你以前说的是对的，产品是要营销的，好酒也要会吆喝。出来宣传就有商机。"

见他已上道，姜华趁热打铁："刚才你在给客户泡茶讲茶时忽略了几个细节。"

小明愣了一会儿，想了想，还是没明白，茫然不解地望着姜华。

姜华说："泡茶讲茶，事先要善于察言观人，看人下茶。这没有什么势利眼的意思，只是有的放矢，精准服务，才能达到事半功倍的效果。就如刚才那批客人，听口音、看举止、察品茗，就能猜到是东北人，而且刚学喝岩茶。因此，接待他们要注重泡香气好、轻火的茶，红茶是他们的最爱，不能缺少。讲茶要简单明了，要了解掌握‘万里茶路’的历史故事，这样你就容易与他们沟通，找到共同的契合点，增加信任度。”

小明听得连连点头，幡然醒悟道：“我说那几个客人怎么一下就对我的茶那么感兴趣，还加了我的微信呢。”

姜华继续点拨，还要注意三个环节的细节，复杂问题要简单化，简单问题要程序化，专业问题要通俗化。

听着这绕口令似的“三化”，小明似懂非懂，一脸求知的表情。于是，姜华兴致勃勃地展开了解释。

武夷岩茶的品饮极为深奥，因它滋味层次感太丰富。清朝乾隆皇帝在《冬夜煎茶》中称赞武夷茶：“就中武夷品最佳，气味清和兼骨鲠。”晚清时，梁章钜在《归田琐记》中把他对武夷岩茶品质的感受，高度概括为“香、清、甘、活”。

然而，众多品茶者对那茶汤的感觉表述，经常是意中有，语中无，好似哑巴吃饺子——心里有数，嘴里却说不出来。所以在茶界，真正能懂武夷岩茶的人，就到达了品茶的金字塔顶端。

没有多年品饮岩茶的经验是很难准确把握其滋味的。因此，面对广大初学者和普通的岩茶消费者，刚开始引导他们品茶时，把岩茶讲得太复杂，故弄玄虚，其结果就是消费者听得云里雾里，望茶兴叹。此时，复杂的问题就要简单化，只要简单介绍岩茶的共性知识，如喉口返甘甜、两颊生津液就行。

另外，岩茶的冲泡方式不同于绿茶、花茶，讲究的是沸水冲泡，开汤即出。对于这么一个简单的问题，南方大多数有品茶习惯的人都知道。好比要学会英语，就一定要懂得 26 个字母。可对于北方人来说，他们过去主要是喝绿茶、花茶，他们不懂岩茶为什么要这么冲泡，当中怎么把握要点。冲泡方式不对路，将直接影响岩茶品饮效果。接待北方客人，就要从煮沸水、随手泡、高冲茶、快出汤这一步步程序讲起，使他们知其然也知其所以然。这就是简单的问题要程序化。

再就是，讲茶专业知识不能照本宣科，要用老百姓听得懂的通俗语言、事例来解说。这就是专业的问题要通俗化。例如泡茶中的专业词——坐杯，很多人就不明白是什么意思，但你只要换种讲法，说茶叶浸泡在开水中的时间，人家就懂了。

接着，姜华给小明说了一个自己经历过的小故事。

有一次，姜华接待一批外地客人到茶企业参观制茶，客人对制茶师傅说的岩茶炭焙工艺很感兴趣，可就是不懂炭焙对岩茶有什么好处，尤其是师傅说的“文火慢炖”“吃火”这些专业词语更是令客人懵里懵懂，不理解。

姜华想了想，就问客人：“你们说红烧猪脚是高压锅压的好吃，还是用砂锅木炭炉慢慢炖的好吃？”

客人们哄笑起来，异口同声地说：“那肯定是用砂锅木炭炉慢慢炖的好吃。”

姜华也笑了：“岩茶炭焙的道理同砂锅木炭炉炖猪脚如出一辙。炭火的热量有穿透力，低火慢慢炖就能把茶叶里的内含物质熬出来，在热的作用下产生反应。品饮时，茶汤滋味就更加醇厚、甘滑、幽香。”

客人听后，恍然大悟，不约而同地鼓起掌来。姜华知道他们不仅是感谢他这不太专业的讲解，也是为自己弄懂了一个岩茶专业知识而高兴。

接下来的几年里，姜华经常在市里、省里、省外一些大型的茶事活动中看到小明活跃的身影。他身穿一件白大褂，脖子上挂着 1005 号评审专家胸牌，穿梭于茶叶评审台间，执壶冲泡，开盖闻香，啜汤品味，察色看叶，对项评分。环环相扣，有条不紊，严谨公正，一丝不苟，颇有专家风范。

熟悉小明的朋友，碰到姜华经常会叨上一句：“小明这几年进步了不少。”

每次听到这类话，姜华都会由衷地感到高兴。

“哇，小明今天这么大气，请我们喝这么好的茶呀！”忽然，茶室里的茶友中有人一声惊呼，把姜华从往事回忆中唤回。

姜华瞄了一眼茶泡袋，是云水烟霞肉桂茶。姜华曾喝过这泡茶，它是产自正岩核心产区佛国岩的肉桂。这泡茶开汤即香，沸水翻动茶叶的瞬间，整个茶室就弥漫了扑鼻的幽香，香气细腻悠长。茶汤入口，醇从舌起，沁心入肺，全身通畅清爽。徐徐啜咽，喉底涌甘，齿颚留芳，两颊生津，余味绵长。确实是一泡制作工艺完美、山场好的顶级好茶，不然也不会在高手林立的茶友圈中小有名气。

说起小明取这么个茶名，还有一段故事。

佛国岩是小明出生和成长的地方。1998 年，为了武夷山申报世界“双遗产”，整个村民小组举家搬出，留下的是碧绿的茶山和不舍的情怀。每年他不知要来这儿多少趟。他熟悉这里的一山一水、一草一木，眷恋它、珍惜它。

有一次，他回到佛国岩老宅，凝视着古老的石门楣上的题字，想起了一个古老的传说。

相传清乾隆年间，大诗人袁枚游历武夷山时，慕名到佛国岩寺拜访主持禅师。一天，他和禅师一同爬上佛国岩顶，放眼望去，蓝天下白云缭绕，溪流盘巡。

禅师问袁枚：“你看到云飘，听到水声了吗？”

袁枚回答：“当然！”

黄昏，他俩下山到岩脚，只见山间霞光万丈，寺中香烟袅袅。禅师又问：“你闻到烟火香，见到晚霞红了吗？”

袁枚赞叹道：“此山有如此仙景，真让人流连忘返啊！”禅师点点头笑着说：“你与我一样见云听水沐烟。”

袁枚由此顿悟。回到寺里，僧人奉上岩边自种的大红袍茶，甘香顺滑的滋味，令袁枚疲乏全消。于是，他欣然挥毫留墨：“云水烟霞”，取义：“一盏云水斗精神，万里烟霞空色相。”

传说虽已无法考证，但“云水烟霞”四个字，却真实地留在了武夷山的摩崖石刻上。

“云水烟霞”既沉淀了厚重的文化历史，又富有诗情画意，小明就想到用这个名字给茶叶注册商标，以示纪念。

有一位老领导在新加坡、中国香港主持企业年会时，把这泡云水

烟霞肉桂茶带去会场作为会议指定用茶，获得了嘉宾一致好评。

制茶技艺的提高和企业品牌形象的提升，使小明犹如展翅大鹏，直冲云霄。随之而来的是市场对他企业产品的认可，市场的不断拓宽。知名国企、省茶叶经销龙头企业厦门茶叶进出口公司也与他保持着长期商贸合作。小明的茶叶年销售量比往年增长了四五倍之多。

茶桌上，小明脸上挂满灿烂的笑容，娓娓叙说着云水烟霞的传说，深入浅出地给茶友们讲解每泡茶的特点。姜华不由得心潮涌动，感慨万千。

作家贾平凹曾经说过这样一句话："朋友的圈子其实就是你人生的世界，你的为名为利的奋斗历程就是朋友的好与恶的历史。"

任何人的成功，都离不开朋友潜移默化的影响和真诚无私的帮助。用现在流行的一句网络语来说："你的圈子决定你的人生。"

小明的成长恰恰说明了这点。他常深有感触地说："茶叶让我结识了许多有正能量的朋友，没有他们无私的帮助，我现在可能还在混日子。"

姜华不想打扰小明的兴致和茶友们品茶的雅趣，就悄悄离开茶桌，步入厅堂观览。只见墙柜上摆放着许多证书、奖状、奖杯，其中，有三本鲜红的证书吸引了他。走近一看，是小明新近荣获的"福建省制茶高级工程师"证书、"南平市特级制茶工艺师"证书、武夷山市第四批非物质文化遗产"崇安贡茶制作技艺"代表性传承人称号证书。

真是锦上添花，喜上加喜。姜华知道要捧回这三本新证书，小明又付出了许多努力。"不经一番寒彻骨，怎得梅花扑鼻香"，姜华为他今天取得的成就感到无比欣慰。

"今年茶叶纳税我要争取再前进几名。"厅外忽然传来小明乐呵呵、充满自信的声音。

"那可都是真金白银哟！来，感谢我们的纳税大户，给小明加油预祝！"茶室里响起茶友一阵掌声。

"政府这十几年花了那么大力气扶持茶产业发展，说实话没有政府的支持就没有我们茶农的今天，我们茶农非常感谢，现缴点税理所应当。”

窗外，不远处的山坡上，一片今年新生长出来的翠竹在秋风中摇曳，“沙沙”作响，似破土而出的喜悦与自豪的呼喊，又似磨砺成长中坚韧与不屈的和鸣。“无数春笋满林生，柴门密掩断人行。”

从眼前满山茁壮成长的翠竹身上，姜华仿佛看到小明这些小人物、这些普通茶农的影子。他们或许目前还小，还没成材，可他们今天的小，并不代表他们明天不会大；他们今天的弱，并不代表他们明天不会强。古有万斯同闭门苦读，成就史书；司马光警枕励志，终成大业。只要像小明这样的许许多多普通茶农、小人物，坚守茶人的初心，发挥茶人的匠心精神，走好自己的道路，未来终有一天，他们一定能成材成林，撑起一片天。

小人物，大情怀；小人物，大作用。这就是武夷山传承千年的茶文化悠久灿烂、亘古不衰的核心所在，也是武夷山茶产业可持续发展的力量源泉。

勤劳质朴的武夷山茶叶挑青工

黄正华摄

后记

2007年年初，一个偶然的机缘，我离开了出生成长、学习生活和工作了四十多年的故乡。虽说依依不舍，可还是如约前行，在临近半百之际，来到了一个陌生的城市——武夷山工作。

武夷山是世界自然和文化双遗产地，风光旖旎，景色宜人，历史文化底蕴深厚。它还是中国著名的茶文化艺术之乡。这个茶的故乡，拥有着一颗璀璨的明珠——武夷岩茶（大红袍），它以其生长环境中神奇的丹霞地貌、良好的原生态系统，以及独特的岩茶制作技艺，深厚的文化底蕴，妙不可言的岩骨花香，引领着时尚茶饮潮流，展示着茶王的独特魅力。

我十分庆幸在武夷山从事的工作与茶叶有关。因茶结缘十余载，让我深深爱上了这个充满历史文化气息、茶香四溢的第二故乡。十多年与茶的朝夕相伴，让我见证并参与了武夷山茶产业从小到大、从弱到强的发展历程。截至2020年，全市注册茶企业5903家，比2006年增加5648家，比增22.15倍；全市茶叶产量2.08万吨，比2006年增加1.24万吨，比增1.48倍；茶叶税收8499万元，比2006年增加8156万元，比增23.78倍。可以说，这十多年是武夷山茶产业飞速发展的黄金时期。

我退休后，武夷山茶产业发展的往事历历在目，时常萦绕心间，难以忘怀，挥之不去，不吐不快。于是，我欣然提笔，以纪实文学的形式，记下这些平凡琐碎之事，想留下那不曾忘却的记忆，聊以慰藉。事虽小，但也是武夷山茶业发展长河中溅起的一朵朵小小浪花，它们凝聚了武夷山历届市委、市政府领导和干部职工的智慧与辛劳、责任与担当，更体现了全市茶人不断传承的匠心精神。

品茶，品味，品人生。有人曾感叹，能喝到武夷岩茶的人是幸福的人，能喝出武夷岩茶韵味的人是高人，能在武夷山喝出武夷岩茶韵味的人是仙人。我庆幸自己有生之年，能在这盛产“臻山川精英秀气所钟，品具岩骨花香之胜”之武夷岩茶的第二故乡当个仙人。

在采访写作过程中，本人得到中国茶叶流通协会会长王庆，南平市人大常委会副主任兰林和，武夷山市政府原市长胡书仁，武夷山市政府原副市长李耀华，武夷山景区管委会原副主任崔春光，武夷岩茶（大红袍）制作技艺国家“非遗”传承人刘国英，正山堂茶业公司董事长江元勋，香江茗苑茶业公司总经理陈荣茂，印象大红袍股份有限公司总经理郑彬、艺术团团长吴美求，瑞泉茶业公司总经理黄圣辉，大坑口茶业公司董事长苏德发，茗川世府农民茶叶专业合作社理事长黄正华等人的热情帮助与支持，在创作过程中得到中国作协会员、南平市作协副主席邱贵平老师的精心指导，在打印校稿时得到同事江嗣安的鼎力相助，在此表示衷心的感谢！同时，对武夷山市直相关部门、茶企业和有关事件当事人的热心帮助与支持，也一并表示真诚的谢意！

《幸福茶道》一书创作历时三年有余，由于本人水平有限，书中难免有疏漏与不足之处，在此恳请读者提出宝贵意见并宽谅。

茶和天下，富我中华。正如 2021 年 3 月 22 日习近平总书记到武夷山考察时所指示的：“茶之道，也是人民群众的幸福之道。”

江书华

2023 年春于武夷山